职业基础数学（上）

（第 2 版）

主　编　徐惠莲　杨海波　张　智
副主编　范晓辉　王宝芹　李毳毳

北京理工大学出版社
BEIJING INSTITUTE OF TECHNOLOGY PRESS

内容简介

本书根据高等职业教育的教育理念，以职业能力为主线构建课程体系，突出职业教育的特点，由实际案例引入教学内容，激发学生学习兴趣，注重对学生数学素养、职业能力和应用能力的培养。特别在每个模块里编写了用数学软件MATLAB解决数学问题的内容，以突破高职院校学生数学计算困难的瓶颈。

全书分为上、下两册，共十个模块，上册内容包括：极限与连续、导数与微分、导数的应用、一元函数积分学及多元函数微积分学；下册内容包括：常微分方程、线性代数、概率论与数理统计、线性规划、数学建模概述。在每一模块中均编有应用与实践内容，其中包括高等数学在物理、机械、经济、电工电子、信息技术等方面的应用和数学软件MATLAB的使用。每节配有习题，并将习题答案附于书后。扫描二维码，进入多元互动的智慧课堂，提高学习效率。本书可供高职院校工科类和经济管理类专业的学生作为教材或学习参考书使用。

图书在版编目（CIP）数据

职业基础数学. 上 / 徐惠莲，杨海波，张智主编. —2版. --北京：北京理工大学出版社，2023.6

ISBN 978-7-5763-2418-1

Ⅰ. ①职… Ⅱ. ①徐… ②杨… ③张… Ⅲ. ①高等数学—高等职业教育—教材 Ⅳ. ①O13

中国国家版本馆CIP数据核字（2023）第097054号

出版发行 / 北京理工大学出版社有限责任公司

社　　址 / 北京市海淀区中关村南大街5号

邮　　编 / 100081

电　　话 / (010) 68914775（总编室）

(010) 82562903（教材售后服务热线）

(010) 68944723（其他图书服务热线）

网　　址 / http://www.bitpress.com.cn

经　　销 / 全国各地新华书店

印　　刷 / 三河市天利华印刷装订有限公司

开　　本 / 787毫米×1092毫米　1/16

印　　张 / 12

字　　数 / 284千字

版　　次 / 2023年6月第2版　2023年6月第1次印刷

定　　价 / 35.00元

责任编辑 / 江　立

文案编辑 / 江　立

责任校对 / 周瑞红

责任印制 / 施胜娟

前 言

习近平总书记在党的二十大报告中指出:“教育是国之大计、党之大计。培养什么人、怎样培养人、为谁培养人是教育的根本问题。统筹职业教育、高等教育、继续教育协同创新,推进职普融通、产教融合、科教融汇,优化职业教育类型定位。推进教育数字化,建设全民终身学习的学习型社会、学习型大国。”

本书在前一版基础上,根据教育部印发的《“十四五”职业教育规划教材建设实施方案》、《高等学校课程思政建设指导纲要》及国家教材委员会关于《习近平新时代中国特色社会主义思想进课程教材指南》的通知等文件修订而成。

高等数学作为一门重要的基础课程,培养学生运算能力、抽象思维能力和逻辑推理能力。在教学内容的选取上,紧密联系专业知识,强化数学知识的应用性。旨在培养学生的职业核心能力和可持续发展能力,提高学生运用数学知识分析和解决实际问题的能力,突出了基础和专业的深度融合。

本套教材在编写思想、体例设计和内容安排上的突出特点如下:

(1)站在企业用人的角度,针对高职学生特点及学生面对的职业岗位群,以日常生活和生产实践的典型案例为切入点,按照“实践引例→理论教学→应用实践”的思路编写,实现了从感性认识上升到理性认识,再从理性认识回到实践的飞跃。真正激发学生的学习兴趣,使学生充分感受到数学的应用价值,为后续的专业学习打下良好的基础。

(2)分模块、分层次编排,可供理工类和经管类专业根据学生的实际需要,选取若干模块组织教学。突出了教材的实用性、科学性、针对性,在保证科学性的基础上注意讲清概念,减少理论证明,注重学生基本运算能力和分析问题、解决问题能力的培养。

(3)每个模块中都有“应用与实践”一节,将具有明显的应用背景或者趣味性、探索性的数学知识融入其中。在每个模块中,介绍数学软件 *MATLAB* 的算法和语句,建立数学模型、设计解法,使学生真正体会到数学的奥妙、实用性和趣味性,达到培养学生综合素质的目的。

(4)为使学生对数学知识进行有序梳理,每个模块前有教学目标(思政目标),后有复习小结,还配备了相应的习题,旨在使学生了解知识脉络,通过习题检查学习效果,总结方法和规律。

(5)增加数学建模的内容,让学生了解数学建模的思想方法,学会多角度思考与分析问题,注重培养学生的创新思维能力及应用能力。

(6)每个模块后编写了阅读材料,介绍相关的数学知识概况及数学家追求真理、严谨治学的科学精神。将课程思政融入教材，增强学生数学文化与情感体验，推进习近平新时代中国特色社会主义思想进教材进课堂进头脑，落实党的二十大精神。

(7)通过扫描二维码，将典型学习（工作）任务展现给学生，成为多元互动的智慧课堂，提高学习效率，为个性化学习提供支持。

本套教材由上册（模块一～五）和下册（模块六～十）组成。上册主编徐惠莲、杨海波、张智；下册主编李毳毳、王宝芹、范晓辉。各模块编写人员有：徐惠莲（模块一、三、五）；张智（模块二）；杨海波（模块四、六）；王宝芹（模块七）；范晓辉（模块三、八）；李毳毳（模块九、十），范晓辉、王宝芹、李毳毳、赵子明参加了上册各模块的习题、复习题答案核实校对及附表部分查找、整理工作；张智、杨海波、徐惠莲、温延红参加了下册各模块的习题、复习题答案的核实校对及附表部分查找、整理工作。

本书编写中借鉴了专家学者的观点、专著及网站资料，得到了长春职业技术学院领导的关心和支持，北京理工大学出版社的相关领导、编辑等也为本书顺利出版倾心工作，在此一并表示衷心的感谢！

编者意在奉献给学生一本适用、有特色的教材，但由于水平有限，难免有错误和不妥之处，恳请广大同仁及学生给予批评指正。

编　者

2023 年 5 月

目　　录

模块一　极限与连续

【学习目标】

☆ 理解集合、区间、邻域、函数、反函数及复合函数的概念.
☆ 理解基本初等函数和初等函数的概念.
☆ 理解数列极限、函数极限、无穷大(小)量的有关概念.
☆ 掌握极限的四则运算法则及两个重要极限,了解函数的连续性.
☆ 会用函数、极限知识解决实际中常见的问题.
☆ 了解数学软件 MATLAB 的基本功能并能求函数的极限.
☆ 通过介绍中国古典数学理论奠基者之一刘徽的数学贡献,体会数学是一门有着丰富内容的知识体系,让学生增强民族自豪感和文化自信.

高等数学这门学科,探讨了跨越多个领域的函数关系,可训练学生的逻辑论证思维. 其主要研究对象是定义在实数集上的函数. 函数描述的是客观世界中量与量之间的相互依赖关系. 它在自然科学、工程技术、信息技术、经济管理以及社会各个领域中都有着非常广泛的应用.

【引例】设某产品的价格满足关系式 $p(t)=20-20e^{-0.5t}$(单位:元),t 为时间(单位:年). 随着时间的推移,产品的价格会发生变化.

这里变量 t 与变量 p 之间构成了一种相互依赖的对应关系. 这种关系反映到数学上,体现了数学上的**函数**关系. 掌握函数的概念是理解高等数学的必要条件. 函数的概念及其性质中学已经学过,本节主要复习、巩固和加深函数及其相关知识.

第一节　函数及其性质

为了研究问题的方便,首先来介绍高等数学中经常用到的几个基本概念.

一、函数的概念

1. 集合、区间、邻域

(1)集合　这是数学中的一个最基本的概念. 一般可以把**集合**(简称**集**)理解为具有某种特定性质的事物的总体. 例如,某学校全体师生组成的一个集合;某学校某个班级的全体同学组成的一个集合;全体实数组成的一个集合;全体正整数组成的一个集合等. 集合中的每一个事物称为集合的一个**元素**(简称**元**). 习惯上用大写字母 A、B、C…表示集合,用小写字母 a、b、c…表示元素. 如果元素 a 是集合 A 中的元素,记作 $a\in A$(读作 a 属于 A);如果元素 a 不是集合 A 中的元素,记作 $a\notin A$(读作 a 不属于 A).

如果一个集合只含有有限个元素,那么称这个集合为**有限集**;如果一个集合里含有无限个元素,那么称这个集合为**无限集**. 例如,某学校某个班级的全体同学组成的集合为有限集;全体正整数组成的集合是无限集.

集合的表示方法通常有：**列举法和描述法**.

列举法就是把集合中的所有元素一一列举出来写在大括号里. 例如由1,2,3,4,5,6,7,8组成的集合A,可记作

$$A=\{1,2,3,4,5,6,7,8\}.$$

描述法就是把集合中所有元素的公共属性描述出来，记作

$$B=\{x\mid x\text{所具有的特征}\}.$$

例如：$A=\{x\mid 0<x<6\}$表示满足不等式$0<x<6$的实数.

本书中用到的集合主要是数集，即元素都是数的集合. 下面是一些常用的数集及其记法：

全体**自然数集**记作**N**,全体**整数集**记作**Z**,全体**有理数集**记作**Q**,全体**实数集**记作**R**.

集合之间，存在着"包含"与"相等"的关系. 对于两个集合A与B,若集合A的任何一个元素都是集合B的元素，则称**集合A包含于集合B**,或称**集合B包含集合A**,记作$A\subseteq B$(或$B\supseteq A$),这时也称集合A是集合B的**子集**. 例如，$N\subseteq Z$,$Z\subseteq Q$,$Q\subseteq R$.

若$A\subseteq B$且$B\subseteq A$,则称A与B**相等**,记作$A=B$.

不含任何元素的集合称为**空集**,记作Φ.

(2)区间　在很多情况下，集合可以用区间来表示. 设a和b都是实数，且$a<b$,集合$\{x\mid a\leqslant x\leqslant b\}$称为**闭区间**,记作$[a,b]$. 它在数轴上表示点$a$与点$b$之间的线段，包括两个端点$a$及$b$,如图1－1所示.

集合$\{x\mid a<x<b\}$称为**开区间**,记作(a,b),它在数轴上表示点a与点b之间的线段，但不包括端点a及端点b,如图1－2所示.

集合$\{x\mid a<x\leqslant b\}$或$\{x\mid a\leqslant x<b\}$称为**半开区间**,记作$(a,b]$或$[a,b)$,如图1－3所示.

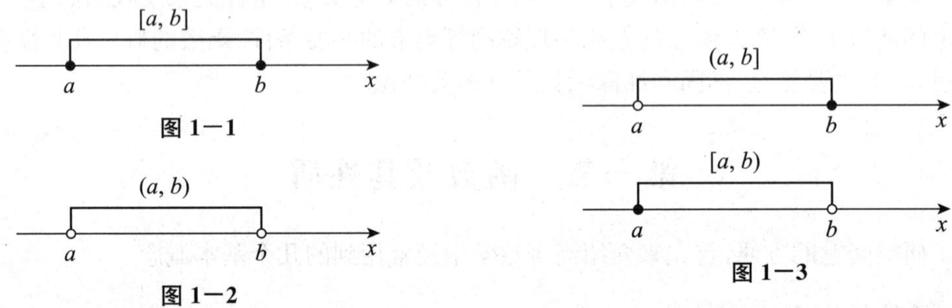

图1－1　图1－2　图1－3

上述这些区间都称为**有限区间**,数$b-a$称为这些区间的长度. 从数轴上看，这些有限区间是一些长度有限的线段. 此外，还有**无限区间**：引入记号$+\infty$(读作正无穷大)及记号$-\infty$(读作负无穷大). 集合$\{x\mid x\geqslant a\}$记作$[a,+\infty)$,集合$\{x\mid x\leqslant b\}$记作$(-\infty,b]$,集合$\{x\mid -\infty\leqslant x\leqslant +\infty\}$记作$(-\infty,+\infty)$.

(3)邻域　设α与δ是两个实数，且$\delta>0$. 满足不等式

$$|x-\alpha|<\delta \quad \text{或} \quad \alpha-\delta<x<\delta+\alpha$$

的实数x的全体，称为**点α的δ邻域**,点α称为此**邻域的中心**,δ称为此**邻域的半径**(图1－4).

如果在点α的δ邻域内"挖去"点α,得到不等式

$$0<|x-\alpha|<\delta$$

称此邻域为**点α的去心邻域**(图1－5).

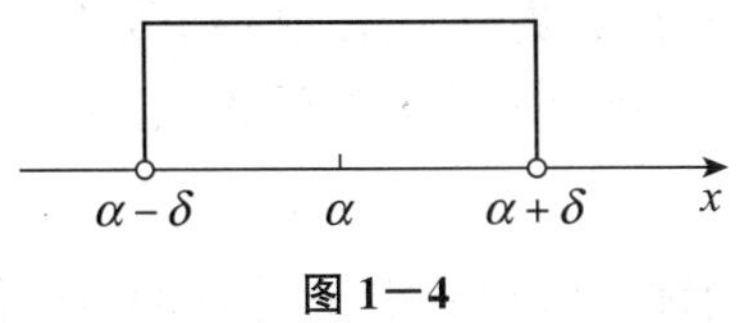

图 1—4

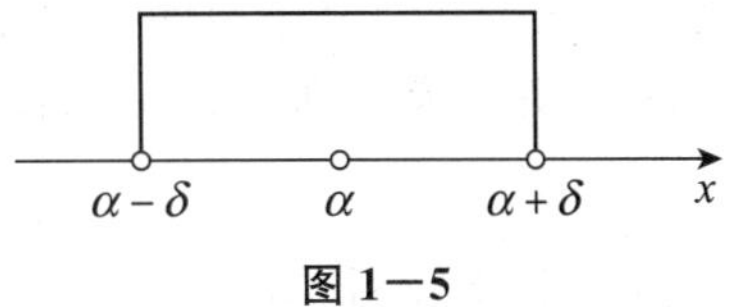

图 1—5

2. 函数的概念

(1)变量与常量

在对自然现象与社会现象的观察与研究过程中，人们会碰到许多用来表示不同事物的量，通常可以把它们分为两类：一类是在某个问题的研究过程中保持不变的量，称之为**常量**；另一类是在某个问题的研究过程中会出现变化，即可以取不同的值的量，称之为**变量**.

例如，将某一密闭容器中的气体进行加热，在加热过程中，容器中的气体的体积、分子数保持不变，是常量；而气体的温度、容器内的气压不断地发生变化，是变量.

在研究实际问题的过程中，常常发现有几个变量同时变化. 它们并不是孤立的. 它们不仅互相联系而且还是遵循一定变化规律的. 下面以两个变量为例进行说明.

(2)函数的概念

先考察几个例子.

例 1　金属圆周的周长 l 和半径 r 的关系为 $l=2\pi r$. 当圆周受热膨胀时，半径 r 发生变化，周长 l 也随之变化. 当 r 在其变化范围内有确定值时，周长 l 也就确定.

例 2　某一时期银行的人民币整取定期储蓄与年利率如表 1—1 所示.

表 1—1

存期	三个月	六个月	一年	二年	三年	五年
年利率(%)	2.6	2.8	3.0	3.75	4.25	4.75

这张表格给出了年利率与存期的对应关系.

例 3　图 1—6 是某地某一天的气温变化曲线. 根据这条曲线，对这一天内从 0 点到 24 点的任何时间 t 都有一个温度 T(℃)对应.

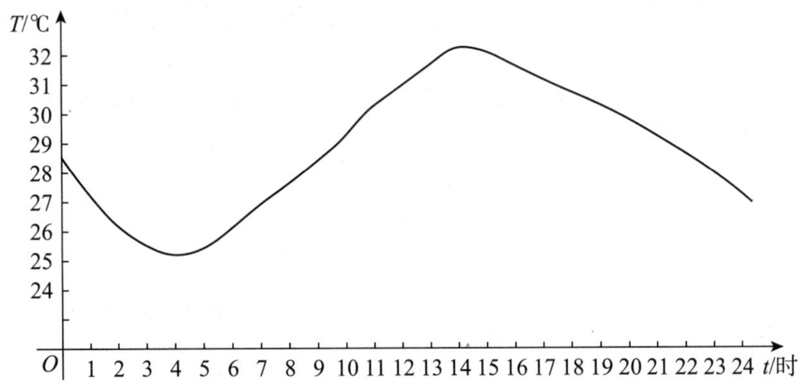

图 1—6

上述三个例子的实际意义、表达方式虽不相同，但具有共同之处：都表达了两个变量在变化过程中的对应关系，我们称为函数关系.

定义 在某变化过程中有两个变量 x、y，如果变量 x 在数集 A 内任取一个数值，按照某种对应法则，变量 y 都有唯一确定的数值 x 与之对应，则称变量 y 是 x 的**函数**，记为

$$y=f(x)\quad x\in A$$

其中 x 称为自变量，y 称为因变量. 自变量 x 的取值范围称为函数的定义域. y 的对应值称为函数的值，全体函数值的集合称为函数的值域.

注：变量 x 在定义域内取某一值 x_0，函数 y 的对应值记为 $f(x_0)$ 或 $y|_{x=x_0}$.

函数的三要素 定义域、值域、对应法则

注：由函数的定义可知，两个函数只有在定义域相同、对应关系也相同时，才是同一个函数.

(3)函数的表示方法

①解析法：用数学式子表示自变量和因变量之间的对应关系的方法即是**解析法**. 如例 1.

②表格法：将一系列的自变量的值与对应的函数值列成表格来表示函数关系的方法即是**表格法**. 如例 2.

③图示法：用坐标平面上的曲线来表示函数的方法即是**图示法**. 一般用横坐标表示自变量，纵坐标表示因变量. 如例 3.

例 4 求 $f(x)=\sqrt{4-x^2}$ 的定义域.

解 要使函数有意义，应满足 $4-x^2\geqslant 0$，即 $x^2\leqslant 4$，因此，$-2\leqslant x\leqslant 2$. 所以，函数的定义域是 $[-2,2]$.

例 5 说明函数 $y=\ln x^2$ 与 $y=2\ln x$ 是否相同.

解 因为函数 $y=\ln x^2$ 的定义域是 $(-\infty,0)\cup(0,+\infty)$，而函数 $y=2\ln x$ 的定义域是 $(0,+\infty)$，因此两个函数不相同.

(4)显函数、隐函数和分段函数

函数的解析表达式分三种，由此函数也可以分为显函数、隐函数和分段函数.

①显函数：函数 y 由 x 的解析式直接表示出来. 例如 $y=x^2-2$.

②隐函数：函数的自变量 x 和因变量 y 的对应关系是由方程 $F(x,y)=0$ 来确定的.

例如 $y-\sin(x+y)-2=0$.

③分段函数：函数在其定义域的不同范围内，具有不同的解析表达式.

例如 $y=\begin{cases}x, & x\geqslant 0,\\ -x, & x<0,\end{cases}$（见图 1—7）；再如 $y=\operatorname{sgn}x=\begin{cases}1, & x>0,\\ 0, & x=0,\\ -1, & x<0,\end{cases}$（见图 1—8）.

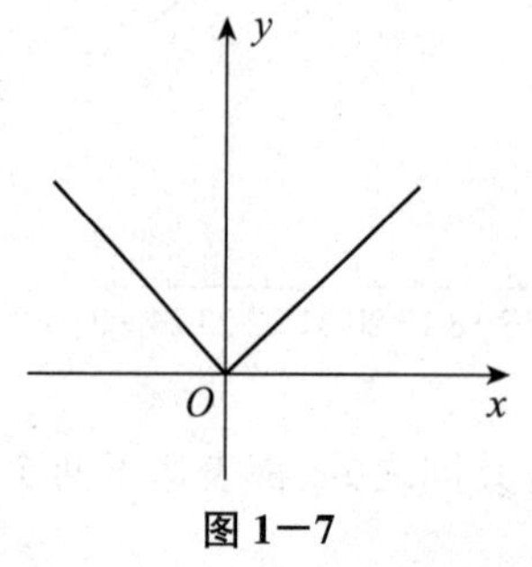

图 1—7

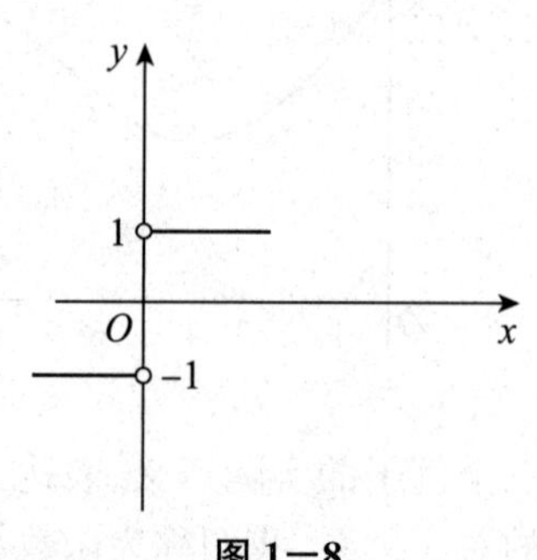

图 1—8

注：分段函数在整个定义域上是一个函数，而不是几个函数.

二、函数的几种特性

1. 函数的奇偶性

如果函数 $f(x)$ 对于定义域内的任意 x 都满足

$$f(-x)=f(x),$$

则称 $y=f(x)$ 为**偶函数**；

如果函数 $f(x)$ 对于定义域内的任意 x 都满足

$$f(-x)=-f(x),$$

则称 $y=f(x)$ 为**奇函数**.

注：偶函数的图像关于 y 轴对称，奇函数的图像关于原点对称.

2. 函数的单调性

如果函数 $f(x)$ 在区间 (a,b) 内随着 x 的增大而增大，即对于 (a,b) 内任意两点 x_1、x_2，当 $x_1<x_2$ 时，有

$$f(x_1)<f(x_2),$$

称函数 $f(x)$ 在区间 (a,b) 内是**单调增加**的；

如果函数 $f(x)$ 在区间 (a,b) 内随着 x 的增大而减少，即对于 (a,b) 内任意两点 x_1、x_2，当 $x_1<x_2$ 时，有

$$f(x_1)>f(x_2),$$

称函数 $f(x)$ 在区间 (a,b) 内是**单调减少**的.

3. 函数的有界性

如果对于某一区间 I 上的所有 x 的值，总有 $|f(x)|\leqslant M$ 成立，其中 M 是一个与 x 无关的常数，那么就称 $f(x)$ 在区间 I 上有界，否则就称无界.

注：一个函数如果在其定义域内有界，称之为**有界函数**.

4. 函数的周期性

对于函数 $f(x)$，若存在一个不为零的数 l，使得关系式函数

$$f(x+l)=f(x)$$

对于定义域内的任何 x 的值都成立，则称 $f(x)$ 为**周期函数**，l 是 $f(x)$ 的周期.

注：我们所说的周期函数的周期指的是最小正周期.

例 6　判断函数 $f(x)=\dfrac{x}{(x-1)(x+1)}$ 的奇偶性.

解　函数 $f(x)=\dfrac{x}{(x-1)(x+1)}$ 的定义域为 $(-\infty,-1)\cup(-1,1)\cup(1,+\infty)$，定义域关于原点对称，且

$$f(-x)=\frac{-x}{(-x-1)(-x+1)}=-\frac{x}{(x+1)(x-1)}=-f(x),$$

所以，$f(x)=\dfrac{x}{(x-1)(x+1)}$ 是奇函数.

例 7　判断函数 $f(x)=\dfrac{x\cos x}{1+x^2}$ 的有界性.

解　因为　$1+x^2\geqslant 2x$，故

$$|f(x)|=\left|\frac{x\cos x}{1+x^2}\right|\leqslant\left|\frac{x}{1+x^2}\right|\leqslant\left|\frac{x}{2x}\right|=\frac{1}{2}.$$

三、反函数与复合函数

1. 反函数的定义

设有函数 $y=f(x)$，若变量 y 在函数的值域内任取一值 y_0 时，变量 x 在函数的定义域内有唯一 x_0 与之对应，即 $f(x_0)=y_0$，那么变量 x 是变量 y 的函数，记作

$$x=\varphi(y),$$

并称为 $y=f(x)$ 的**反函数**.

注：由定义可知，$y=f(x)$ 也是 $x=\varphi(y)$ 的反函数.

2. 反函数的性质

在同一坐标平面内，$y=f(x)$ 与 $x=\varphi(y)$ 的图像关于直线 $y=x$ 对称.

例如，函数 $y=2^x$ 与 $y=\log_2 x$ 互为反函数，则它们的图像在同一直角坐标系中关于直线 $y=x$ 对称，如图1−9所示.

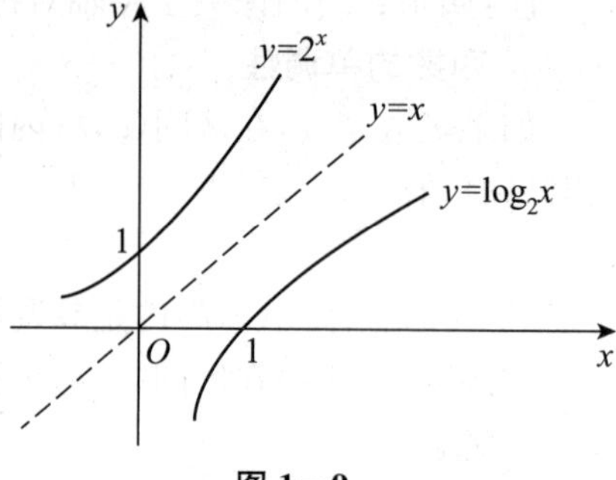

图 1−9

3. 复合函数

若 y 是 u 的函数 $y=f(u)$，u 是 x 的函数 $u=\varphi(x)$，D 表示使得函数 $y=f(u)$ 和 $u=\varphi(x)$ 都有意义的 x 的集合，当变量 x 任取 D 中的一个数时，都有唯一确定的 y 值与之对应，则称 y 是 x 的**复合函数**，记作

$$y=f[\varphi(x)],$$

其中，x 称为自变量，u 称为中间变量.

注：函数 $u=\varphi(x)$ 的值域应在函数 $y=f(u)$ 的定义域内，若由多个变量复合而成，中间变量可以用变量 u、v、w、s、t 等表示.

如，函数 $y=e^{2x}$ 在定义域内是复合函数，而函数 $y=\arcsin(2+x^2)$ 不是定义域内的复合函数. 事实上，$y=\arcsin u$，$u\in A=[-1,1]$，又 $u=2+x^2$，$x\in\mathbf{R}=(-\infty,+\infty)$，$u$ 的值域 $B=[2,+\infty)$. 当 x 取 $\mathbf{R}$ 内的值时，相应的 $y=\arcsin(2+x^2)$ 称为形式上的复合函数，实质上没有意义，因为 $B\not\subseteq A$. 所以，两个函数的复合不是随意的.

例 8 $y=f(u)=\sin u$，$u=\varphi(x)=x^2+1$，求 $f[\varphi(x)]$.

解 $f[\varphi(x)]=\sin u=\sin(x^2+1)$.

例 9 $y=f(u)=\sqrt{u}$，$u=\varphi(t)=e^t$，$t=s(x)=x^3$，求 $f[\varphi(s(x))]$.

解 $f[\varphi(s(x))]=\sqrt{u}=\sqrt{e^t}=\sqrt{e^{x^3}}$.

例 10 分析函数 $y=\sin x^2$ 的复合结构.

解 所给函数是由 $y=\sin u$，$u=x^2$ 复合而成的.

例 11 分析函数 $y=e^{\arcsin\sqrt{x^2-1}}$ 的复合结构.

解 所给函数是由 $y=e^u$，$u=\arcsin t$，$t=\sqrt{v}$，$v=x^2-1$ 复合而成的.

四、初等函数

1. 基本初等函数

我们把幂函数 $y=x^{\alpha}$(α 为实数)、指数函数 $y=a^{x}(a>0,a\neq1)$、对数函数 $y=\log_{a}x(a>0,a\neq1)$、三角函数、反三角函数及常量(常函数)统称为**基本初等函数**,简要总结见列表(表1—2).

2. 初等函数

由基本初等函数和常数经过有限次的四则运算和有限次的复合而产生的,并且可以用一个解析式表示的函数称为**初等函数**.

例如,$y=2^{\cos x}+\ln(\sqrt[3]{x}+\sin x)$,$y=\sqrt{2+x^{3}}$,$y=\ln x-\cos x$ 等都是初等函数.

显然,我们见到的函数几乎都是初等函数.

初等函数是微积分研究的主要对象.

表1—2

名称	解析式	图　形	简单性质
常量	$y=c$	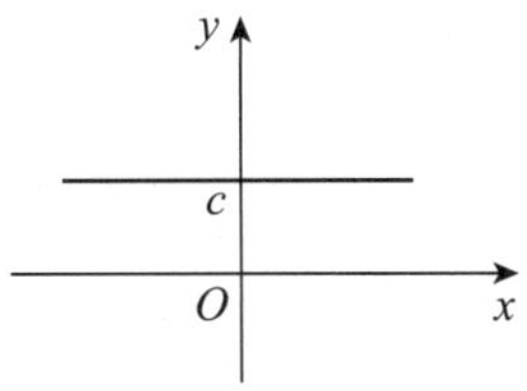 y, c, O, x	垂直于 y 轴的直线
幂函数	$y=x^{\upsilon}$	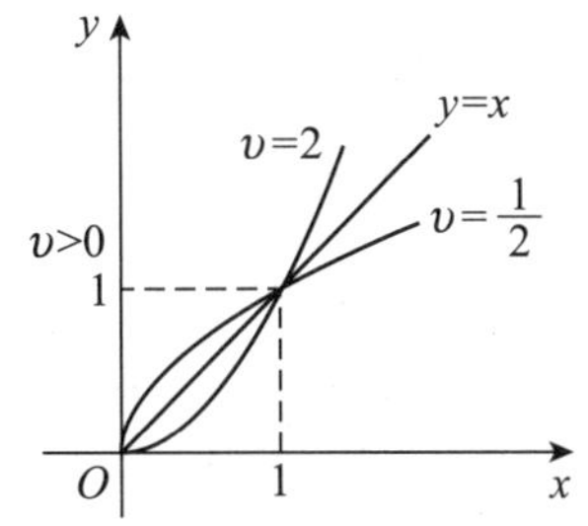 y, $\upsilon=2$, $y=x$, $\upsilon=\frac{1}{2}$, $\upsilon>0$, 1, O, 1, x	过(1,1)点, 增函数
		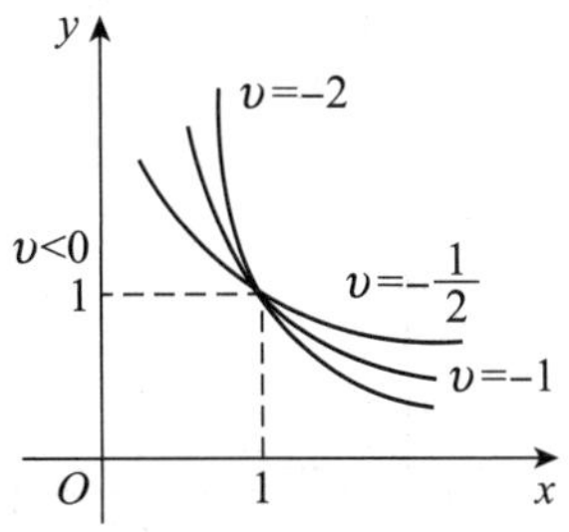 y, $\upsilon=-2$, $\upsilon<0$, 1, $\upsilon=-\frac{1}{2}$, $\upsilon=-1$, O, 1, x	过(1,1)点, 减函数,以 x 轴、y 轴为渐近线

续表

名称	解析式	图形	简单性质
指数函数	$y=a^x$ $(a>0, a\neq 1)$	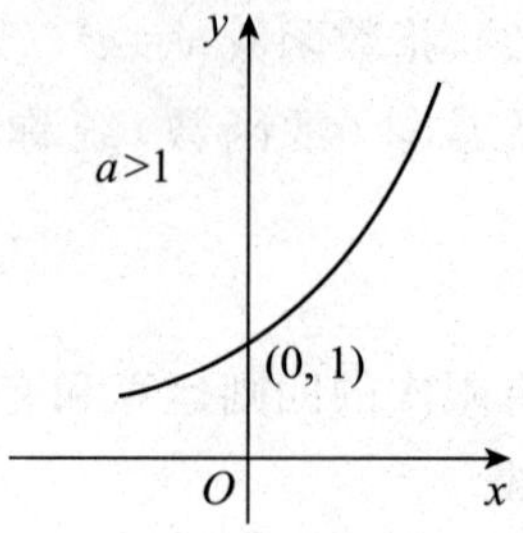 $a>1$, $(0,1)$, O, x, y	$-\infty<x<+\infty$， 过(0,1)点，增函数. 以 x 轴为渐近线
		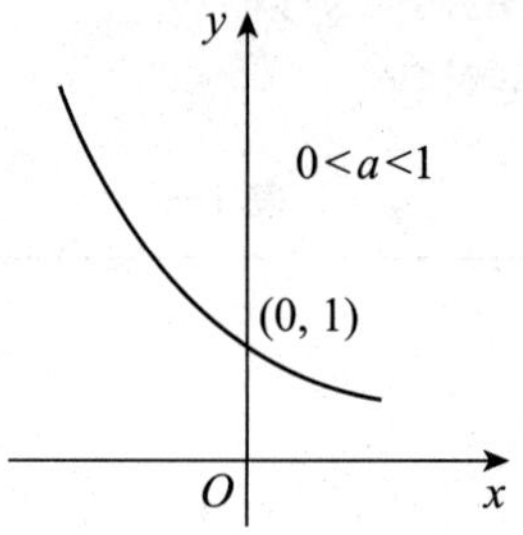 $0<a<1$, $(0,1)$, O, x, y	$-\infty<x<+\infty$， 过(0,1)点，减函数， 以 x 轴为渐近线
对数函数	$y=\log_a x$ $(a>0, a\neq 1)$	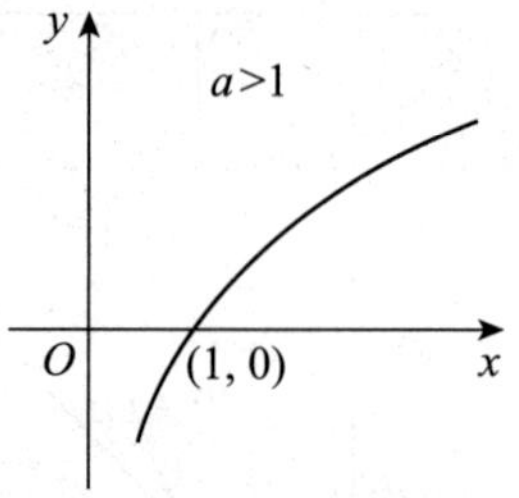 $a>1$, $(1,0)$, O, x, y	$0<x<+\infty$， 过(1,0)点，增函数， 以 y 轴为渐近线
		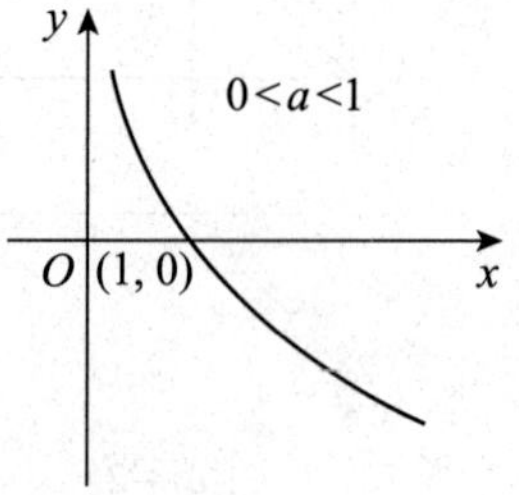 $0<a<1$, $(1,0)$, O, x, y	$0<x<+\infty$， 过(1,0)点，减函数， 以 y 轴为渐近线
三角函数	$y=\sin x$	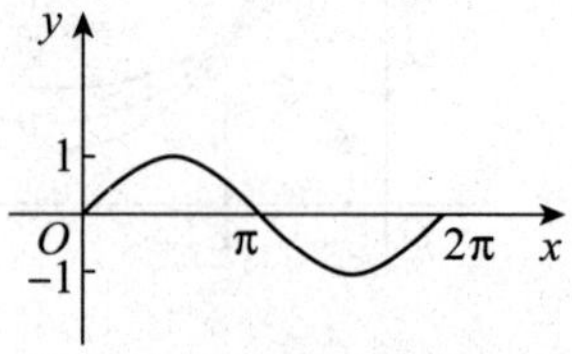 1, -1, O, π, 2π, x, y	$-\infty<x<+\infty$， $-1\leqslant \sin x\leqslant 1$， 对称于原点，以 2π 为周期

续表

名称	解析式	图　　形	简单性质
三角函数	$y=\cos x$	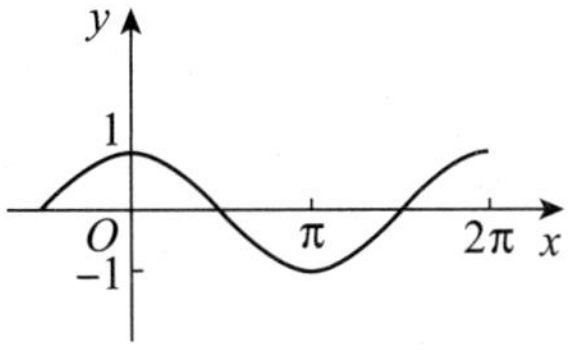	$-\infty<x<+\infty$， $-1\leqslant\cos x\leqslant 1$， 对称于 y 轴，以 2π 为周期
	$y=\tan x$	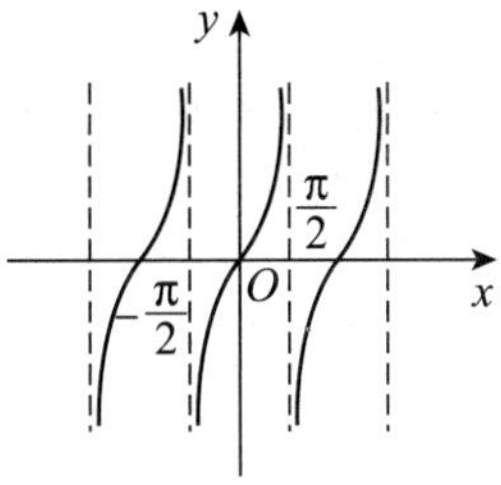	$x\neq k\pi+\frac{\pi}{2}$（k 为整数）， $-\infty<\tan x<+\infty$， 对称于原点，以 π 为周期
	$y=\cot x$	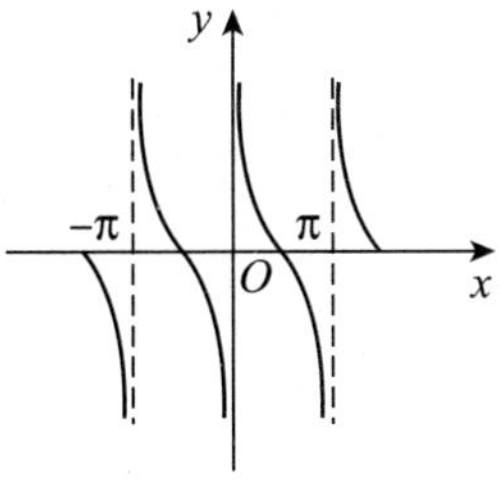	$x\neq k\pi$（k 为整数）， $-\infty<\cot x<+\infty$， 对称于原点，π 为周期
反三角函数	$y=\arcsin x$	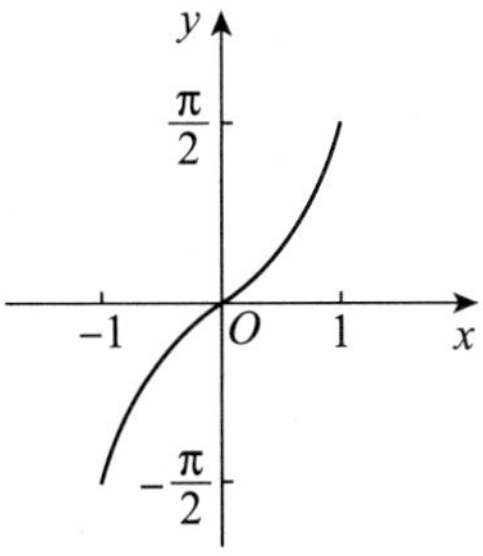	$-1\leqslant x\leqslant 1$， $-\frac{\pi}{2}\leqslant\arcsin x\leqslant\frac{\pi}{2}$， 增函数
	$y=\arccos x$	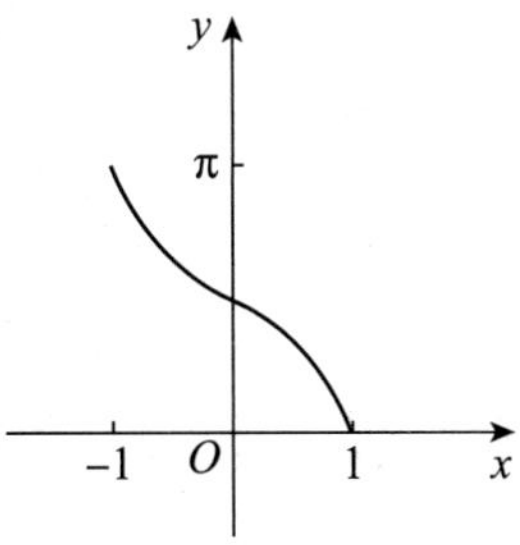	$-1\leqslant x\leqslant 1$， $0\leqslant\arcsin x\leqslant\pi$， 减函数

续表

名称	解析式	图形	简单性质
反三角函数	$y=\arctan x$		$-\infty<x<+\infty$， $-\frac{\pi}{2}<\arctan x<\frac{\pi}{2}$， 增函数
	$y=\text{arccot}\, x$		$-\infty<x<+\infty$， $0<\text{arccot}\, x<\pi$， 减函数

习题 1—1

1. 求下列函数的定义域.

(1) $y=\sqrt{3x+2}$；　　(2) $y=\frac{1}{1-x^2}$；

(3) $y=\sqrt{3-x}+\sin\sqrt{x}$；　　(4) $y=\sqrt{x^2-5x+4}$；

(5) $y=\frac{\sqrt{9-x^2}}{\ln(x+2)}$；　　(6) $y=\arcsin\frac{x-1}{2}$.

2. 若 $f(x)=\begin{cases} x+2, & x<0, \\ -1, & x=0, \\ (x-1)^2, & x>0, \end{cases}$ 求 $f[f(-1)]$.

3. 判断下列函数的奇偶性.

(1) $f(x)=x^2\cos x$；　　(2) $f(x)=\sin x+x$.

4. 讨论下列函数的单调性.

(1) $y=2x-x^2$；　　(2) $y=\mathrm{e}^{-x}$.

5. 指出下列函数的复合过程.

(1) $y=(2x-1)^3$；　　(2) $y=2^{\sin^3 x}$；

(3) $y=\lg\cos(x^2-1)$；　　(4) $y=\ln(\ln\sqrt{x})$.

6. 求下列函数的反函数.

(1) $y=\frac{1-x}{1+x}$；　　(2) $y=\frac{ax+b}{cx+d}(ad-bc\neq 0)$.

第二节　函数的极限

微积分与初等数学有着很大的差别.初等数学主要研究事物相对静止时的数量关系，微积分则主要研究事物运动、变化过程中的数量关系. 因研究对象不同,其研究方法也不相同. 极限是微积分学中最基本、最重要的概念,极限方法也是微积分学中处理问题的常用方法. 由此可见,掌握极限的思想和方法是学好微积分的前提条件.

【引例】

如图 1—10 所示,工厂里,钳工师傅在用平锉锉出一个圆形工件时,先粗锉成一个正多边形,然后逐个把角锉平而得到了一个边数多了一倍的正多边形. 这样继续下去,边数越锉越多,边长越锉越短,工件逐渐接近圆形. 虽然用平锉进行有限次的加工,得到的只是一个近似的圆,但是可以想象,如果把这个过程无限地继续下去,就可以得到一个精确的圆形工件. 用平锉锉出一个圆形工件的过程体现了数学**极限**的思想.

刘徽割圆术

数列的极限

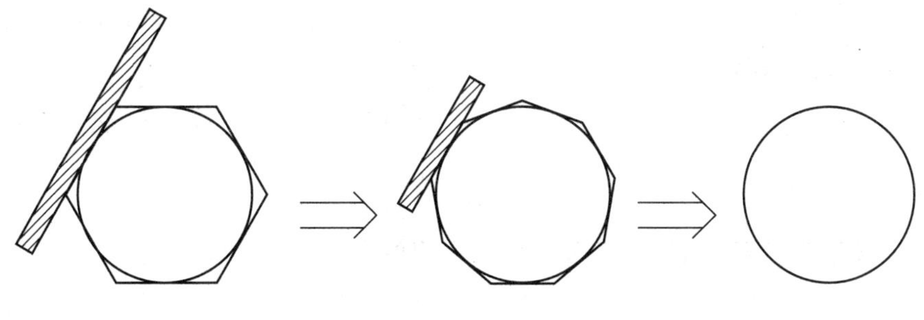

图 1—10

一、极限的概念

1. 数列极限的概念

按一定规律排列的一列数 $x_1, x_2, x_3, \cdots, x_n, \cdots$ 称为**数列**,简记为 $\{x_n\}$,其中 x_1 叫做数列的**第一项(首项)**,x_2 叫做数列的**第二项**,x_n 叫做数列的**第 n 项**,又称**通项**或**一般项**.

研究数列 $\{x_n\}$ 的极限,就是讨论当 n 无限增大时,数列的通项 x_n 的变化趋势,特别是看其是否趋向于某个确定常数.

观察下面数列的变化趋势

(1) $\frac{1}{2}, \frac{2}{3}, \frac{3}{4}, \frac{4}{5}, \cdots, \frac{n}{n+1}, \cdots$

(2) $2, 4, 8, 16, \cdots, 2^n, \cdots$

(3) $\frac{1}{2}, \frac{1}{4}, \frac{1}{8}, \frac{1}{16}, \cdots, \frac{1}{2^n}, \cdots$

(4) $0, \frac{3}{2}, \frac{2}{3}, \frac{5}{4}, \cdots, \frac{n+(-1)^n}{n}, \cdots$

从图 1—11 中可以看出,当 n 无限增大时,数列(1)、(4)无限地趋近于 1,数列(3)无限地趋近于 0.

定义 1 设数列 $\{x_n\}$,当 n 无限增大时,x_n 趋向于一个确定常数 A,则称**数列 $\{x_n\}$ 以 A 为极限**,记作 $\lim\limits_{n\to\infty} x_n = A$ 或 $x_n \to A(n\to\infty)$,读作"当 n 趋向于无穷大时,数列 $\{x_n\}$ 的极限等于 A"或"当 n 趋于无穷大时,x_n 趋于 A".

有极限的数列称为**收敛数列**,没有极限的数列称为**发散数列**.

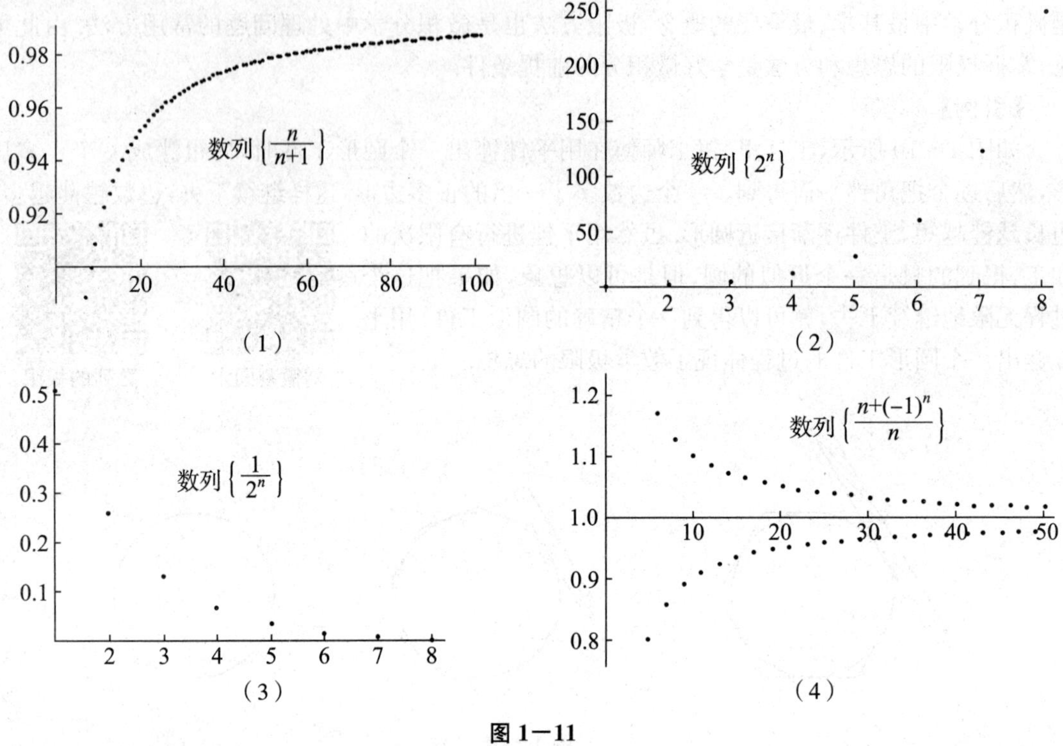

图 1-11

例 1 数列$\left\{\frac{1}{n}\right\}$：$1,\frac{1}{2},\frac{1}{3},\frac{1}{4},\cdots,\frac{1}{n},\cdots$

当 n 无限增大时，$\frac{1}{n}$无限接近于常数 0，所以该数列的极限为 0，即

$$\lim_{n\to\infty}\frac{1}{n}=0.$$

即数列$\left\{\frac{1}{n}\right\}$收敛于 0.

例 2 数列$\{(-1)^{n+1}\}$：$1,-1,1,-1,\cdots,(-1)^{n+1},\cdots$

当 n 无限增大时，数列在数值 1 和 -1 之间来回摆动，不趋于一个确定的常数，故该数列没有极限，即数列$\{(-1)^{n+1}\}$发散.

2. 当 $x\to\infty$ 时，函数 $f(x)$ 的极限

数列是一种特殊形式的函数，即可看作是定义域为全体正整数的函数——**整标函数**. 把数列极限的定义推广，可以给出函数极限的定义.

定义 2 如果当 x 的绝对值无限增大（$x\to\infty$）时，函数 $f(x)$ 无限接近一个确定的常数 A，那么称 A **为函数** $f(x)$ **当** $x\to\infty$ **时的极限**，记为

$$\lim_{x\to\infty}f(x)=A \quad 或 \quad 当 x\to\infty 时，f(x)\to A.$$

由定义知，当 $x\to\infty$ 时，$f(x)=\frac{1}{x}$的极限是 0，即 $\lim\limits_{x\to\infty}\frac{1}{x}=0$.

在上述定义中，自变量 x 的变化趋势有两种情况，其一是 x 取正值而无限增大（$x\to+\infty$），其二是 x 取负值而绝对值无限增大（$x\to-\infty$）. 如图 1-12 所示.

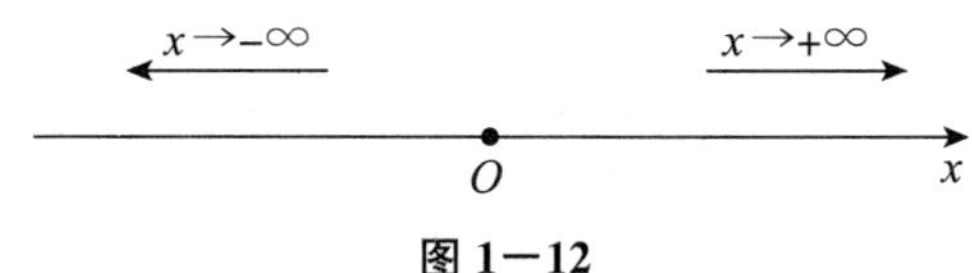

图 1—12

定义 2 中要求在这两种情况下函数都无限接近同一确定的值，有时仅考察一种情况，为此有如下定义：

定义 3　如果当 $x\to+\infty$（或 $x\to-\infty$）时，函数 $f(x)$ 无限接近一个确定的常数 A，那么称 A **为函数** $f(x)$ **当** $x\to+\infty$（**或** $x\to-\infty$）**时的极限.** 记为

$$\lim_{x\to+\infty} f(x)=A \quad 或 \quad 当\ x\to+\infty\ 时, f(x)\to A.$$

$$\lim_{x\to-\infty} f(x)=A \quad 或 \quad 当\ x\to-\infty\ 时, f(x)\to A.$$

定理 1　当 $x\to\infty$ 时，函数 $f(x)$ 的极限存在的充分必要条件是当 $x\to+\infty$ 时和当 $x\to-\infty$ 时函数的极限都存在而且相等，即

$$\lim_{x\to\infty} f(x)=A \Leftrightarrow \lim_{x\to-\infty} f(x)=\lim_{x\to+\infty} f(x)=A.$$

例 3　求 $\lim\limits_{x\to\infty}\left(1+\dfrac{1}{x^2}\right)$.

解　函数图像如图 1—13 所示，当 $x\to+\infty$ 时，$\dfrac{1}{x^2}$ 无限变小，函数值趋于 1；当 $x\to-\infty$ 时，函数值同样趋于 1，所以有

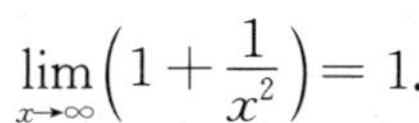

$$\lim_{x\to\infty}\left(1+\frac{1}{x^2}\right)=1.$$

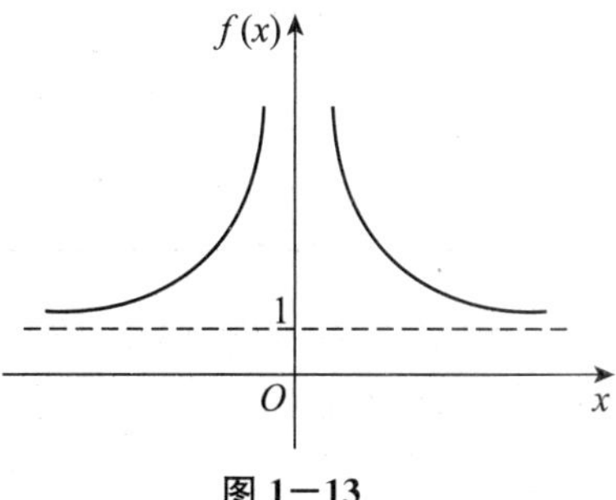

图 1—13

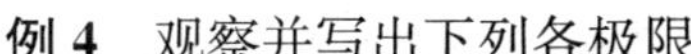

例 4　观察并写出下列各极限

(1) $\lim\limits_{x\to+\infty}\arctan x$；　(2) $\lim\limits_{x\to-\infty}\arctan x$；

(3) $\lim\limits_{x\to+\infty}\mathrm{e}^{-x}$；　(4) $\lim\limits_{x\to-\infty}\mathrm{e}^{x}$.

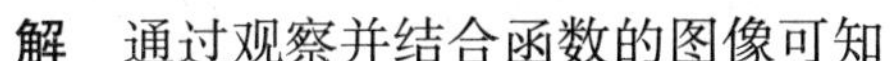

解　通过观察并结合函数的图像可知：

(1) $\lim\limits_{x\to+\infty}\arctan x=\dfrac{\pi}{2}$（图 1—14）；　(2) $\lim\limits_{x\to-\infty}\arctan x=-\dfrac{\pi}{2}$（图 1—14）；

(3) $\lim\limits_{x\to+\infty}\mathrm{e}^{-x}=0$（图 1—15）；　(4) $\lim\limits_{x\to-\infty}\mathrm{e}^{x}=0$（图 1—16）.

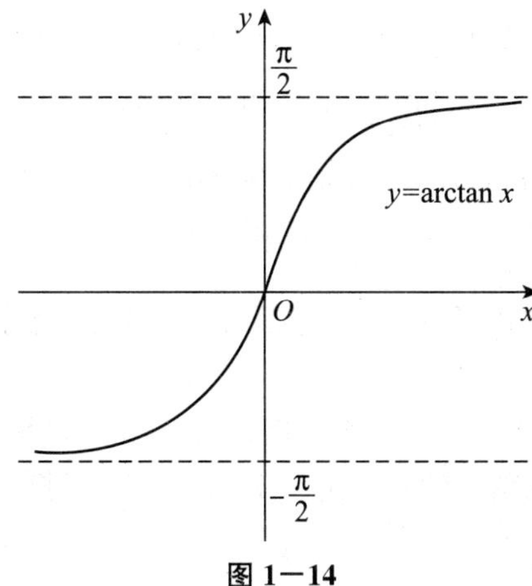

图 1—14

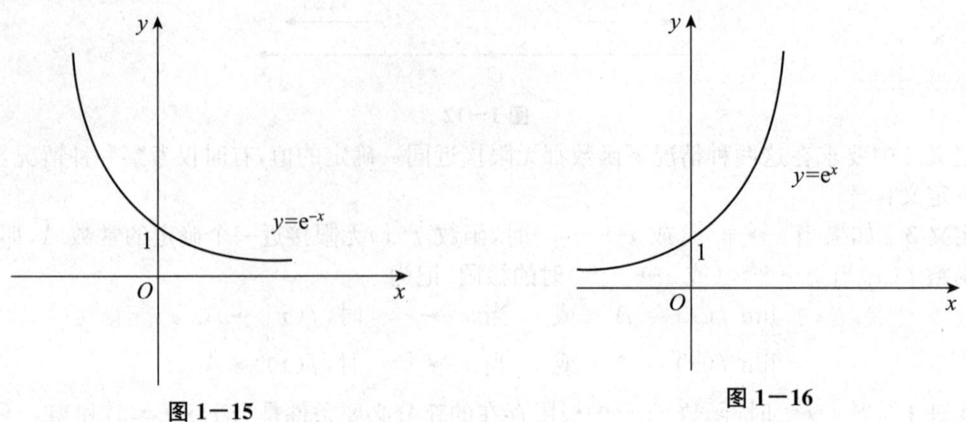

图1—15　　图1—16

3. 当 $x\to x_0$ 时，函数 $f(x)$ 的极限

考察函数 $f(x)=\dfrac{x^2-4}{x-2}$，当 x 分别从左边和右边趋于 2 时 $f(x)$ 的变化情况，如表 1—3 所示.

表 1—3

x	1.5	1.6	1.9	1.95	1.99	…	2.001	2.01	2.05	2.1	2.2
$f(x)=\dfrac{x^2-4}{x-2}$	3.5	3.8	3.9	3.95	3.99	…	4.001	4.01	4.05	4.1	4.5

由上表不难看出，当 $x\to 2$ 时，函数 $f(x)$ 无限地趋于常数 4，我们称当 $x\to 2$ 时，$f(x)$ 的极限是 4. 由此我们可以看到，当自变量 x 趋于某个值 x_0 时，函数极限是否存在与函数在该点有无定义无关.

定义 4　如果当 x 无限接近于定值 x_0，即 $x\to x_0$（x 可以不等于 x_0）时，函数 $f(x)$ 无限接近于一个确定的常数 A，那么称 A **为函数** $f(x)$ **当** $x\to x_0$ **时的极限**，记为

$$\lim_{x\to x_0} f(x)=A \quad \text{或} \quad \text{当 } x\to x_0 \text{ 时，} f(x)\to A.$$

函数极限举例

注：$f(x)$ 在点 x_0 可以没有定义.

例 5　考察极限 $\lim\limits_{x\to x_0} c$ 及 $\lim\limits_{x\to x_0} x$.

解　(1)设 $f(x)=c$，因为当 $x\to x_0$ 时，$f(x)$ 的值恒等于 c，所以

$$\lim_{x\to x_0} f(x)=\lim_{x\to x_0} c=c.$$

(2)$g(x)=x$，因为当 $x\to x_0$ 时，$g(x)$ 的值无限接近于 x_0，所以

$$\lim_{x\to x_0} g(x)=\lim_{x\to x_0} x=x_0.$$

注：(1)定义中 $x\to x_0$ 的方式可以任意，可以从 x_0 的左边也可以从 x_0 的右边，或同时从两边趋近于 x_0.

(2)当 $x\to x_0$ 时，函数 $f(x)$ 在点 x_0 是否有极限与其在点 x_0 是否有定义无关.

(3)此定义是描述性的，其精确的 $\varepsilon-\delta$ 语言定义，本书不进行阐述.

例 6　考察极限 $\lim\limits_{x\to 1}\dfrac{x^2-1}{x-1}$.

解　作出 $y=\dfrac{x^2-1}{x-1}$ 的图形(如图 1—17 所示).

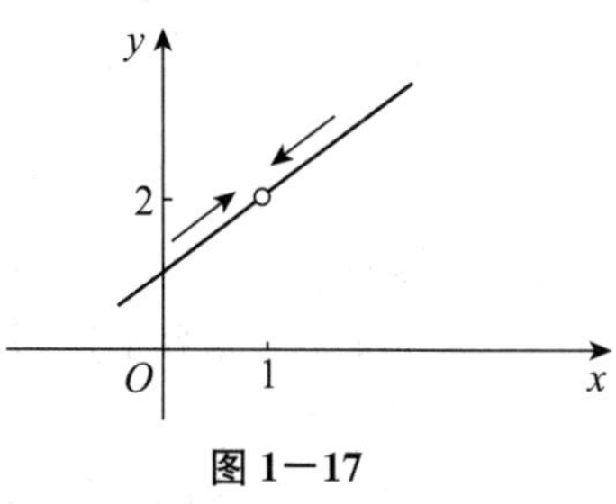

图 1—17

显然,在点 $x=1$ 处,函数没有意义. 当 $x\neq 1$ 时,容易看出,无论 x 是从 1 的左侧还是从右侧无限地趋近于 1 时,函数 $y=\dfrac{x^2-1}{x-1}$ 的值都无限地趋近于 2,因此 $\lim\limits_{x\to 1}\dfrac{x^2-1}{x-1}=2$.

因为 $x\to x_0$ 有两种趋势,有时候只需讨论函数的单边趋势. 为此,有下面的定义:

定义 5　如果当 x 从 x_0 的右边趋于 x_0(记为 $x\to x_0^{+}$)时,函数 $f(x)$ 无限接近于一个确定的常数 A,那么称 A **为函数** $f(x)$ 当 $x\to x_0$ **时的右极限**,记为

$$\lim_{x\to x_0^{+}} f(x)=A \quad 或 \quad f(x_0+0)=A.$$

如果当 x 从 x_0 的左边趋于 x_0(记为 $x\to x_0^{-}$)时,函数 $f(x)$ 无限接近于一个确定的常数 A,那么称 A **为函数** $f(x)$ 当 $x\to x_0$ **时的左极限**,记为

$$\lim_{x\to x_0^{-}} f(x)=A \quad 或 \quad f(x_0-0)=A.$$

定理 2　当 $x\to x_0$ 时,函数 $f(x)$ 的极限存在的充分必要条件是函数 $f(x)$ 在 x_0 处的左、右极限都存在而且相等,即

$$\lim_{x\to x_0} f(x)=A \Leftrightarrow \lim_{x\to x_0^{-}} f(x)=\lim_{x\to x_0^{+}} f(x)=A.$$

例 7　讨论函数 $f(x)=\begin{cases} x-1, & x<1, \\ 1, & x=1, \\ x+1, & x>1, \end{cases}$ 当 $x\to 1$ 时 $f(x)$ 的极限.

解　观察图 1—18,显然

$$f(1-0)=\lim_{x\to 1^{-}} f(x)=\lim_{x\to 1^{-}}(x-1)=0,$$
$$f(1+0)=\lim_{x\to 1^{+}} f(x)=\lim_{x\to 1^{+}}(x+1)=2.$$

由于 $f(0-0)\neq f(0+0)$,所以 $\lim\limits_{x\to 1} f(x)$ 不存在.

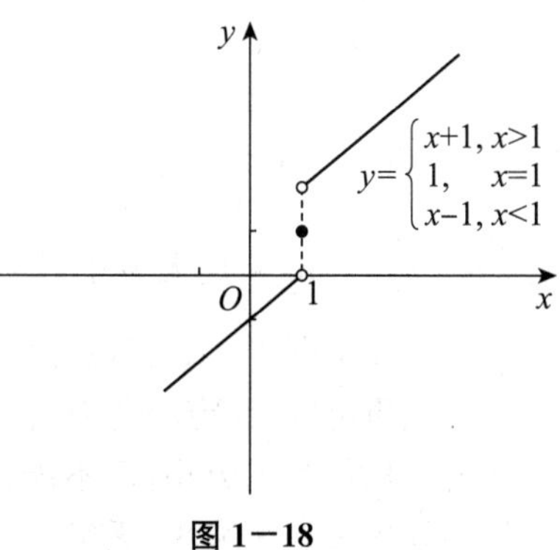

图 1—18

二、无穷大与无穷小

1. 无穷大和无穷小的概念

定义 6　若当 $x\to x_0$(或 $x\to\infty$)时,变量 $f(x)$ 以零为极限,即

$$\lim_{x\to x_0} f(x)=0 \quad 或 \quad \lim_{x\to\infty} f(x)=0,$$

则称函数 $f(x)$ 为该变化过程中的**无穷小量**,简称**无穷小**.

例如:当 $x\to 0$ 时,$\sin x$、x^2 是无穷小量;当 $x\to 1$ 时,$(x-1)^2$ 是无穷小量;当 $x\to\infty$ 时,$\dfrac{1}{x}$ 是无穷小量.

定义 7　若当 $x\to x_0$(或 $x\to\infty$)时,变量 $f(x)$ 的绝对值无限增大,则称 $f(x)$ 为该变化过程中的**无穷大量**,简称**无穷大**,记作:$\lim\limits_{x\to x_0} f(x)=\infty$ 或 $\lim\limits_{x\to\infty} f(x)=\infty$.

注:(1)无穷小量和无穷大量都是变量,表达的是变化状态,与很小或很大的常量有着本质的区别.

(2)无穷大量是一个变量,这里我们用了极限符号$\lim\limits_{x\to x_0}f(x)=\infty$和$\lim\limits_{x\to\infty}f(x)=\infty$,并不表示$f(x)$的极限存在.

(3)常数0是无穷小量,并且是自变量的任何变化趋势下的无穷小量.

定理3 当$x\to x_0$(或$x\to\infty$)时,函数$f(x)$以A为极限的充分必要条件是$f(x)$可以表示为A与一个无穷小量α的和,即$\lim f(x)=A\Leftrightarrow f(x)=A+\alpha(x)$,其中$\alpha$为无穷小量.

例如:当$x\to0$时,$\frac{1}{x^2}$是无穷大量;当$x\to\infty$时,$x+1$、x^2是无穷大量.

由上面的例子可知,当$x\to0$时,$\frac{1}{x^2}$是无穷大量,而x^2是无穷小量;当$x\to\infty$时,$x+1$就是无穷大量,而$\frac{1}{x+1}$是无穷小量,这说明无穷小量和无穷大量存在倒数关系.

定理4 在同一变化过程中,若$f(x)$是无穷大,则$\frac{1}{f(x)}$是无穷小;反之,若$f(x)$是无穷小,且$f(x)\neq0$,则$\frac{1}{f(x)}$是无穷大.

2. 无穷小的性质

性质1 有限个无穷小的代数和仍为无穷小.

性质2 有界变量与无穷小的乘积仍为无穷小.

性质3 常数与无穷小的乘积仍为无穷小.

性质4 有限个无穷小的乘积仍为无穷小.

例8 证明$\lim\limits_{x\to\infty}\frac{\sin x}{x}=0$.

解 因为$|\sin x|\leqslant1$,即$\sin x$是有界变量,当$x\to\infty$时,$\frac{1}{x}$是无穷小,由性质2知,当$x\to\infty$时,乘积$\frac{1}{x}\cdot\sin x$是无穷小,即$\lim\limits_{x\to\infty}\frac{\sin x}{x}=0$.此题结果可以由图1—19直观看出.

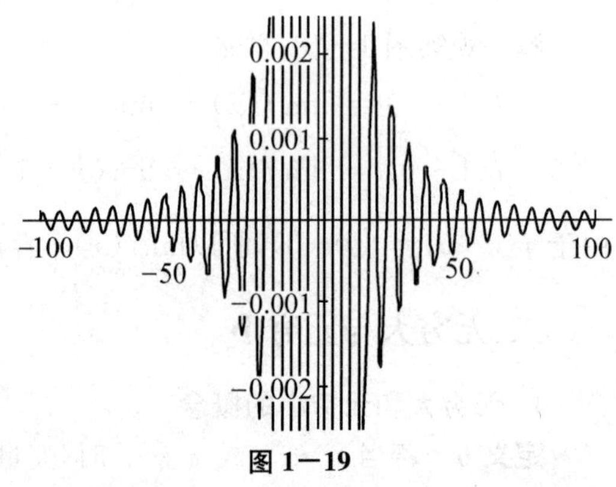

图1—19

由性质可知,无穷小与有界函数、常数、无穷小量的乘积仍为无穷小,但不能认为无穷小与任何量的乘积都是无穷小.无穷小与无穷大的乘积就不一定是无穷小.

3. 无穷小的比较

极限为零的变量为无穷小,而不同的无穷小趋于零的"快慢"是不同的.例如$x\to0$时,$2x$和x^2都是无穷小.但是,$2x\to0$的速度比$x^2\to0$慢.由此得出如下定义:

定义8 设α和β是同一变化过程中的两个无穷小,且设$\alpha\neq0$,

(1)若$\lim\frac{\alpha}{\beta}=0$,则称$\alpha$是比$\beta$**高阶的无穷小**,也称$\beta$是比$\alpha$**低阶的无穷小**,记作:$\alpha=o(\beta)$.

(2)若 $\lim \frac{\alpha}{\beta}=C$,($C$是不等于零的常数),则称 α 与 β 是**同阶无穷小**.

特别地,当 $C=1$,则称 α 与 β 是**等价无穷小**,记作:$\alpha \sim \beta$.

由定义知,当 $x \to 0$ 时,x^2 是 $2x$ 的高阶无穷小,而 x 和 $2x$ 是同阶无穷小.

注:(1)两个无穷小阶的高低描述了两个无穷小趋于零的速度的快慢,阶高的趋于零的速度快,阶低的趋于零的速度慢.

(2)若两个无穷小是等价无穷小,则在求极限的过程中可以相互代替.当 $x \to 0$ 时,常见的等价无穷小如下:

$$\sin x \sim x;\quad \tan x \sim x;\quad 1-\cos x \sim \frac{1}{2}x^2;$$

$$\ln(1+x) \sim x;\quad (1+x)^n-1 \sim nx;\quad e^x-1 \sim x.$$

可以证明:同一变化过程中,若 $\alpha \sim \alpha'$,$\beta \sim \beta'$,且 $\lim \frac{\alpha'}{\beta'}$ 存在,则

$$\lim \frac{\alpha}{\beta}=\lim \frac{\alpha'}{\beta'}.$$

利用这个特性可以简化有些函数的极限运算.

例 9　求 $\lim\limits_{x \to 0}\frac{\tan 2x}{\sin 3x}$.

解　当 $x \to 0$ 时,$\tan 2x \sim 2x$,$\sin 3x \sim 3x$,

所以
$$\lim_{x \to 0}\frac{\tan 2x}{\sin 3x}=\lim_{x \to 0}\frac{2x}{3x}=\frac{2}{3}.$$

三、极限的运算

1. 极限的运算法则

以下法则以两个函数的极限运算来说明,其结论对有限个函数的极限运算同样成立.设在同一变化过程中,$\lim f(x)=A$,$\lim g(x)=B$,则

法则 1　$\lim[f(x) \pm g(x)]=\lim f(x) \pm \lim g(x)=A \pm B$;

法则 2　$\lim[f(x) \cdot g(x)]=\lim f(x) \cdot \lim g(x)=A \cdot B$;

推论 1　$\lim[cf(x)]=c\lim f(x)=cA$($c$ 为常数);

推论 2　$\lim[f(x)]^n=[\lim f(x)]^n=A^n$($n$ 为正整数);

法则 3　若 $B \neq 0$,则 $\lim \frac{f(x)}{g(x)}=\frac{\lim f(x)}{\lim g(x)}=\frac{A}{B}$.

注:极限符号 lim 下面没有标明自变量的变化过程,说明对 $x \to x_0$ 或 $x \to \infty$ 时,所建立的结论都成立.

例 10　求 $\lim\limits_{x \to 1}(3x^2-5x+1)$.

解
$$\begin{aligned}\lim_{x \to 1}(3x^2-5x+1)&=\lim_{x \to 1}3x^2-\lim_{x \to 1}5x+\lim_{x \to 1}1\\&=3\lim_{x \to 1}x^2-5\lim_{x \to 1}x+1=3(\lim_{x \to 1}x)^2-5+1=3-5+1=-1.\end{aligned}$$

例 11　求 $\lim\limits_{x \to 2}\frac{x^2-3x+1}{2x-1}$.

解
$$\lim_{x \to 2}\frac{x^2-3x+1}{2x-1}=\frac{\lim\limits_{x \to 2}(x^2-3x+1)}{\lim\limits_{x \to 2}(2x-1)}=\frac{(\lim\limits_{x \to 2}x)^2-3\lim\limits_{x \to 2}x+\lim\limits_{x \to 2}1}{(\lim\limits_{x \to 2}2x)-\lim\limits_{x \to 2}1}=\frac{4-6+1}{4-1}=-\frac{1}{3}.$$

从上面两例可以得到如下结论：

(1)如果函数 $f(x)$ 为多项式，则 $\lim\limits_{x \to x_0} f(x)=f(x_0)$；

(2)如果 $P(x)$，$Q(x)$ 是多项式，且 $\lim\limits_{x \to x_0} P(x)=A$，$\lim\limits_{x \to x_0} Q(x)=B \neq 0$，则

$$\lim_{x \to x_0} \frac{P(x)}{Q(x)}=\frac{\lim\limits_{x \to x_0} P(x)}{\lim\limits_{x \to x_0} Q(x)}=\frac{A}{B}.$$

注：对于有理式 $\dfrac{P(x)}{Q(x)}$，如果 $\lim\limits_{x \to x_0} Q(x)=Q(x_0)=0$，则不能应用法则 3 求解，而需进行特别处理.

上例在进行极限运算时，都直接使用了极限的运算法则，而有些函数做极限运算时，不能直接用法则，例如求函数 $f(x)=\dfrac{x-1}{x^2-1}$ 在 $x \to 1$ 时的极限，因其分子、分母的极限都是零，所以不能直接使用运算法则.

2. 未定式的极限

在同一变化过程中，如果分子、分母两个变量的极限都是零，这种极限形式称为未定式. 记作 $\dfrac{0}{0}$. 类似还有以下几种未定式，分别记为 $\dfrac{\infty}{\infty}$，$0 \cdot \infty$，$\infty-\infty$，1^{∞}，0^0，∞^0 等.

注：$\dfrac{0}{0}$，$\dfrac{\infty}{\infty}$，$0 \cdot \infty$，$\infty-\infty$，1^{∞}，0^0，∞^0 只是记号，不代表数.

例 12 求 $\lim\limits_{x \to 4} \dfrac{x^2-5x+4}{x-4}$.

分析 当 $x \to 4$ 时，分子与分母的极限都是 0，是 $\dfrac{0}{0}$ 型，将分式的分子、分母分别因式分解，通过化简后用法则求解.

解 $\lim\limits_{x \to 4} \dfrac{x^2-5x+4}{x-4}=\lim\limits_{x \to 4} \dfrac{(x-1)(x-4)}{x-4}=\lim\limits_{x \to 4}(x-1)=3$.

例 13 求 $\lim\limits_{x \to 4} \dfrac{\sqrt{x}-2}{x-4}$.

解 这是 $\dfrac{0}{0}$ 型未定式，将分子有理化，整理得

$$\begin{aligned}\lim_{x \to 4} \frac{\sqrt{x}-2}{x-4} &= \lim_{x \to 4} \frac{(\sqrt{x}-2)(\sqrt{x}+2)}{(x-4)(\sqrt{x}+2)} \\ &= \lim_{x \to 4} \frac{x-4}{(x-4)(\sqrt{x}+2)}=\lim_{x \to 4} \frac{1}{\sqrt{x}+2}=\frac{1}{4}.\end{aligned}$$

例 14 求 $\lim\limits_{x \to \infty} \dfrac{3x^2-x+1}{x^2+2x+2}$.

解 当 $x \to \infty$ 时，此极限是 $\dfrac{\infty}{\infty}$，分子和分母同除以 x^2，整理得

$$\lim_{x \to \infty} \frac{3x^2-x+1}{x^2+2x+2}=\lim_{x \to \infty} \frac{3-\frac{1}{x}+\frac{1}{x^2}}{1+\frac{2}{x}+\frac{2}{x^2}}=\frac{3}{1}=3.$$

例 15　求$\lim\limits_{x\to\infty}\frac{x^2+2x+2}{3x^3-x+1}$.

解　当 $x\to\infty$ 时,此极限是$\frac{\infty}{\infty}$型,分子、分母同除以 x^3,整理得

$$\lim_{x\to\infty}\frac{x^2+2x+2}{3x^3-x+1}=\lim_{x\to\infty}\frac{\frac{1}{x}+\frac{2}{x^2}+\frac{2}{x^3}}{3-\frac{1}{x^2}+\frac{1}{x^3}}=\frac{0}{3}=0.$$

例 16　求$\lim\limits_{x\to\infty}\frac{3x^3-x+1}{x^2+2x+2}$.

解　因为$\lim\limits_{x\to\infty}\frac{3x^3-x+1}{x^2+2x+2}=\lim\limits_{x\to\infty}\frac{1}{\frac{x^2+2x+2}{3x^3-x+1}}$,

由上例结果知$\lim\limits_{x\to\infty}\frac{x^2+2x+2}{3x^3-x+1}=0$,根据无穷小与无穷大的关系得

$$\lim_{x\to\infty}\frac{3x^3-x+1}{x^2+2x+2}=\infty.$$

例 17　求$\lim\limits_{x\to1}\left(\frac{1}{x-1}-\frac{2}{x^2-1}\right)$.

解　这是$\infty-\infty$型未定式,通分化简,整理得

$$\lim_{x\to1}\left(\frac{1}{x-1}-\frac{2}{x^2-1}\right)=\lim_{x\to1}\frac{x+1-2}{(x-1)(x+1)}=\lim_{x\to1}\frac{1}{x+1}=\frac{1}{2}.$$

综合例⑭、例⑮、例⑯的结果,可以得到下面的结论:当 $a_0\neq0,b_0\neq0,m、n\in\mathbf{N}^+$ 时,

$$\lim_{x\to\infty}\frac{a_0x^m+a_1x^{m-1}+\cdots+a_m}{b_0x^n+b_1x^{n-1}+\cdots+b_n}=\begin{cases}\frac{a_0}{b_0},m=n,\\0,m<n,\\\infty,m>n.\end{cases}$$

四、两个重要极限

1. 极限$\lim\limits_{x\to0}\frac{\sin x}{x}=1$

函数$\frac{\sin x}{x}$在 $x=0$ 处没有定义,下面我们列表观察$\frac{\sin x}{x}$的变化趋势(如表 1—4 所示):

表 1—4

x	±0.5	±0.1	±0.05	±0.03	±0.01	…	→0
$\frac{\sin x}{x}$	0.958 86	0.998 33	0.999 58	0.999 85	0.999 98	…	→1

从上表可以看出,当 $x\to0$ 时,$\frac{\sin x}{x}\to1$.

可以证明:

$$\lim_{x\to0}\frac{\sin x}{x}=1\qquad(证明略).$$

我们称$\lim\limits_{x\to0}\frac{\sin x}{x}=1$ 为第一重要极限,当 $x\to0$ 时,$\sin x$ 和 x 是无穷小且 $\sin x\sim x$.

例 18 求$\lim\limits_{x\to0}\frac{\sin 3x}{x}$.

解 $\lim\limits_{x\to0}\frac{\sin 3x}{x}=3\lim\limits_{3x\to0}\frac{\sin 3x}{3x}=3$.

例 19 求$\lim\limits_{x\to0}\frac{\tan x}{x}$.

解 $\lim\limits_{x\to0}\frac{\tan x}{x}=\lim\limits_{x\to0}\left(\frac{\sin x}{x}\cdot\frac{1}{\cos x}\right)=\lim\limits_{x\to0}\frac{\sin x}{x}\cdot\lim\limits_{x\to0}\frac{1}{\cos x}=1\times1=1$.

例 20 求$\lim\limits_{x\to0}\frac{\sin 5x}{\sin 3x}$.

解 $\lim\limits_{x\to0}\frac{\sin 5x}{\sin 3x}=\lim\limits_{x\to0}\left(\frac{\sin 5x}{\sin 3x}\cdot\frac{3x}{5x}\cdot\frac{5x}{3x}\right)=\frac{5}{3}\lim\limits_{5x\to0}\frac{\sin 5x}{5x}\cdot\lim\limits_{3x\to0}\frac{3x}{\sin 3x}=\frac{5}{3}\times1\times1=\frac{5}{3}$.

例 21 求$\lim\limits_{x\to0}\frac{1-\cos x}{x^2}$.

解 $\lim\limits_{x\to0}\frac{1-\cos x}{x^2}=\lim\limits_{x\to0}\frac{2\sin^2\frac{x}{2}}{x^2}=\frac{1}{2}\lim\limits_{x\to0}\frac{\sin^2\frac{x}{2}}{\left(\frac{x}{2}\right)^2}=\frac{1}{2}\left(\lim\limits_{\frac{x}{2}\to0}\frac{\sin\frac{x}{2}}{\frac{x}{2}}\right)^2=\frac{1}{2}$.

2. 极限 $\lim\limits_{x\to\infty}\left(1+\frac{1}{x}\right)^x=\mathrm{e}$

我们考察当$x\to+\infty$和$x\to-\infty$时，函数$\left(1+\frac{1}{x}\right)^x$的值的变化趋(如表 1—5 所示)：

表 1—5

x	1	2	5	10	100	1 000	10 000	100 000	$\to+\infty$
$\left(1+\frac{1}{x}\right)^x$	2	2.25	2.49	2.59	2.705	2.717	2.718	2.718 27	…

x	−10	−100	−1 000	−10 000	−100 000	$\to+\infty$
$\left(1+\frac{1}{x}\right)^x$	2.88	2.732	2.720	2.718 3	2.718 8	…

从上表可以看出，当$x\to+\infty$和$x\to-\infty$时，函数$\left(1+\frac{1}{x}\right)^x$的对应值都无限趋于一个确定的数 2.718 281 828 459…，它是无理数 e.

可以证明，当$x\to+\infty$和$x\to-\infty$时，函数$\left(1+\frac{1}{x}\right)^x$的极限存在且相等，即

$$\lim_{x\to\infty}\left(1+\frac{1}{x}\right)^x=\mathrm{e}.$$

若令$x=\frac{1}{z}$，则当$x\to\infty$时，$z\to0$，上式可等价地表示为

$$\lim_{x\to\infty}\left(1+\frac{1}{x}\right)^x=\lim_{z\to0}(1+z)^{\frac{1}{z}}=\mathrm{e}.$$

上式又可以写成 $\lim\limits_{z\to0}(1+z)^{\frac{1}{z}}=\mathrm{e}$.

注:以上两个式子均可以表示为$(1+无穷小)^{无穷大}$的极限,利用它可以求出“1^{∞}”型函数的极限.

例 22　求$\lim\limits_{x\to\infty}\left(1+\frac{3}{x}\right)^{x}$.

解　$\lim\limits_{x\to\infty}\left(1+\frac{3}{x}\right)^{x}=\lim\limits_{\frac{x}{3}\to\infty}\left[\left(1+\frac{3}{x}\right)^{\frac{x}{3}}\right]^{3}=\left[\lim\limits_{\frac{x}{3}\to\infty}\left(1+\frac{3}{x}\right)^{\frac{x}{3}}\right]^{3}=e^{3}$.

例 23　求$\lim\limits_{x\to\infty}\left(1-\frac{1}{x}\right)^{x}$.

解　令$-x=t$,当$x\to\infty$时,$t\to\infty$,所以

$$\lim_{x\to\infty}\left(1-\frac{1}{x}\right)^{x}=\lim_{t\to\infty}\left(1+\frac{1}{t}\right)^{-t}=\left[\lim_{t\to\infty}\left(1+\frac{1}{t}\right)^{t}\right]^{-1}=e^{-1}.$$

例 24　求$\lim\limits_{x\to\infty}\left(\frac{x+1}{x-1}\right)^{x}$.

解

$$\lim_{x\to\infty}\left(\frac{x+1}{x-1}\right)^{x}=\lim_{x\to\infty}\left(\frac{1+\frac{1}{x}}{1-\frac{1}{x}}\right)^{x}=\lim_{x\to\infty}\frac{\left(1+\frac{1}{x}\right)^{x}}{\left(1-\frac{1}{x}\right)^{x}}$$

$$=\lim_{x\to\infty}\left[\left(1+\frac{1}{x}\right)^{x}\left(1-\frac{1}{x}\right)^{-x}\right]=\lim_{x\to\infty}\left(1+\frac{1}{x}\right)^{x}\lim_{-x\to\infty}\left(1+\frac{1}{-x}\right)^{-x}=e\cdot e=e^{2}.$$

习题 1—2

1. 当$n\to\infty$时,判断下列数列的敛散性.

(1)$x_n=1-\frac{1}{10^n}$;　　(2)$x_n=2^{\frac{1}{n}}$;

(3)$x_n=\frac{\sqrt{n+2}}{n}$;　　(4)$x_n=(-1)^n\frac{1}{n}$.

2. 观察并写出下列各极限.

(1)$\lim\limits_{x\to-\infty}3^x$;　　(2)$\lim\limits_{x\to+\infty}\left(\frac{2}{3}\right)^x$;

(3)$\lim\limits_{x\to\infty}\left(3-\frac{1}{x}\right)$;　　(4)$\lim\limits_{x\to+\infty}e^x$.

3. 设$f(x)=\begin{cases}1-x, & 0\leqslant x<1,\\ 1, & x=1,\\ 3-x, & 1<x\leqslant 2.\end{cases}$　极限$\lim\limits_{x\to1^-}f(x)$、$\lim\limits_{x\to1^+}f(x)$、$\lim\limits_{x\to1}f(x)$是否存在?

4. 下列各题中哪些是无穷小?哪些是无穷大?

(1)$x\to\infty,\frac{\sin x}{x}$;　　(2)$x\to1,\frac{x+1}{x-1}$;

(3)$x\to+\infty,e^{-x}$;　　(4)$x\to0^+,\ln x$.

5. 利用无穷小性质求极限.

(1)$\lim\limits_{x\to\infty}\frac{\arcsin x}{x}$;　　(2)$\lim\limits_{x\to0}x^2\cos\frac{1}{x^2}$;

(3) $\lim\limits_{x\to\frac{\pi}{3}}\left(x-\frac{\pi}{3}\right)\cos\left(x-\frac{\pi}{3}\right)$；　　(4) $\lim\limits_{x\to\infty}\frac{\cos x}{x}$.

6. 利用等价无穷小代换计算下列极限.

(1) $\lim\limits_{x\to 0}\frac{1-\cos x}{x\sin x}$；　　(2) $\lim\limits_{x\to 0}\frac{\sin ax}{\sqrt{1-\cos x}}(a\neq 0)$.

7. 求下列极限.

(1) $\lim\limits_{x\to 2}(x^2-5x+1)$；　　(2) $\lim\limits_{x\to 1}\frac{x^2+2x+5}{x^2+1}$；

(3) $\lim\limits_{x\to 2}\frac{x^2-4}{x-2}$；　　(4) $\lim\limits_{x\to 1}x\cdot\frac{x-1}{x^2-1}$；

(5) $\lim\limits_{x\to -2}\frac{x^2+2x}{3x^2+x-10}$；　　(6) $\lim\limits_{x\to\infty}\frac{2x^2+x-1}{4x^3+x^2+1}$；

(7) $\lim\limits_{x\to\infty}\frac{3x^3+x^2+1}{5x^3-x^2}$；　　(8) $\lim\limits_{x\to 0}\frac{x^2}{1-\sqrt{1+x^2}}$.

8. 求下列各极限.

(1) $\lim\limits_{x\to 0}\frac{\sin 5x}{2x}$；　　(2) $\lim\limits_{x\to 2}\frac{\sin(x-2)}{x-2}$；

(3) $\lim\limits_{x\to 0}\frac{\sin 6x}{\sin 2x}$；　　(4) $\lim\limits_{x\to\infty}x\tan\frac{1}{x}$；

(5) $\lim\limits_{x\to\infty}\left(1-\frac{2}{x}\right)^x$；　　(6) $\lim\limits_{x\to 0}(1+2x)^{\frac{1}{x}}$；

(7) $\lim\limits_{x\to\infty}\left(\frac{x}{x-1}\right)^{3x}$；　　(8) $\lim\limits_{x\to\infty}\left(1-\frac{3}{x}\right)^{x+2}$；

(9) $\lim\limits_{t\to\infty}\left(\frac{t}{1+t}\right)^t$；　　(10) $\lim\limits_{x\to\infty}\left(\frac{x}{x+1}\right)^{3x-1}$.

第三节　函数的连续性

一、函数在点 x_0 处连续

自然界中的许多现象，如空气和水的流动、气温的变化等，都是随时间不断变化的. 这些现象的特点是，当时间变化很小时，相关量的变化也很小. 反映在数学上，就是函数的连续性. 本节讨论函数连续性的有关问题.

1. 改变量

定义 1　设函数 $y=f(x)$ 当自变量在其定义域内，由初值 x_0 变到终值 x 时，称 $x-x_0$ 为**自变量的增量**（或**改变量**），记为 $\Delta x=x-x_0$；相应地函数值由初值 $f(x_0)$ 变到终值 $f(x)$，称 $f(x)-f(x_0)$ 为**函数的增量**（或**改变量**），记作

$$\Delta y=f(x)-f(x_0)\text{ 或 }\Delta y=f(x_0+\Delta x)-f(x_0).$$

注：Δx 可能为正，也可能为负，但不能为零；Δy 可能为正，可能为负，也可能为零.

观察图 1－20 和图 1－21，从直观上看函数 $y=f(x)$ 和 $y=g(x)$ 分别表示的曲线在横坐标为 x_0 的点处的变化情况. 从图中可以看出，函数 $y=f(x)$ 的图像在该点处没有间断，当 x 在

该点处的改变量 Δx 很小时，函数值在该点处相应的改变量 Δy 也很小，而函数 $y=g(x)$ 的图像在该点处是断开的.

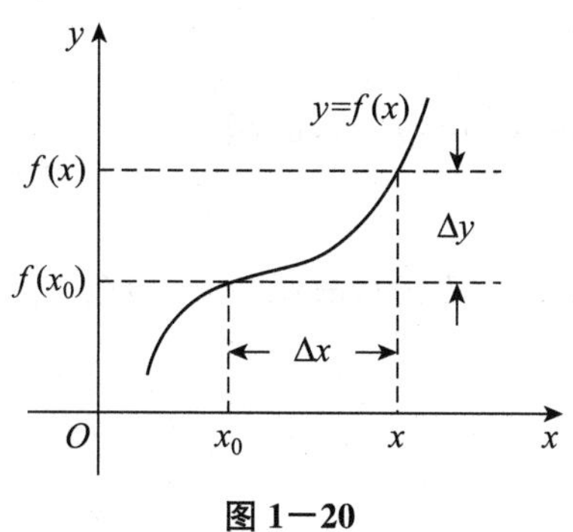

图 1－20

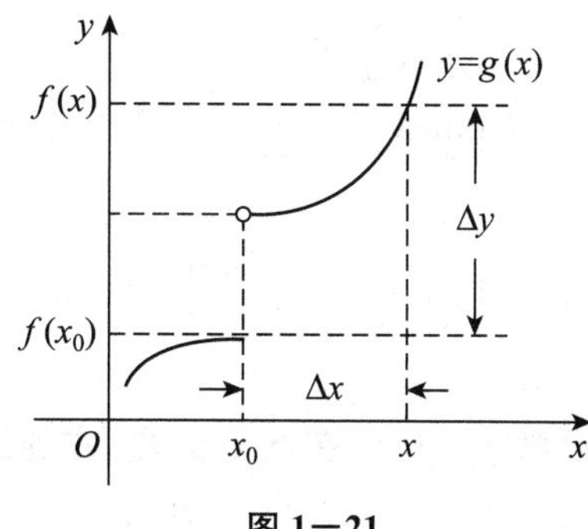

图 1－21

2. 函数在点 x_0 处连续

定义 2　设函数 $y=f(x)$ 在点 x_0 的某邻域内有定义，如果当自变量在 x_0 处的改变量 Δx 趋于零时，函数值的改变量 Δy 也趋于零，即 $\lim\limits_{\Delta x\to 0}\Delta y=0$，则称函数 $f(x)$ 在点 x_0 **处连续**，点 x_0 叫做 $f(x)$ 的**连续点**.

在定义 2 中，记 $x=x_0+\Delta x$，则当 $\Delta x\to 0$ 时，$x\to x_0$，此时

$$\Delta y=f(x_0+\Delta x)-f(x_0)=f(x)-f(x_0),$$

于是

$$\lim_{\Delta x\to 0}\Delta y=\lim_{x\to x_0}[f(x)-f(x_0)]=\lim_{x\to x_0}f(x)-f(x_0)=0,$$

即

$$\lim_{x\to x_0}f(x)=f(x_0).$$

定义 3　设函数 $y=f(x)$ 在点 x_0 的某邻域内有定义，如果当 $x\to x_0$ 时，函数的极限存在，且等于它在该点的函数值 $f(x_0)$，即 $\lim\limits_{x\to x_0}f(x)=f(x_0)$，则称函数 $f(x)$ 在点 x_0 **处连续**.

例 1　证明函数 $y=2x^2-1$ 在点 x_0 处连续.

证　函数 $y=2x^2-1$ 的定义域为 $\mathbf{R}$，所以函数在点 x_0 及其附近有定义，

$$\begin{aligned}\Delta y&=f(x_0+\Delta x)-f(x_0)=[2(x_0+\Delta x)^2-1]-(2x_0{}^2-1)\\&=2\Delta x(2x_0+\Delta x)\end{aligned}$$

$\lim\limits_{\Delta x\to 0}\Delta y=\lim\limits_{\Delta x\to 0}2\Delta x(2x_0+\Delta x)=0$，因此，函数 $y=2x^2-1$ 在点 x_0 处连续.

根据定义，函数 $f(x)$ 在点 x_0 处连续，满足下列条件：

(1) 函数 $f(x)$ 在点 x_0 处有定义；

(2) $\lim\limits_{x\to x_0}f(x)$ 存在；

(3) $\lim\limits_{x\to x_0}f(x)=f(x_0)$.

上述三个条件中有一条不满足，函数 $f(x)$ 在 x_0 处就不连续.

例 2　判断下列函数在 $x=0$ 处是否连续.

(1) $y=\dfrac{1}{x}$；　　(2) $f(x)=\begin{cases}1, & x\geqslant 0,\\-1, & x<0;\end{cases}$

(3) $g(x)=\begin{cases}x+1, & x\neq 0,\\0, & x=0;\end{cases}$　　(4) $h(x)=\begin{cases}\dfrac{\sin x}{x}, & x\neq 0,\\1, & x=0.\end{cases}$

解 (1)$y=\frac{1}{x}$在$x=0$处没有定义，则$y=\frac{1}{x}$在$x=0$处不连续.

(2)因为$\lim\limits_{x\to 0^+}f(x)=\lim\limits_{x\to 0^+}1=1$，$\lim\limits_{x\to 0^-}f(x)=\lim\limits_{x\to 0^-}(-1)=-1$，所以$\lim\limits_{x\to 0}f(x)$不存在，故函数$f(x)$在$x=0$处不连续.

(3)因为$\lim\limits_{x\to 0}g(x)=\lim\limits_{x\to 0}(x+1)=1$，$g(0)=0$，所以$\lim\limits_{x\to 0}g(x)\neq g(0)$，故函数$g(x)$在$x=0$处不连续.

(4)因为$\lim\limits_{x\to 0}h(x)=\lim\limits_{x\to 0}\frac{\sin x}{x}=1$，$h(0)=1$，所以$\lim\limits_{x\to 0}h(x)=h(0)$，故函数$h(x)$在$x=0$处连续.

3. 函数$y=f(x)$在点x_0处左、右连续

若函数$y=f(x)$在点x_0处有

$$\lim_{x\to x_0^+}f(x)=f(x_0)\quad 或\quad \lim_{x\to x_0^-}f(x)=f(x_0),$$

则分别称函数$y=f(x)$在x_0处**右连续或左连续**.

二、函数的间断点

定义4 如果函数$y=f(x)$在点x_0不连续，则称点x_0为函数的一个**间断点**.

如果函数$f(x)$在点x_0处出现下列三种情况之一，则点x_0是函数$f(x)$的一个间断点.

(1)在点x_0没有定义；

(2)$\lim\limits_{x\to x_0}f(x)$不存在；

(3)虽然在点x_0有定义，且$\lim\limits_{x\to x_0}f(x)$存在，但是$\lim\limits_{x\to x_0}f(x)\neq f(x_0)$.

例3 讨论函数$f(x)=\frac{1}{x-1}$在$x=1$处的连续性.

解 因为$f(x)=\frac{1}{x-1}$在$x=1$处没有定义，所以$x=1$是$f(x)=\frac{1}{x-1}$的一个间断点，即函数$f(x)=\frac{1}{x-1}$在$x=1$处不连续.

例4 设函数$f(x)=\begin{cases}x-2, & x\leqslant 0,\\ x+2, & x>0.\end{cases}$ 讨论$f(x)$在点$x=0$处的连续性.

解 由于$f(x)$是一个分段函数，且

$$\lim_{x\to 0^-}f(x)=\lim_{x\to 0^-}(x-2)=-2,\lim_{x\to 0^+}f(x)=\lim_{x\to 0^+}(x+2)=2,$$

$$\lim_{x\to 0^-}f(x)\neq\lim_{x\to 0^+}f(x).$$

显然，$f(x)$在点$x=0$处左右极限不相等，故$\lim\limits_{x\to 0}f(x)$不存在，我们称$x=0$是函数的一个**跳跃间断点**.

例5 考察函数$f(x)=\begin{cases}\frac{x^2-1}{x-1}, & x\neq 1\\ 1, & x=1\end{cases}$ 在点$x=1$处的连续性.

解 函数$f(x)$在点$x=1$处有定义，$f(1)=1$，且$f(x)$在$x=1$处的函数的极限存在，即$\lim\limits_{x\to 1}f(x)=\lim\limits_{x\to 1}\frac{x^2-1}{x-1}=\lim\limits_{x\to 1}(x+1)=2$.

因为 $f(1)=1$，所以 $\lim\limits_{x\to 1}f(x)\neq f(1)$.

$x=1$ 是函数 $f(x)$ 的一个间断点，如图 1—22 所示，从图中可以看出，只要在 $x=1$ 处改变定义或者补充定义，就可以使函数 $f(x)$ 在该点连续. 因此我们称这种当 $x\to x_0$ 时极限存在的间断点称为**可去间断点**.

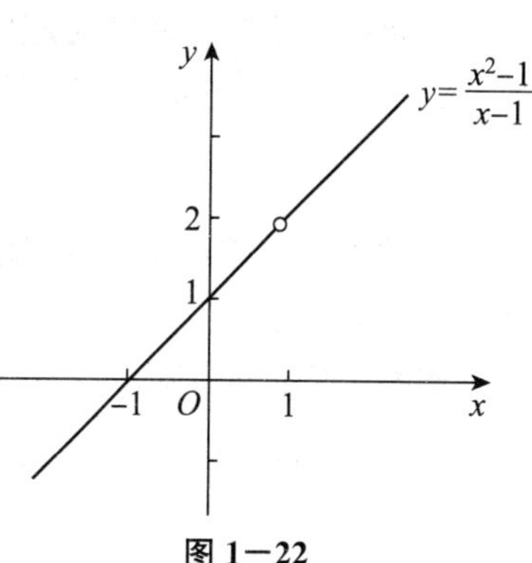

图 1—22

例 6　已知函数 $f(x)=\begin{cases}x^2+1, & x<0\\ 2x+b, & x\geqslant 0\end{cases}$ 在点 $x=0$ 处连续，求 b 的值.

解　$\lim\limits_{x\to 0^-}f(x)=\lim\limits_{x\to 0^-}(x^2+1)=1$,

$\lim\limits_{x\to 0^+}f(x)=\lim\limits_{x\to 0^+}(2x+b)=b$,

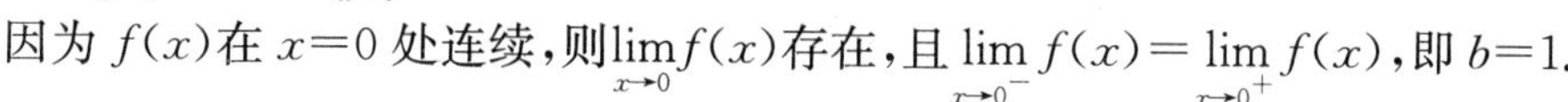

因为 $f(x)$ 在 $x=0$ 处连续，则 $\lim\limits_{x\to 0}f(x)$ 存在，且 $\lim\limits_{x\to 0^-}f(x)=\lim\limits_{x\to 0^+}f(x)$，即 $b=1$.

三、函数 $f(x)$ 在闭(开)区间连续

如果函数 $f(x)$ 在区间 (a,b) 内每一点都连续，则称**函数 $f(x)$ 在 (a,b) 内连续**；如果 $f(x)$ 在区间 (a,b) 内连续，且在点 a 右连续，在点 b 左连续，则称**函数 $f(x)$ 在 $[a,b]$ 上连续**.

函数的连续性可以通过函数的图像——曲线的连续性表示出来，即若函数 $f(x)$ 在 $[a,b]$ 上连续，则 $f(x)$ 在 $[a,b]$ 上的图像就是一条连续不断的曲线.

例 7　求函数 $f(x)=\frac{x+1}{x^2+2x-3}$ 的间断点和连续区间.

解　由 $\lim\limits_{x\to x_0}f(x)=\lim\limits_{x\to x_0}\frac{x+1}{x^2+2x-3}=\frac{x_0+1}{x_0{}^2+2x_0-3}=f(x_0)$，当 $x^2+2x-3=0$ 时，即 $x=1$，$x=-3$ 时，函数 $f(x)=\frac{x+1}{x^2+2x-3}$ 无意义，故函数 $f(x)=\frac{x+1}{x^2+2x-3}$ 的间断点为 $x=1$，$x=-3$，其连续区间为 $(-\infty,-3)\cup(-3,1)\cup(1,+\infty)$.

从上例解题的过程结合极限的运算法则，可以得到下面的结论：

(1)一切基本初等函数在其定义域内是连续的.

例如，指数函数 $y=a^x(a>0,a\neq 1)$ 在定义域 $(-\infty,+\infty)$ 内是连续的.

(2)函数的和、差、积、商的连续性.

如果函数 $f(x)$ 和 $g(x)$ 都在点 x_0 连续，那么它们的和、差、积、商(分母不为零)也在点 x_0 连续，即

$$\lim_{x\to x_0}[f(x)\pm g(x)]=f(x_0)\pm g(x_0),$$

$$\lim_{x\to x_0}[f(x)g(x)]=f(x_0)g(x_0),$$

$$\lim_{x\to x_0}\frac{f(x)}{g(x)}=\frac{f(x_0)}{g(x_0)},\quad [g(x_0)\neq 0].$$

(3)复合函数的连续性.

如果函数 $u=\varphi(x)$ 在点 x_0 连续，且 $u_0=\varphi(x_0)$，而函数 $y=f(u)$ 在点 u_0 连续，那么复合函数 $y=f(\varphi(x))$ 在点 x_0 也是连续的.

(4)初等函数的连续性.

由基本初等函数的连续性及连续函数的和、差、积、商及复合函数的连续性可知：

一切初等函数在其定义域内都是连续的.

若 $f(x)$ 在 x_0 连续，则有

$$\lim_{x\to x_0} f(x) = f(x_0) = f(\lim_{x\to x_0} x).$$

上式表明求连续函数的极限，极限符号与函数符号可以互换. 即求连续函数的极限，可归结为计算函数值.

例 8 求下列极限.

(1) $\lim\limits_{x\to\frac{\pi}{4}}\ln(\sin 2x)$； (2) $\lim\limits_{x\to 0}\dfrac{\ln(1+x)}{x}$； (3) $\lim\limits_{x\to 0}\dfrac{e^x-1}{x}$.

解 (1) 由于函数 $f(x)=\ln(\sin 2x)$ 在 $x=\dfrac{\pi}{4}$ 处连续，故

$$\lim_{x\to\frac{\pi}{4}}\ln(\sin 2x) = \ln\left(\sin 2\cdot\frac{\pi}{4}\right) = \ln 1 = 0.$$

(2) 函数 $f(x)=\dfrac{\ln(1+x)}{x}$ 在 $x=0$ 处不连续，所以不能用代入法，根据复合函数求极限的方法，得

$$\lim_{x\to 0}\frac{\ln(1+x)}{x} = \lim_{x\to 0}\ln(1+x)^{\frac{1}{x}} = \ln\lim_{x\to 0}(1+x)^{\frac{1}{x}} = \ln e = 1.$$

(3) 令 $e^x-1=t$，则 $x=\ln(1+t)$，

原式 $$\lim_{x\to 0}\frac{e^x-1}{x}=\lim_{t\to 0}\frac{t}{\ln(1+t)}=\frac{1}{\lim\limits_{t\to 0}\dfrac{\ln(1+t)}{t}}=1.$$

四、闭区间上连续函数的性质

定理 1（最值定理）

闭区间上的连续函数一定有最大值和最小值.

如图 1－23 所示，$f(x)$ 在闭区间 $[a,b]$ 上连续，在点 x_1 处取得最小值 m，在点 x_2 处取得最大值 M.

定理 2（介值定理）

设 $f(x)$ 在闭区间 $[a,b]$ 上连续，且 $f(a)\neq f(b)$，μ 为介于 $f(a)$ 与 $f(b)$ 之间的任一实数，则至少存在一点 $\xi\in(a,b)$，使 $f(\xi)=\mu$. 如图 1－24 所示.

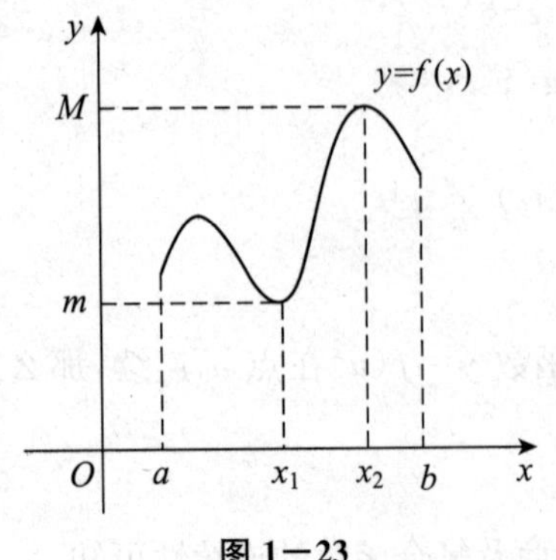

图 1－23

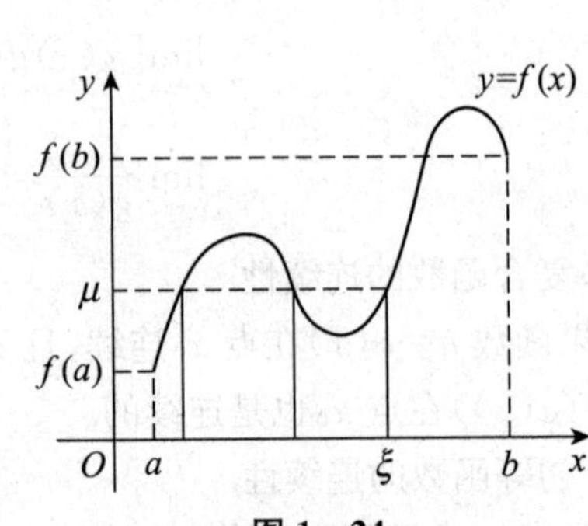

图 1－24

推论 1(零点定理)

若函数 $f(x)$ 在闭区间 $[a,b]$ 上连续，且 $f(a)\cdot f(b)<0$，则至少存在一点 $\xi\in(a,b)$，使得 $f(\xi)=0$，如图 1—25 所示.

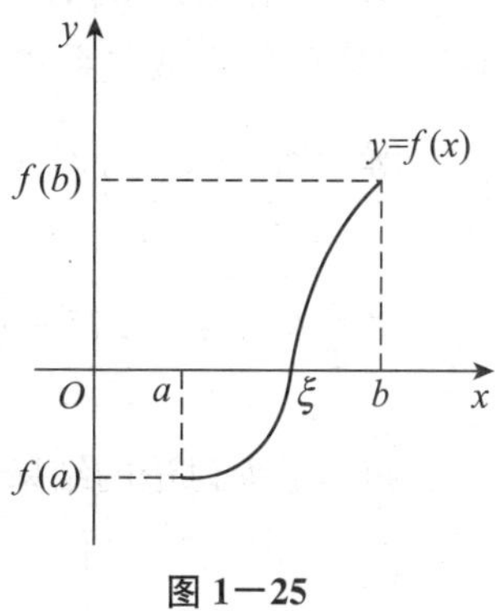

图 1—25

例 9　证明三次方程 $x^3-4x^2+1=0$ 在(0,1)内至少有一个实根.

证　设函数 $f(x)=x^3-4x^2+1$，则函数 $f(x)$ 的定义域为 $(-\infty,+\infty)$，因为 $f(x)=x^3-x+1$ 是初等函数，所以 $f(x)$ 在 $[0,1]$ 上连续，又因为

$$f(0)=1>0, f(1)=-2<0,$$

则由零点定理：至少存在一点 $\xi\in(0,1)$，使 $f(\xi)=\xi^3-4\xi^2+1=0$.

习题 1—3

1. 指出下列函数的间断点.

(1) $f(x)=\dfrac{1}{(1+x)^2}$；　　(2) $f(x)=\begin{cases}x-1, & x<0,\\ 0, & x=0,\\ x+1, & x>0;\end{cases}$

(3) $f(x)=x\sin\dfrac{1}{x}$.

2. 设 $f(x)=\begin{cases}2e^x, & x<0\\ 3x+a, & x\geqslant 0\end{cases}$ 在 $x=0$ 处连续，则 a 应为何值？

3. 求下列函数的极限.

(1) $\lim\limits_{x\to 0}\sqrt{x^2-x+6}$；　　(2) $\lim\limits_{x\to 0}\ln\dfrac{x}{\sin x}$；

(3) $\lim\limits_{x\to\frac{\pi}{3}}\sin^3(3x)$；　　(4) $\lim\limits_{x\to\infty}(\sqrt{x^2+1}-\sqrt{x^2-1})$.

4. 证明三次方程 $x^3-x+3=0$ 在(−2,1)至少有一个实根.

5. 证明方程 $x^5-3x=1$ 至少有一个实根介于 1 和 2 之间.

※ 第四节　应用与实践一

一、应用

例 1　设某产品的价格满足关系式 $p(t)=20-20e^{-0.5t}$(单位：元)，t 为时间(单位：年). 随着时间的推移，产品的价格会发生变化，请你对该产品的价格做一下长期预测.

解　本题通过求产品价格函数 $p(t)=20-20e^{-0.5t}$ 在 $t\to+\infty$ 时的极限来分析该产品的长期价格. 由于

$$\lim_{t\to+\infty}p(t)=\lim_{t\to+\infty}(20-20e^{-0.5t})=\lim_{t\to+\infty}20-\lim_{t\to+\infty}20e^{-0.5t}$$
$$=\lim_{t\to+\infty}20-20\lim_{t\to+\infty}e^{-0.5t}=20,$$

所以，随着时间的推移，该产品的长期价格为 20 元.

例 2 脉冲发生器产生一个单三角脉冲，其波形图如图 1－26 所示，写出电压 U 与时间 t $(t\geqslant 0)$之间的函数关系式.

解 当 $0\leqslant t\leqslant \frac{\tau}{2}$ 时，$U=\dfrac{E}{\frac{\tau}{2}}\cdot t$，即 $U=\dfrac{2E}{\tau}t$；

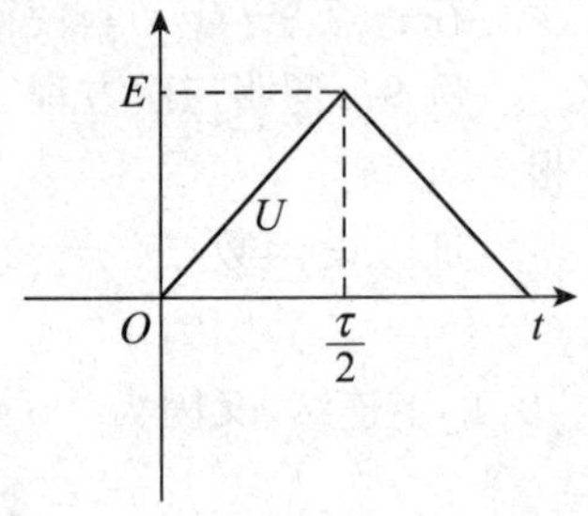

图 1－26

当 $\frac{\tau}{2}\leqslant t\leqslant \tau$ 时，$U-0=\dfrac{E-0}{\frac{\tau}{2}-\tau}(t-\tau)$，即 $U=-\dfrac{2E}{\tau}(t-\tau)$；

归纳上面讨论的结果，得

$$U=\begin{cases}\dfrac{2E}{\tau}t, & 0\leqslant t\leqslant \dfrac{\tau}{2},\\ -\dfrac{2E}{\tau}(t-\tau), & \dfrac{\tau}{2}\leqslant t\leqslant \tau,\\ 0, & t>\tau.\end{cases}$$

例 3 已知某商品的成本函数为 $C(q)=5+4q+q^2$，若销售单价为 10 元/件，求：

(1)该商品销售的无盈亏点；

(2)若每天销售 10 件该商品，为了不亏本，销售单价应定为多少才合适？

解 (1)利润函数 $L(q)=R(q)-C(q)$

$$=10q-(5+4q+q^2)$$
$$=6q-5-q^2.$$

由 $L(q)=0$，即 $6q-5-q^2=0$，解得两个无盈亏点 $q_1=1$ 和 $q_2=5$. 显然，当 $q<1$ 或 $q>5$ 时，经营亏损；当 $1<q<5$ 时，经营盈利，因此 $q=1$ 和 $q=5$ 分别是盈利的最低和最高产量.

(2)设销售单价为 p 元/件，则利润函数为 $L(q)=R-C=pq-(5+4q+q^2)$，为使经营不亏本，必须 $L(10)\geqslant 0$，即 $10p-145\geqslant 0$，也就是 $p\geqslant 14.5$. 所以，为了不亏本，销售单价应不低于 14.5 元/件.

例 4 当推出一种新的电子游戏程序时，在短期内销售量会迅速增加，然后开始下降，其函数关系为 $y(x)=\dfrac{200x}{x^2+100}$(如图 1－27 所示)，其中 x 为月份.

(1)请计算游戏推出后第 6 个月、第 12 个月和第三年的销售量.

(2)如果要对该产品的长期销售做出预测，请建立相应的表达式.

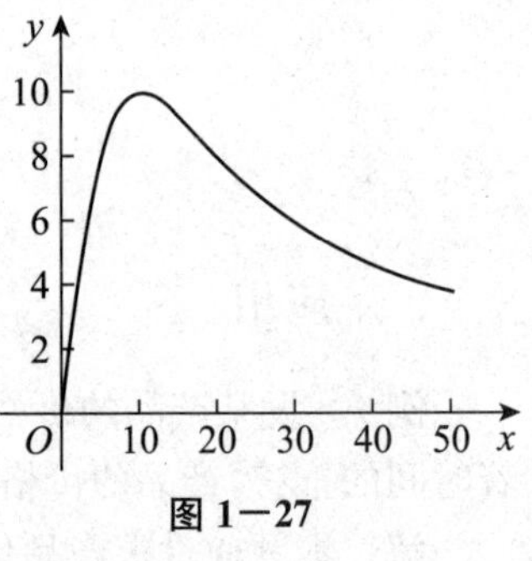

图 1－27

解 (1)$s(6)=\dfrac{200\times 6}{6^2+100}=\dfrac{1\ 200}{136}\approx 8.823\ 5$，

$$s(12)=\frac{200\times 12}{12^2+100}=\frac{2\ 400}{244}\approx 9.836\ 1,$$

$$s(36)=\frac{200\times 36}{36^2+100}=\frac{7\ 200}{1\ 396}\approx 5.513\ 0.$$

(2)从上面的数据可以看出，随着时间的推移，该产品的长期销售应为时间 $x\to+\infty$ 时的销售量，即

$$\lim_{x\to+\infty}\frac{200x}{x^2+100}=0.$$

上式说明当时间 $x\to+\infty$时，销售量的极限为 0，即人们购买此游戏会越来越少，从而转向购买新的游戏.

例 5　洗衣机的洗衣过程为以下几次循环：加水—漂洗—脱水. 假设洗衣机每次加水量为 C(单位：升)，衣物的污物质量为 A(单位：千克)，衣物脱水后含水量为 m(单位：千克). 问：经过 n 次循环后，衣物的污物浓度为多少(污物浓度为污物的质量(千克)与水量(升)之比)？能否 100%地清除污物？

解　洗衣机各次运行时，污物的浓度分别为

$$\rho_1=\frac{A}{C},\ \rho_2=\frac{\rho_1 m}{C+m},\ \rho_3=\frac{\rho_2 m}{C+m},\cdots,\rho_n=\frac{\rho_{n-1}m}{C+m},\cdots$$

n 次循环后，衣物的污物浓度为

$$\rho_n=\frac{Am^{n-1}}{C(C+m)^{n-1}}$$

因为$\frac{C}{m}>1$，所以

$$\lim_{n\to\infty}\rho_n=\lim_{n\to\infty}\frac{Am^{n-1}}{C(C+m)^{n-1}}=\frac{A}{C}\lim_{n\to\infty}\frac{1}{\left(1+\frac{C}{m}\right)^{n-1}}=0$$

当洗涤次数 n 很大时，衣物的污物浓度会很小，随着洗涤次数的无限增大，留在衣物上的污物浓度接近 0，但永远不为 0. 因此，要 100%地清除污物是不可能的.

二、实践

1. MATLAB 软件简介

MATLAB 是矩阵实验室(Matrix Laboratory)的简称，是美国 MathWorks 公司出品的商业数学软件，用于算法开发、数据可视化、数据分析以及数值计算的高级技术计算语言和交互式环境，主要包括 MATLAB 和 Simulink 两大部分. 从软件推向市场以来，经过 20 多年的补充、完善以及产品升级，现在的 MATLAB 已经不仅仅是最初的“矩阵实验室”了. 它已经发展成为一个具有广泛应用前景，包含众多学科、工程计算的庞大系统. MATLAB 具有如下特点：

(1)语言简洁紧凑，使用方便灵活，库函数极其丰富.

(2)运算符丰富.

(3)既有结构化的控制语句，又有面向对象编程的特性.

(4)语法限制不严格，程序设计自由度大.

(5)程序的可移植性很好，基本上不做修改就可以在各种型号的计算机和操作系统上运行.

(6)MATLAB 的图形功能强大，数据的可视化非常简单.

(7)功能强劲的工具箱是 MATLAB 的另一重大特色，其中核心部分中有数百个核心内部函数.

因此，MATLAB 软件深受学术界和工程界的欢迎，成为工程师们必须掌握的一种工具，被认为是进行高效研究与开发的首选软件工具.

2. MATLAB 的启动和退出

(1)启动.

方法一：启动 Windows 后，在“开始”菜单的“程序”中单击“MATLAB”，就启动了 MAT-

LAB,在屏幕上显示如图1—28所示的界面.

方法二:启动Windows后,双击桌面上MATLAB的快捷方式图标 即可进入如图1—28所示的界面.

(2)退出.

方法一:单击MATLAB界面右上角的关闭 图标.

方法二:在命令窗口中键入exit或quit指令后按回车键.

方法三:单击文件菜单【File】中的【Exit MATLAB】.

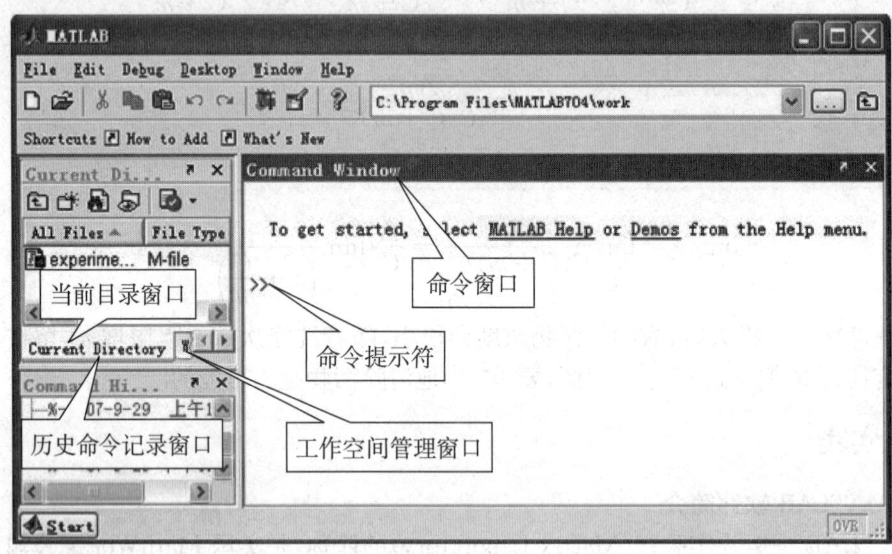

图1—28

3. MATLAB界面

启动MATLAB后,出现如图1—28所示的MATLAB界面,包括以下部分:

(1)主菜单栏:主要有【File】、【Edit】、【View】、【Help】等命令.

文件菜单【File】:文件菜单除了具有Windows的一般应用程序所具有的新建、打开、关闭、退出、打印选项之外,还有如下选项:

【Import Data...】:有关数据的导入;

【Save Workspace...】:保存工作平台;

【Preference...】:MATLAB工作环境的交互性设置;

【Set Path...】:设置当前工作路径;

【Clear Command Window】:清除命令窗口;

【Clear Command History】:清除命令的历史记录;

【Clear Workspace】:清除工作空间.

(2)Command Window:命令窗口,用于输入命令和显示计算结果.

(3)Workspace:工作空间管理窗口,用于储存命令窗口输入的命令和所有变量的值.

(4)Command History:历史命令记录窗口,用于记录每一次开启MATLAB的时间和运行过的所有命令行.

(5)Current Directory:当前目录窗口,用于显示当前路径.

4. MATLAB 的变量及管理

(1)变量名的命名规则.

①变量名以英文字母开始,第一个字母后可以使用字母、数字和下划线,但不能使用空格和标点符号;

②变量名区分大小写;

③变量名长度不能超过 31 个字符,第 31 个字符后面的字符将被忽略.

(2)常量.

变量是数值计算的基本元素. MATLAB 语言本身有一些预定义的变量,这些特殊的变量称为常量. 表 1—6 所示为 MATLAB 默认常量.

表 1—6

名称	说 明	名称	说 明
ans	默认变量名,应答运算结果	NaN	不定值,如∞/∞
pi	圆周率 π	i 或 j	−1 的开方,用于虚数
eps	浮点数的相对误差	realmin	最小的正实数
inf	无穷大∞	Realmax	最大的正实数

(3)MATLAB 变量管理.

MATLAB 用于变量管理的常用命令如表 1—7 所示.

表 1—7

who	检验工作区间中建立的变量名
whos	检验工作区间中变量名、维数、字节数、数据类型
clear	消除工作区间的变量
save sa X	将变量 X 保存到 sa. mat 文件
load sa X	从 sa. mat 文件调用变量 X

5. MATLAB 的函数

表 1—8 所示为 MATLAB 的常用函数.

表 1—8

函数	名称	说明	函数	名称	说明
三角函数	sin(x)	sin x	反三角函数	asin(x)	arcsin x
	cos(x)	cos x		acos(x)	arccos x
	tan(x)	tan x		atan(x)	arctan x
	cot(x)	cot x		acot(x)	arccot x
	sec(x)	sec x		asec(x)	arcsec x
	csc(x)	csc x		acsc(x)	arccsc x

续表

函数	名称	说明	函数	名称	说明
幂函数	x^a	x^a	对数函数	log(x)	$\ln x$
	sqrt(x)	$\sqrt{x}$		log2(x)	$\log_2 x$
指数函数	a^x	a^x		log10(x)	$\lg x$
	exp(x)	e^x	绝对值函数	abs(x)	$\|x\|$

6. MATLAB 基本运算符

(1)算术运算符.

表 1—9 所示为 MATLAB 中的算术运算符.

表 1—9

MATLAB 运算符号	MATLAB 表达式	数学表达式
+	a+b	$a+b$
-	a-b	$a-b$
*	a * b	$a\times b$
/	a/b	$a\div b$
\	a\b	$b\div a$
^	a^b	a^b

(2)关系运算符.

表 1—10 所示为 MATLAB 中的关系运算符.

表 1—10

MATLAB 符号	数学关系	MATLAB 符号	数学关系
<	小于	>	大于
<=	小于或等于	>=	大于或等于
==	等于	~=	不等于

7. MATLAB 工作方式简介

用 MATLAB 解决问题有两种常用的工作方式，一种是基本方式，另一种是 M 文件的编程方式. 凡在编辑调试窗中用 MATLAB 语言编写的程序，统称为 M 文件，扩展名为“. m”.

(1)基本方式.

基本方式是用户在 Command Windows 提示符“>>”后输入表达式，然后按回车键，即可得到结果的一种方式. 应用这种方法就像使用一个高级的科学计算器，处理简单的问题非常便利有效.

例 6　计算$[10+2\times(6-2)]\div 3^2$.

解：在命令窗口输入

```
(10+2*(6-2))/3^2
```

按回车键，命令窗口显示计算结果

```
ans =
2.
```

例 7　计算 $\sin\frac{6+3\times\ln e^4}{|2-6|^3}$.

解:在命令窗口输入

```
format（结果以小数形式输出）
sin((6 + 3 * loge(4))/ (abs(2 - 6))^3)
```

按回车键,命令窗口显示计算结果

```
ans =
0.2776.
```

例 8　求　$S=1-\frac{1}{2}+\frac{1}{3}-\frac{1}{4}+\frac{1}{5}-\frac{1}{6}+\frac{1}{7}-\frac{1}{8}+\frac{1}{9}-\frac{1}{10}$.

解:在命令窗口输入

```
s = 1 - 1/2 + 1/3 - 1/4 + 1/5 - 1/6....（换行标志）
 + 1/7 - 1/8 + 1/9 - 1/10
```

按回车键,命令窗口显示计算结果

```
s =
0.6456.
```

例 9　将多项式　x^4-2x^3+2x-1　进行因式分解.

解:在 MATLAB 中,多项式进行因式分解的命令格式为 factor.

在命令窗口输入

```
syms x（定义符号变量）
factor(x^4 - 2 * x^3 + 2 * x - 1)
```

按回车键,显示结果　`ans =`

```
(x + 1) * (x - 1)^3.
```

例 10　解方程 $x^4-2x^3+2x-1=0$.

解:在 MATLAB 中,解方程的命令格式为 solve.

在命令窗口输入

```
syms x
solve (‘x^4 - 2 * x^3 + 2 * x - 1 = 0’)
```

按回车键,显示方程的解为　`ans =`

```
-1
1
1
1.
```

(2)M 文件的编程方式.

对于解决复杂问题,采用 M 文件的编程方式要好一些. 这种方法避免了在 Command Windows 中反复输入众多表达式,并且可以将程序保存起来,便于修改使用. M 文件是计算性的文本文件,有 scripts 文件和 functions 文件两种形式. 它们都是用鼠标左键单击 MATLAB 桌面菜单【File】→【New】→【M－file】后,在弹出的 M 文件编辑器中编辑的. 其文件扩展名相同,都是“. m”. 两者的区别在于函数文件的第一句可执行的语句是以 function 引导的定义语句,也就是说注释语句后的第一句必须定义函数,并且其 M 文件名应当与函数名重名.

8. MATLAB 绘图

(1)一元函数曲线绘图.

绘图命令 fplot 用于绘制一元函数曲线.格式为

```
fplot('fun',[a,b])
```

表示绘制函数 y=fun 在区间[a,b]上的图形.

例 11 绘制函数 $y=\sin x+x$ 及 $y=e^x-3x^2$.

解:在 MATLAB 中,绘制函数的命令格式为 fplot.

在命令窗口输入

```
fplot('sin(x)+x',[-5,5])
```

按回车键,出现如图 1—29 所示的图形窗口.

同样,输入

```
fplot('exp(x)-3*x^2',[0,5])
```

按回车键,出现如图 1—30 所示的图形窗口.

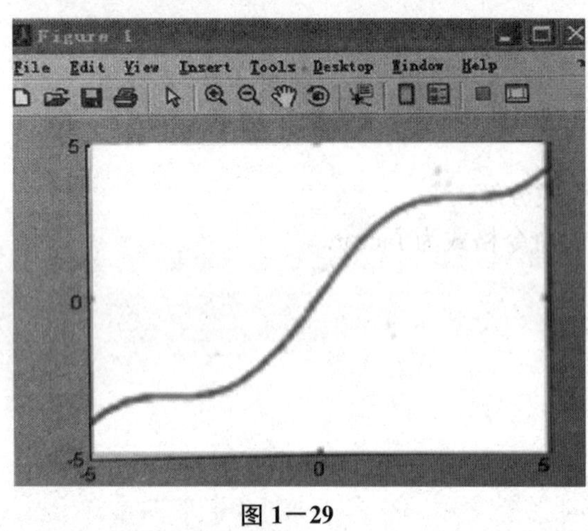

图 1—29

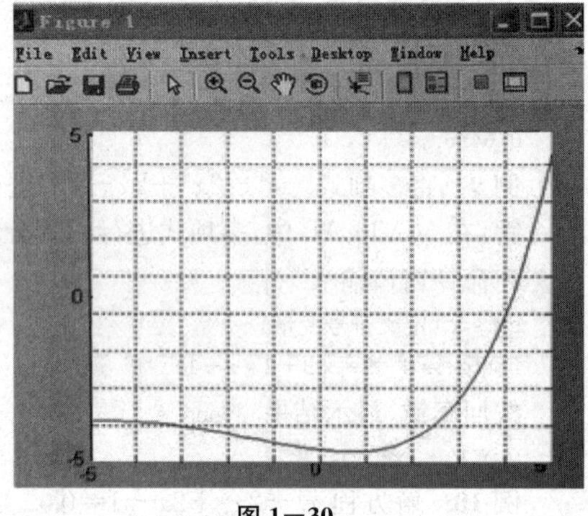

图 1—30

(2)二维绘图命令.

二维绘图命令有如下几种格式:

①plot(X,Y,'S'),其中,X 是函数的横坐标向量,Y 是函数的纵坐标向量,S 是用来定义曲线的颜色、线形等,详见表 1—11.

②plot(X1,Y1,'S1', X2,Y2,'S2',…),此为在同一个窗口绘制多条曲线的命令,其中,X1、Y1、S1 每三项为一组,绘制出一条图形.

③plot(X,Y,'S','line width',r),此为绘制线宽为 r 的曲线的命令.

表 1—11

颜色设置		线型设置		线宽
符号	颜色	符号	线型	
g	绿	—	实线	0.5
r	红	:	点线	1
c	青	—.	虚点线	2

续表

颜色设置		线型设置		线宽
符号	颜色	符号	线型	
m	紫	--	虚线	3
y	黄	.	小黑点	4
k	黑	。	小圆圈	
w	白	+	加号	
b	蓝	*	星号	

例 12　绘制函数 $y=\sin x$ 在区间$[0,2\pi]$上的图形.

解:输入:

```
>> x = 0:0.1:2 * pi;y = sin(x);
>> plot(x,y,'r','linewidth',2)
>> plot(x,y,'r * ')
>> plot(x,y,'g','linewidth',4)
```

按回车键,出现如图 1—31、图 1—32、图 1—33 所示的图形.

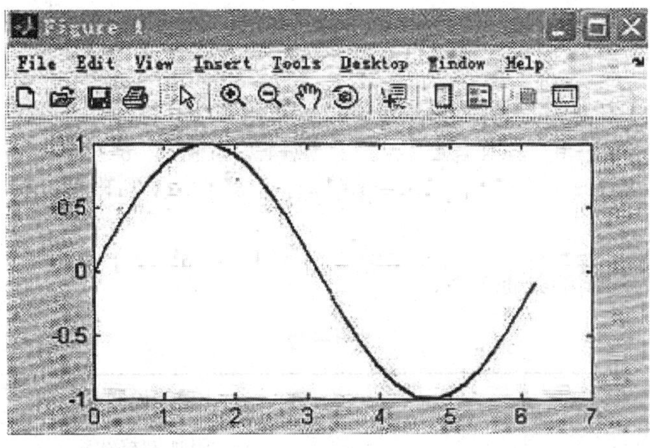

图 1—31

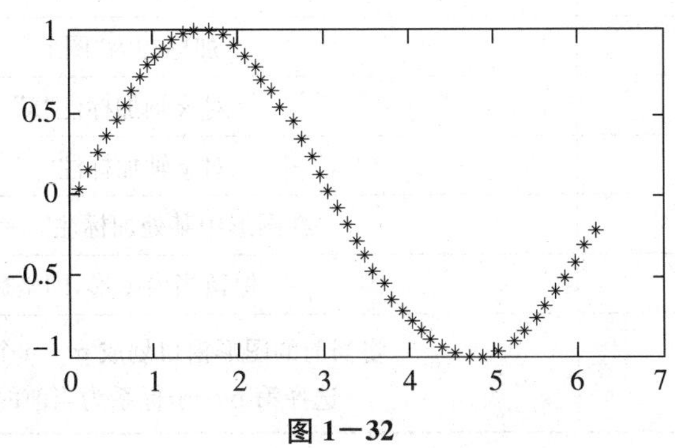

图 1—32

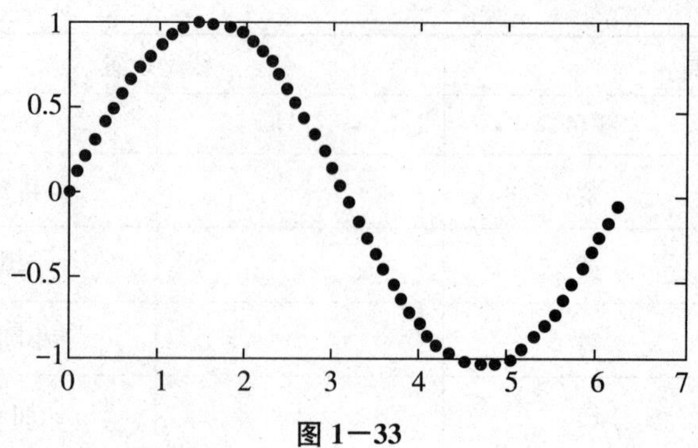

图 1—33

例 13 在同一坐标系下绘制函数 $y=\sin x, y=\cos x$ 在区间$[0,2\pi]$上的图形.

解 输入:

```
>> x = 0:0.1:2 * pi;y = sin(x);z = cos(x)
>> plot(x,y,'r * ',x,z,'g + ')
```

按回车键，出现如图 1—34 所示的图形.

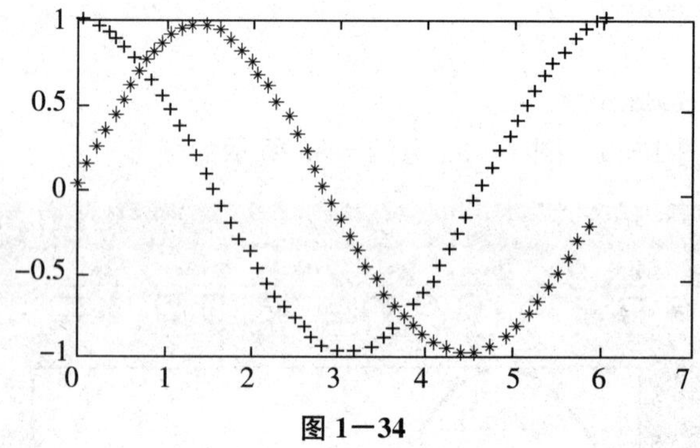

图 1—34

(3)绘图的其他命令.

表 1—12 所示为绘图的其他命令.

表 1—12

命令格式	功能说明
grid on	附加网格线
grid off	去掉网格线
title('图形')	加标题为“图形”
xlabel('x')	对 x 轴加标注“x”
ylabel('y')	对 y 轴加标注“y”
gtext('y=sin(x)')	在图形中某处加标注“y=sinx”
Hold on	保留当前图形，即坐标
subplot(m,n,p)	将当前的图形窗口划成 m * n 个子坐标系， 选择第 p 个坐标系为当前的坐标系

9. 使用 MATLAB 求函数极限

(1)符号格式.

用 MATLAB 求函数极限，符号格式如下：

```
>> syms x y  (定义符号变量)
>> 命令(输入求制定函数的极限的命令)
```

(2)求极限命令.

表 1—13 所示为 MATLAB 求极限命令.

表 1—13

MATLAB 求极限命令	功能
limit(f(x),x,a)	求当 $x \to a$ 时函数 $f(x)$ 的极限
limit(f(x),x,a,'left')	求当 $x \to a^-$ 时函数 $f(x)$ 的左极限
limit(f(x),x,a,'right')	求当 $x \to a^+$ 时函数 $f(x)$ 的右极限

例 14　求下列函数的极限.

(1) $\lim\limits_{x\to 2}(x^2+2x-3)$；　　(2) $\lim\limits_{x\to 0}\dfrac{\sin x}{x}$；

(3) $\lim\limits_{x\to 2^+}(x^2-x)$；　　(4) $\lim\limits_{x\to\infty}\dfrac{3-x+x^2}{1-3x+4x^2}$.

解　(1)输入：

```
>> syms x
>> limit(x^2 + 2x - 3,x,2)
```

按回车键，显示结果为

```
ans =
5
```

(2)输入：

```
>> syms x
>> limit(sin (x)/x,x,0)
```

按回车键，显示结果为

```
ans =
1
```

(3)输入：

```
>> syms x
>> limit(x^2 - x,x,2,'right')
```

按回车键，显示结果为

```
ans =
2
```

(4)输入：

```
>> syms x
>> limit((x^2 - x + 3)/ (4x^2 - 3x + 1),x,inf)
```

按回车键，显示结果为

```
ans =
1/4
```

应用与实践一　习题

1. 小丽在公用电话亭打市内电话,每三分钟收费 0.3 元,不足三分钟按三分钟收费,写出小丽打电话的收费与时间的函数关系并作图.

2. 某工厂生产计算机的日生产能力为 0 到 100 台,工厂维持生产的日固定费用为 4 万元,生产一台计算机的直接费用(含材料费和劳务费)是 4 250 元.试建立该厂日生产 x 台计算机的总费用函数,指出其定义域,并求日产计算机 20 台时的总费用是多少.

3. 某玩具厂生产某种玩具,已知每件出厂价是 20 元,每件可变成本是 15 元,每天固定成本是 2 000 元,试求每天的销售收入函数、总成本函数、利润函数、无亏盈点.

4. 一汽车租赁公司出租某种汽车的收费标准为:每天的基本租金 200 元,另外每公里收费为 15 元.

(1)试建立每天的租车费与行车路程 x(公里)之间的函数关系;

(2)若某人某天付了 800 元租车费,问他开了多少公里?

5. 某人有 20 000 元钱,准备在银行储存,假设银行的存款方式只有两种:一年定期和活期,现行利率如下表所示.

存款方式	利率(年利率)
活　期	0.007 2
一年定期	0.019 8

如果国家公布的个人所得税为 20% ,问:

(1)4 年末,此人的本利和最多为多少?

(2)800 天后的本利和最多为多少?

6. 一个 5Ω 的电阻器与一个电阻为 R 的可变电阻并联,电路的总电阻为 $R_T=\dfrac{5R}{5+R}$,求它在 $R\to+\infty$时的极限,并解释其实际意义.

7. 假定某种疾病流行 t 天后,感染的人数 N 由下式给出

$$N=\frac{1\ 000\ 000}{1+5\ 000\mathrm{e}^{-0.1t}}.$$

问:(1) 从长远考虑,将有多少人感染上这种病?

(2) 有可能某天会有 100 万人染上这种病吗? 50 万人呢? 25 万人呢?

8. 一放射性材料的衰减模型为 $N=100\mathrm{e}^{-0.02t}$(单位:毫克).求:

(1) 最初有多少.

(2) 衰减 10%所需要的时间.

(3) 给出 $t\to+\infty$时的衰减规律.

9. 利用 MATLAB 软件求下列极限.

(1) $\lim\limits_{x\to\infty}\dfrac{\arctan x}{x}$;　　(2) $\lim\limits_{x\to1}\dfrac{\sqrt{x+2}-\sqrt{3}}{x-1}$;

(3) $\lim\limits_{x\to0^+}(1-2x)^{\frac{1}{x}}$;　　(4) $\lim\limits_{x\to+\infty}\left(1+\dfrac{2}{x}\right)^{x+2}$;

(5) $\lim\limits_{x\to1}\dfrac{x^2-3x+2}{x^2-4x+3}$；　　　　(6) $\lim\limits_{x\to0}\dfrac{1-\cos x}{x\sin x}$.

小　结

一、主要内容

本模块在中学学习的集合、函数概念及其简单性质的基础上，进一步讲述了函数、反函数、复合函数、初等函数问题及极限和连续问题.

1. 集合

理解集合、区间和邻域的概念. 掌握自然数集、整数集、有理数集、实数集和一般数集的表示方法及运算.

2. 函数

理解函数的概念，掌握函数概念的三要素及函数的三种表示方法，能准确确立函数的定义域. 理解函数符号 $f(x)$ 的含义，能准确判断两个函数是否相同，掌握函数的四种特性及其几何意义.

3. 反函数和复合函数

在理解函数概念的基础上，理解反函数的概念和几何意义、分段函数的概念和求值的方法，理解复合函数的概念，能准确将一个复合函数分解成若干个简单的函数.

4. 初等函数

理解基本初等函数和初等函数的概念，掌握五类基本初等函数的性质和图像. 了解函数在实际中的应用.

5. 极限

在理解数列极限的概念、函数极限的概念、极限存在的充分必要条件的基础上，熟练掌握极限的运算法则，并能用下列方法熟练地求极限：

(1)利用函数的连续性求极限.

当函数 $y=f(x)$ 在点 x_0 处连续时，即 $\lim\limits_{x\to x_0}f(x)=f(x_0)$ 时，可以交换函数符号和极限符号，即

$$\lim_{x\to x_0}f(x)=f(\lim_{x\to x_0}x)=f(x_0);$$

(2)利用无穷小与有界变量的乘积仍是无穷小求极限；

(3)利用无穷小量与无穷大量的倒数关系求极限；

(4)利用等价无穷小之间的关系求极限；

(5)利用以下两个重要极限及其推论求极限，即

① $\lim\limits_{x\to0}\dfrac{\sin x}{x}=1$；　　② $\lim\limits_{x\to\infty}\left(1+\dfrac{1}{x}\right)^x=\mathrm{e}$　或　$\lim\limits_{z\to0}(1+z)^{\frac{1}{z}}=\mathrm{e}$.

对于有理分式的极限，可以按照下面归纳的方法来求：

(1) $x\to x_0$ 时，当分母极限不为零时，可直接利用函数的连续性求极限；当分母极限为零时，又分为两种情况：如果分子极限不为零，则由无穷小量与无穷大量的倒数关系可得原式的极限为无穷大；如果分子极限也为零，则分解因式，消去无穷小量因子后再求极限.

(2)$x\to\infty$时,有下面的结论,当 $a_0\neq0,b_0\neq0,m、n\in\mathbf{N}^+$ 时,

$$\lim_{x\to\infty}\frac{a_0x^m+a_1x^{m-1}+\cdots+a_m}{b_0x^n+b_1x^{n-1}+\cdots+b_n}=\begin{cases}\dfrac{a_0}{b^0}, & m=n,\\ 0, & m<n,\\ \infty, & m>n.\end{cases}$$

6. 连续

函数连续性的概念是一个重要概念,它是由函数和极限相结合得出的新概念. 主要应掌握函数在点 x_0 处连续的两个等价定义、函数在点 x_0 连续和在该点极限存在的关系、判断间断点的条件及类型、初等函数的连续性、闭区间上连续函数的性质.

二、应注意的问题

(1)分段函数表示的是一个函数. 求分段函数的函数值时,必须将自变量的值代入所在区间的分析式中计算求值. 由于分段函数一般不是初等函数,所以在有定义的地方不一定连续. 如果它在每一段上都是由初等函数的形式表示的,则只需考察该函数在分界点处的连续性.

(2)判断两个函数是否相同时,必须看它们的定义域和对应法则是否完全一样. 只有完全相同时,两个函数才是同一个函数.

(3)将一个复合函数分解为若干个简单函数时,其分解过程是由外向里逐层分解.

(4)函数在点 x_0 处连续,必须同时满足三个条件:①有定义;②有极限;③极限值和函数值相等. 若有一点不满足,函数在点 x_0 处就不连续,x_0 就是间断点.

(5)对于分段函数在分界点处的连续性需考虑左、右连续.

(6)判断函数间断点的类型时,主要讨论函数在该点的左、右极限是否存在.

复习题一

1. 填空题.

(1) 函数 $f(x)=\ln\dfrac{x-1}{x-2}$的定义域是________.

(2) 函数 $f(x)=\dfrac{1}{4-x^2}+\sqrt{x+2}$的定义域是________.

(3) 若函数 $f(x)=\begin{cases}x+2, & x<0,\\ \pi, & x=0,\\ (x-2)^2, & x>0,\end{cases}$则 $f[f(-2)]=$________.

(4) 函数 $f(x)=\ln\cos^2x$ 的复合过程是________.

(5) 若$\lim\limits_{x\to\infty}\left(1+\dfrac{k}{x}\right)^x=\mathrm{e}^2$,则 $k=$________.

(6)$\lim\limits_{x\to0}\dfrac{\sin 3x}{x}=$________.

(7)$\lim\limits_{x\to0}\dfrac{\sqrt{1+x}-1}{x}=$________.

(8)$\lim\limits_{x\to\infty}\dfrac{(a-1)x+2}{x+1}=0$, 则 $a=$________.

(9) $\lim\limits_{x\to 0}(1-ax)^{\frac{1}{x}}=\mathrm{e}^{-2}$，则 $a=$__________.

(10) $f(x)=\begin{cases} ax, & x<2 \\ x^2-1, & x\geqslant 2 \end{cases}$ 在 $x=2$ 处连续，则 $a=$__________.

2. 选择题.

(1)下列各对函数中，是相同函数的是(　　).

A. $f(x)=\ln x^2, g(x)=2\ln x$　　B. $f(x)=|x|, g(x)=\sqrt{x^2}$

C. $f(x)=x, g(x)=(\sqrt{x})^2$　　D. $f(x)=\frac{x}{x}, g(x)=1$

(2)下列函数是奇函数的是(　　).

A. $f(x)=x^2\cos x$　　B. $\varphi(x)=\frac{a^x+a^{-x}}{2}$

C. $g(x)=\arccos x$　　D. $h(x)=\ln\frac{1+x}{1-x}$

(3)下列结论正确的是(　　).

A. 无穷小量是很小的正数　　B. 零是无穷小量

C. 无穷小量是零　　D. 无限变小的变量叫无穷小量

(4) 若 $\lim\limits_{x\to 0}\frac{\sin x}{ax}=\frac{1}{5}$，则 a 的值为(　　).

A. 3　　B. 4　　C. 5　　D. 6

(5) $\lim\limits_{x\to\infty}\left(1-\frac{1}{2x}\right)^x$ 的值为(　　).

A. e^2　　B. $\mathrm{e}^{-\frac{1}{2}}$　　C. $\mathrm{e}^{\frac{1}{2}}$　　D. e^{-2}

(6) $\lim\limits_{x\to\infty}\cos\frac{\sqrt{x+1}}{x}$ 的值为(　　).

A. 1　　B. 0　　C. ∞　　D. 不存在

(7)设 $f(x)=\begin{cases} \frac{x^2-9}{x-3}, & x\neq 3 \\ a, & x=3 \end{cases}$ 在 $x=3$ 处连续，则 $a=$(　　).

A. 0　　B. 3　　C. 4　　D. 6

(8)设 $f(x)=\begin{cases} 2\mathrm{e}^x, & x<0 \\ 3x+a, & x\geqslant 0 \end{cases}$ 在 $x=0$ 处连续，则 $a=$(　　).

A. 0　　B. 1　　C. 2　　D. 3

3. 求下列函数的定义域.

(1) $y=\frac{1}{x^2-1}+\arccos x+\sqrt{x}$；　　(2) $y=\ln\cos x$；

(3) $y=\sqrt{5-x}+\lg(x-1)$；　　(4) $y=\arcsin(x-1)+\frac{1}{\sqrt{1-x^2}}$.

4. 判断下列函数的奇偶性.

(1) $f(x)=2^x+2^{-x}$；　　(2) $f(x)=\ln(x+\sqrt{1+x^2})$；

(3) $f(x)=x^3+\frac{\arctan x}{x}(x\neq 0)$；　　(4) $f(x)=\begin{cases} x+2, & x\leqslant 0, \\ 2-x, & x>0. \end{cases}$

5. 指出下列函数的复合过程.

(1) $y=\cos\dfrac{1}{x+1}$;　　(2) $y=2^{\sin x^3}$;

(3) $y=\ln\arccos x^5$;　　(4) $y=\sqrt{\ln\tan x^2}$.

6. 计算下列极限.

(1) $\lim\limits_{n\to\infty}\dfrac{n(2n^2+1)}{n^3+4n^2+3}$;　　(2) $\lim\limits_{n\to+\infty}\left(1+\dfrac{1}{2}+\dfrac{1}{4}+\cdots+\dfrac{1}{2^n}\right)$($n$ 为正整数);

(3) $\lim\limits_{x\to1}\dfrac{x^2+3x-2}{x-2}$;　　(4) $\lim\limits_{x\to2}\dfrac{x^2-3x+2}{x-2}$;

(5) $\lim\limits_{x\to0}\left(1+2x\right)^{\frac{1}{x}}$;　　(6) $\lim\limits_{x\to0}\dfrac{x(x+2)}{\sin x}$;

(7) $\lim\limits_{x\to0}\dfrac{x}{\sqrt{x+2}-\sqrt{2-x}}$;　　(8) $\lim\limits_{x\to\infty}\dfrac{-3x^3+1}{x^3+3x^2-2}$;

(9) $\lim\limits_{x\to\infty}\dfrac{(x-1)(x-2)(x-3)}{4-x^3}$;　　(10) $\lim\limits_{x\to0}\left(\dfrac{1-x}{1+x}\right)^{\frac{1}{x}}$;

(11) $\lim\limits_{x\to0}(1+\sin x)^{2\csc x}$;　　(12) $\lim\limits_{x\to+\infty}x[\ln(x+1)-\ln x]$;

(13) $\lim\limits_{x\to\infty}\left(\dfrac{x-3}{x}\right)^{3x}$;　　(14) $\lim\limits_{x\to\infty}\left(1+\dfrac{4}{x}\right)^{x+4}$.

7. 讨论下列函数在指定点处的连续性.

(1) $f(x)=\begin{cases}2x, & 0\leqslant x<1,\\ 3-x, & 1\leqslant x\leqslant 2,\end{cases}$ 在 $x=1$ 处;(2) $f(x)=\begin{cases}\dfrac{x}{\sin x}, & x<0,\\ 1, & x=0,\\ \mathrm{e}^{-x}, & x>0,\end{cases}$ 在 $x=0$ 处.

8. 设函数 $f(x)=\begin{cases}\dfrac{\sin 2x}{x}, & x<0,\\ 3x^2-2x+k, & x\geqslant 0.\end{cases}$ 当 k 取何值时,函数 $f(x)$ 在其定义域内连续?

9. 求下列函数的间断点,并确定其类型.

(1) $f(x)=\dfrac{2^{\frac{1}{x}}-1}{2^{\frac{1}{x}}+1}$;　　(2) $y=\dfrac{x^2-4}{x^2-3x+2}$.

10. 求证方程 $x-3\cos x=1$ 至少有一个小于 4 的正根.

住房公积金贷款与复利

个人住房公积金贷款,就是指现在流行的“住房按揭贷款”.“按揭”是个新名词,“按揭”与“抵押”含义基本相同.何谓“住房按揭贷款”?就是指购房者以所购得的房屋作为抵押品而从银行获得贷款,购房者按照按揭合约中规定的归还方式和期限分期付款给银行,银行按一定的利率收取利息.如果贷款者违约,银行有权行使抵押权或收回房屋.

2008 年 12 月个人住房公积金贷款利率又进行了调整,5 年(含)以下个人住房公积金贷款利率由 3.51%调整为 3.33%,5 年以上由 4.05%调整为 3.87%.我们就以 2008 年 12 月 23 日个人住房公积金贷款为例,看看如何计算月还款额及到期本息总额.

个人住房公积金贷款利率及万元还本息金额表

下表为2008年12月23日最新公积金贷款利率(1～5年:3.33%,6～20年:3.87%)数据.

年份	月数	月利率(‰)	年利率(%)	月还款额	本息总额	总利息
1	12	2.775	3.33	到期一次还本付息	10 333.00	333.00
2	24	2.775	3.33	431.27	10 350.56	350.56
3	36	2.775	3.33	292.27	10 521.67	521.67
4	48	2.775	3.33	222.8	10 694.63	694.63
5	60	2.775	3.33	181.16	10 869.43	869.43
6	72	3.225	3.87	155.86	11 221.93	1 221.93
7	84	3.225	3.87	136.09	11 431.6	1 431.6
8	96	3.225	3.87	121.29	11 643.74	1 643.74
9	108	3.225	3.87	109.8	11 858.34	1 858.34
10	120	3.225	3.87	100.63	12 075.41	2 075.41
11	132	3.225	3.87	93.14	12 294.94	2 294.94
12	144	3.225	3.87	86.92	12 516.91	2 516.91
13	156	3.225	3.87	81.68	12 741.32	2 741.32
14	168	3.225	3.87	77.19	12 968.16	2 968.16
15	180	3.225	3.87	73.32	13 197.42	3 197.42

一、新发现——六年按揭贷款最不划算

等额本金还款

从表中我们发现:五年按揭贷款利率低,六年按揭贷款利率要高很多,在计算利息时并非是前五年按“优惠”利率,第六年才按“非优惠”利率,而是只要你的按揭期超过五年,就一律按“非优惠”利率计算,因此借用六年按揭贷款的购房者无形中就“吃亏了”.

仔细观察上表还会发现:六年期的本息总额与五年期的本息总额之差比前面相邻两年的本息总额之差显然高得多,差不多是350元与200元之比,其原因就在于此.

1. 月利率的计算

把月利率与年利率进行比较,就会发现银行计算的月利率就是年利率的1/12.按照复利计算的定义,用月利率计算每年复利12次,最后得到的本息总额应该等于用年利率计算的一年的本息总额.设r为月利率,R为年利率,则$(1+r)^{12}=1+R$,$r=(1+R)^{\frac{1}{12}}-1$.当R很小时,由二项式定理得:

$$(1+R)^{\frac{1}{12}}=1+\frac{R}{12}+\frac{\frac{1}{12}\left(\frac{1}{12}-1\right)}{2}R^2+\cdots.$$

忽略 R 的高次项，就得到以下的近似等式：$r\approx\frac{R}{12}$，这就是月利率等于年利率的 1/12 的理论依据. 实际上这种计算是不准确的，事实上 $\left(1+\frac{R}{12}\right)^{12}>1+R$，用年利率的 1/12 充当月利率实际上是提高了利率. 当贷款利率很小时，比如 2%（可惜没有这样的好事），这种提高是微不足道的，但是现在的按揭年利率都接近 4%或更高，这一提高相当可观. 我们计算一下：

	年利率	月利率＝年利率/12	$(1+月利率)^{12}-1$	$(1+月利率)^{12}-1-年利率$
公积金	3.33%	0.277 5%	3.381 297%	0.051 3%
贷款	3.87%	0.322 5%	3.939 387%	0.069 4%

这真是不算不知道，一算吓一跳. 原来用年利率的 1/12 来计算月利率实际上已经把年利率提高了千分之 0.5 以上，最高的已接近于千分之 0.7. 也就是说如果你贷款 30 万元，仅这一项就要使你每年多付出 150 元以上，这就是复利给银行带来的好处.

2. 月还款额的计算

按揭贷款的本息总额的计算肯定按复利计算，因为一般情况下，你都不会一年就还清贷款，而一年未还清的部分就要计算复利. 复利一般是按月计算，因为你每月都在还款冲销本金，从而其复利计算也并不是利滚利地“几何上升”，我们先看看月还款额的计算.

设 p 为贷款金额，r 为月利率，y 为月还款额，N 为还款月数，s_k 表示第 k 个月的本利和.

$$s_1=p(1+r)-y,$$

$$s_2=s_1(1+r)-y=p(1+r)^2-y(1+r)-y=p(1+r)^2-y[1+(1+r)],$$

$$s_3=s_2(1+r)-y=p(1+r)^3-y[1+(1+r)+(1+r)^2],$$

……

$$s_N=p(1+r)^N-y[1+(1+r)+(1+r)^2+\cdots+(1+r)^{N-1}]=0.$$

解得：$y=pr\frac{(1+r)^N}{(1+r)^N-1}$，这就是月还款额计算公式，具体地说就是：

$$月还款额=贷款总额\times贷款月利率\times\frac{(1+贷款月利率)^{贷款总月数}}{(1+贷款月利率)^{贷款总月数}-1},$$

本息总额＝月还款额×月数，

总利息＝本息总额－本金.

最后提醒：如果你要按揭贷款购房，那么按揭期要么选五年或五年以下，要么选十年以上，六年之类是很不合算的.

二、无理数 e

我们从上面已经看到，把年利率改为月利率来计算复利，实际上是使年利率提高了，如果用同样的方法改为“日利率”来计算复利，是不是还可以提高年利率？答案是肯定的. 如果再细分，改为“分利率”“秒利率”，无穷无尽细分下去，年利率是否也能无穷无尽地提高呢？答案同样是肯定的，只是越到后来提高的幅度就越小，以至于年利率提高的总幅度要受到限制，这是一个与著名的无理数 e 有关的问题.

为了简单起见，我们设年利率为 1，这就是说，贷款 1 元，到第二年就要还 2 元，按上面传

统复利计算方法，如果一年计息两次，半年利率为 1/2，设 s_k 为一年计息 k 次一年末的本利和，则

$s_2=\left(1+\frac{1}{2}\right)+\left(1+\frac{1}{2}\right)\times\frac{1}{2}=\left(1+\frac{1}{2}\right)^2=2.25$，依次算下去：

一年计息三次，$s_3=\left(1+\frac{1}{3}\right)^3=2.370\,37$；

一年计息四次，$s_4=\left(1+\frac{1}{4}\right)^4=2.441\,41$；

一年计息百次，$s_{100}=\left(1+\frac{1}{100}\right)^{100}=2.704\,81$；

一年计息千次，$s_{1\,000}=\left(1+\frac{1}{1\,000}\right)^{1\,000}=2.716\,92$；

一年计息万次，$s_{10\,000}=\left(1+\frac{1}{10\,000}\right)^{10\,000}=2.718\cdots$.

利用微分学中的第二个重要极限计算，如果一年计息 m 次，当 $m\to\infty$ 时，$\lim\limits_{m\to\infty}\left(1+\frac{1}{m}\right)^m=\mathrm{e}=2.718\,281\,828\,459\,045\cdots$，也就是说一倍的利息经过上述的复利计算，利息不会超过 1.72 倍，当然 100%的利率是不太可能的，如果年利率为 r，我们同样可得

$$\lim_{m\to\infty}\left(1+\frac{r}{m}\right)^m=\left[\lim_{m\to\infty}\left(1+\frac{r}{m}\right)^{m/r}\right]^r=\mathrm{e}^r.$$

例如，年利率 $r=5\%$，那么 $\mathrm{e}^{0.05}\approx1.512\,71$，也就是说，当年利率为 5%时，按连续复利计算，银行最多也只能把利率提高千分之一多一点. 对于住房按揭贷款问题来说，用年利率的 1/12 当月利率来计算复利，所提高的利率幅度也已经到顶了，所以我们不必担心银行用同样的招数再提高利率.

模块二　导数与微分

【学习目标】

☆ 理解导数和微分的概念及其几何意义.
☆ 掌握函数的可导性与连续性的关系.
☆ 理解微分形式的不变性及一些近似计算公式.
☆ 熟练掌握导数与微分的运算法则及基本公式，能熟练求出初等函数的导数.
☆ 会用导数与微分解决一些简单实际问题.
☆ 掌握隐函数所确定函数的一阶导数的求导方法.
☆ 理解高阶导数的概念.
☆ 会用 MATLAB 软件求导数.
☆ 由导数思想的提出，介绍微积分的先驱者数学家费马，到微积分缔造者牛顿和莱布尼兹对科学的贡献，培养学生不畏艰辛努力奋斗的工匠精神.

导数和微分是一元函数微分学的核心内容. 其中导数反映了函数相对于自变量的变化快慢程度，即函数的变化率. 微分反映当自变量有微小变化时，函数大约有多少变化. 本模块主要讨论导数与微分的概念及其计算，同时学习微积分的基本思想方法.

【引例】一个受污染的湖泊，为了使湖水能在一定时间内恢复到指定的洁净程度，要对排入该湖的河水进行治理，问排入河水的污染物浓度要控制在什么范围. 显然，浓度是随时间的变化而变化的，因此这个问题的实质是求容器内溶液浓度的变化率. 时间越短，浓度的变化也就越小. 要得到更加精确的结果就要把时间无限缩短，即取时间趋于零的极限情况，这就是一个求导问题.

第一节　导数的概念

导数概念实例

一、两个实例

1. 变速直线运动的瞬时速度

对于匀速直线运动，物体在任何时刻的速度都是相同的，而对于变速直线运动来说，物体在不同时刻的速度却不相同，那么如何计算物体在某一时刻的速度(瞬时速度)呢?

设一物体做变速直线运动，位移 s 是时间 t 的函数，记作 $s=s(t)$，求 $t=t_0$ 时的瞬时速度 $v(t_0)$.

考虑到虽然物体做变速直线运动，但是在很短的时间内速度来不及有很大的变化，可以近似地把它看成是匀速直线运动. 因此解决这个问题的基本思想是：利用平均速度，在微小的时间间隔内，以匀速代变速.

具体做法是：先计算在时刻 $t=t_0$ 到 $t=t_0+\Delta t$ 这一段时间内的平均速度

$$\bar{v}=\frac{\Delta s}{\Delta t}=\frac{s(t_0+\Delta t)-s(t_0)}{\Delta t}.$$

Δt 越小,这个平均速度就越接近 t_0 的瞬时速度. 当 Δt 无限变小时,这个平均速度就会无限接近于 t_0 的瞬时速度. 因此,物体在时刻 t_0 的瞬时速度 $v(t_0)$ 就是当 $\Delta t\to 0$ 时,平均速度 $\bar{v}$ 的极限,即

$$v(t_0)=\lim_{t\to t_0}\frac{\Delta s}{\Delta t}=\lim_{t\to t_0}\frac{s(t_0+\Delta t)-s(t_0)}{\Delta t}.$$

2. 曲线的切线问题

设点 M_0 是曲线 $y=f(x)$ 上的一个定点,在曲线上另取一点 M,作割线 M_0M,当动点 M 沿曲线 $y=f(x)$ 向定点 M_0 移动时,割线 M_0M 绕 M_0 点旋转,其极限位置就称为曲线 $y=f(x)$ 在点 M_0 的切线,如图 2—1 所示.

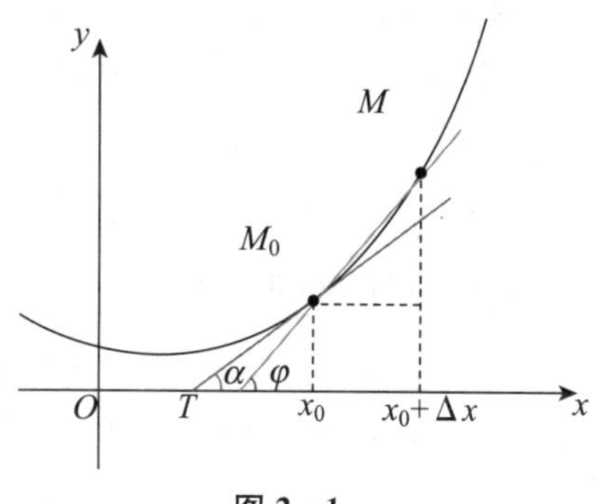

图 2—1

下面我们来求曲线在 M_0 点处切线的斜率.

由于割线的斜率

$$k_{M_0M}=\tan\varphi=\frac{\Delta y}{\Delta x}=\frac{f(x_0+\Delta x)-f(x_0)}{x-x_0},$$

当动点 M 沿曲线趋向点 M_0 时,割线 M_0M 斜率就越接近于切线 M_0T 的斜率,从而有

$$k_{M_0T}=\lim_{M\to M_0}k_{M_0M}=\lim_{\Delta x\to 0}\frac{\Delta y}{\Delta x}=\lim_{\Delta x\to 0}\frac{f(x_0+\Delta x)-f(x_0)}{x-x_0}.$$

二、导数的概念

上述两个例子分别具有不同的实际意义,但从抽象的数量关系来看,都是要计算当自变量的改变量趋于零时,函数的改变量与自变量的改变量之比的极限. 在许多实际问题中我们也都可归结为这种特殊的极限,由此给出如下定义.

定义 1 设 $y=f(x)$ 在 x_0 的某邻域内有定义,当自变量在点 x_0 处有增量 Δx 时,相应地函数有增量 $\Delta y=f(x_0+\Delta x)-f(x_0)$,如果极限 $\lim\limits_{\Delta x\to 0}\frac{\Delta y}{\Delta x}=\lim\limits_{\Delta x\to 0}\frac{f(x_0+\Delta x)-f(x_0)}{\Delta x}$ 存在,则称该极限值为函数 $f(x)$ 在点 x_0 处的**导数**,并称函数在点 x_0 处**可导**,记作 $f'(x_0)$

即

$$f'(x_0)=\lim_{\Delta x\to 0}\frac{\Delta y}{\Delta x}=\lim_{\Delta x\to 0}\frac{f(x_0+\Delta x)-f(x_0)}{\Delta x},\tag{1}$$

还可记作 $y'|_{x=x_0}, f'(x)|_{x=x_0}, \left.\frac{\mathrm{d}y}{\mathrm{d}x}\right|_{x=x_0}$ 或 $\left.\frac{\mathrm{d}f(x)}{\mathrm{d}x}\right|_{x=x_0}$.

如果极限不存在,则称函数在点 x_0 处**不可导或没有导数**.

定义 2 如果函数 $y=f(x)$ 在某区间 (a,b) 内每一点处都可导,即在 (a,b) 内每一点的导数都存在,则称 $y=f(x)$ 在 (a,b) 内可导. 这时对 (a,b) 内的每一点 x,都对应着 $f(x)$ 的一个确定的导数值,于是就构造了一个新的函数,这个函数称为原来函数 $y=f(x)$ 的**导函数**,简称**导数**,记作 $f'(x)$,即

$$f'(x)=\lim_{\Delta x\to 0}\frac{\Delta y}{\Delta x}=\lim_{\Delta x\to 0}\frac{f(x+\Delta x)-f(x)}{\Delta x}.\tag{2}$$

还可记作 $y', \frac{\mathrm{d}y}{\mathrm{d}x}, \frac{\mathrm{d}f(x)}{\mathrm{d}x}$.

可以看出,函数 $f(x)$在点 x_0的导数就是导函数 $f'(x)$在点 x_0处的函数值.即

$$f'(x_0)=f'(x)\big|_{x=x_0}.$$

我们知道极限存在的充要条件是左、右极限存在且相等.而导数是用极限来定义的,所以类似的也有如下的定义.

定义 3 如果极限 $\lim\limits_{\Delta x\to 0^-}\dfrac{f(x_0+\Delta x)-f(x_0)}{\Delta x}$或 $\lim\limits_{\Delta x\to 0^+}\dfrac{f(x_0+\Delta x)-f(x_0)}{\Delta x}$存在,则这两个极限分别称为函数 $f(x)$在点 x_0的**左导数**或**右导数**,分别记为 $f'_-(x_0)$或 $f'_+(x_0)$.

显然,函数 $f(x)$在点 x_0可导的充要条件是:它在点 x_0的左、右导数都存在且相等.即:

$$f'(x_0)=A\Leftrightarrow f'_-(x_0)=f'_+(x_0)=A$$

三、求导举例

在前面的(2)式中给出了用导数定义求已知函数 $y=f(x)$的导数的方法和步骤:

①求增量:取自变量的增量 Δx,求出函数的增量 $\Delta y=f(x+\Delta x)-f(x)$;

②算比值:算出$\dfrac{\Delta y}{\Delta x}=\dfrac{f(x+\Delta x)-f(x)}{\Delta x}$的值;

③取极限:$f'(x)=\lim\limits_{\Delta x\to 0}\dfrac{\Delta y}{\Delta x}=\lim\limits_{\Delta x\to 0}\dfrac{f(x+\Delta x)-f(x)}{\Delta x}$.

例 1 求函数 $f(x)=C$(C 为常数)的导数.

解 根据导数的定义 2 有 $f'(x)=\lim\limits_{\Delta x\to 0}\dfrac{f(x+\Delta x)-f(x)}{\Delta x}=\lim\limits_{\Delta x\to 0}\dfrac{C-C}{\Delta x}=0$,

即

$$(C)'=0.$$

这表明,任何常数的导数都等于零.

例 2 求函数 $f(x)=x^n$(n 为正整数)的导数.

解

$$\begin{aligned}f'(x)&=\lim_{\Delta x\to 0}\frac{f(x+\Delta x)-f(x)}{\Delta x}=\lim_{\Delta x\to 0}\frac{(x+\Delta x)^n-x^n}{\Delta x}\\&=\lim_{\Delta x\to 0}\frac{C_n^0x^n+C_n^1x^{n-1}\Delta x+C_n^2x^{n-2}(\Delta x)^2+\cdots+C_n^n(\Delta x)^n-x^n}{\Delta x}\\&=\lim_{\Delta x\to 0}\frac{C_n^1x^{n-1}\Delta x+C_n^2x^{n-2}(\Delta x)^2+\cdots+C_n^n(\Delta x)^n}{\Delta x}=nx^{n-1},\end{aligned}$$

即

$$(x^n)'=nx^{n-1}.$$

事实上,对于一般的幂函数 $y=x^\mu$(μ 为任意常数),都有$(x^\mu)'=\mu x^{\mu-1}$,这就是幂函数的求导公式.

例 3 求正弦函数 $y=\sin x$ 的导数.

解

$$\begin{aligned}f'(x)&=\lim_{\Delta x\to 0}\frac{f(x+\Delta x)-f(x)}{\Delta x}=\lim_{\Delta x\to 0}\frac{\sin(x+\Delta x)-\sin x}{\Delta x}\\&=\lim_{\Delta x\to 0}\frac{2\cos\left(x+\frac{\Delta x}{2}\right)\sin\frac{\Delta x}{2}}{\Delta x}=\lim_{\Delta x\to 0}\left[\cos\left(x+\frac{\Delta x}{2}\right)\frac{\sin\frac{\Delta x}{2}}{\frac{\Delta x}{2}}\right]\\&=\lim_{\Delta x\to 0}\cos\left(x+\frac{\Delta x}{2}\right)\lim_{\Delta x\to 0}\frac{\sin\frac{\Delta x}{2}}{\frac{\Delta x}{2}}=\cos x,\end{aligned}$$

即 $$(\sin x)'=\cos x.$$

类似地，可求出余弦函数的导数公式

$$(\cos x)'=-\sin x.$$

四、导数的几何意义

由前面切线问题的讨论及导数的定义可知，函数 $y=f(x)$ 在 x_0 处的导数 $f'(x_0)$ 在几何上表示为曲线 $y=f(x)$ 在点 M_0 处切线的斜率，即 $f'(x_0)=\tan\alpha$，其中 α 为切线的倾斜角，如图 2—1 所示.

根据导数的几何意义并应用直线的点斜式方程，很容易写出曲线在点 M_0 处的切线方程，现举例说明.

例 4 曲线 $y=x^{\frac{3}{2}}$ 上哪一点的切线与直线 $y=3x-1$ 平行，求出该切线的方程.

解 设切点为 (x_0,y_0)，$y'=\frac{3}{2}x^{\frac{1}{2}}$，则切线斜率为 $y'\big|_{x=x_0}=f'(x_0)=\frac{3}{2}x_0^{\frac{1}{2}}$，

依题意， $$f'(x_0)=\frac{3}{2}x_0^{\frac{1}{2}}=3, x_0=4, y_0=8,$$

故曲线在 $(4,8)$ 点处的切线与已知直线平行，切线方程为 $y-8=3(x-4)$，即 $y=3x-4$.

例 5 求曲线 $y=\frac{1}{x}$ 在点 $\left(\frac{1}{2},2\right)$ 的切线方程和法线方程.

解 $y'=\left(\frac{1}{x}\right)'=-\frac{1}{x^2}$

依题意，曲线在点 $\left(\frac{1}{2},2\right)$ 处的切线斜率 $k_1=y'\big|_{x=\frac{1}{2}}=-4$，法线斜率 $k_2=\frac{1}{4}$

因此切线方程为：$y-2=-4\left(x-\frac{1}{2}\right)$，即 $4x+y-4=0$

法线方程为：$y-2=\frac{1}{4}\left(x-\frac{1}{2}\right)$，即 $2x-8y+15=0$

五、函数的可导性与连续性的关系

函数在某一点可导与在该点连续是两个不同的概念，但它们之间有着一定的联系.

定理 若 $y=f(x)$ 在 x 处可导，则 $y=f(x)$ 在 x 处连续，即可导必连续.

证明 若 $y=f(x)$ 在 x 处可导，则

$$\lim_{\Delta x\to 0}\frac{\Delta y}{\Delta x}=f'(x).$$

因此 $$\lim_{\Delta x\to 0}\Delta y=\lim_{\Delta x\to 0}\left(\frac{\Delta y}{\Delta x}\cdot\Delta x\right)=\lim_{\Delta x\to 0}\frac{\Delta y}{\Delta x}\cdot\lim_{\Delta x\to 0}\Delta x=f'(x)\cdot 0=0,$$

即 $y=f(x)$ 在 x 处连续.

反之，一个函数在某一点连续，它未必在该点处可导，即连续不一定可导.

例 6 讨论函数 $y=|x|$ 在 $x=0$ 处的可导性(图 2—2).

解 $y=|x|=\begin{cases}x, & x\geqslant 0,\\ -x, & x<0.\end{cases}$

因为 $$f'_-(0)=\lim_{\Delta x\to 0^-}\frac{f(0+\Delta x)-f(0)}{\Delta x}=\lim_{\Delta x\to 0^-}\frac{-\Delta x}{\Delta x}=-1,$$

$$f'_+(0)=\lim_{\Delta x\to 0^+}\frac{f(0+\Delta x)-f(0)}{\Delta x}=\lim_{\Delta x\to 0^+}\frac{\Delta x}{\Delta x}=1$$

在 $x=0$ 处左、右导数不相等，所以函数在 $x=0$ 处不可导.

例 7　讨论函数 $y=x^{\frac{1}{3}}$ 在点 $x=0$ 处的可导性(图 2—3).

解　$y'=(x^{\frac{1}{3}})'=\frac{1}{3}x^{-\frac{2}{3}}=\frac{1}{3\sqrt[3]{x^2}}$，当 $x=0$ 时，y' 不存在，即函数在 $x=0$ 处不可导.

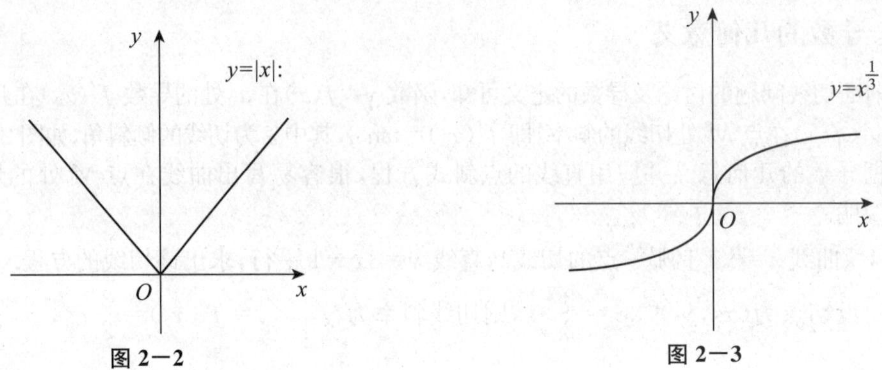

图 2—2　　　　图 2—3

上述两例中函数在 $x=0$ 点处都是连续的，但是在该点却不可导. 因此函数连续只是函数可导的必要条件，而不是充分条件.

习题 2—1

1. 利用导数的定义证明.

(1) $(\cos x)'=-\sin x$；　　(2) $(ax+b)'=a$.

2. 曲线 $y=x^2+1$ 上哪一点的切线与直线 $4x-2y+5=0$ 平行，求出该切线方程.

3. 求曲线 $y=\mathrm{e}^x$ 在点(0,1)的切线方程和法线方程.

4. 讨论下列函数在点 $x=0$ 处的连续性与可导性.

(1) $y=\begin{cases} x^2, & x\geqslant 0, \\ -x, & x<0; \end{cases}$　　(2) $y=\begin{cases} x^2\sin\frac{1}{x}, & x\neq 0, \\ 0, & x=0. \end{cases}$

第二节　导数的计算

前面我们利用导数的定义求出了一些基本初等函数的导数，并且给出了它们的求导公式. 但是对于比较复杂的函数，用定义来求导数是很困难的，有些甚至是不可能的. 为了较容易地求出初等函数的导数，本节将介绍求导数的一些基本法则和求导公式，通过这些法则和公式，就能较方便地求出任意初等函数的导数.

一、函数的和、差、积、商的求导法则与导数公式

设函数 $u=u(x)$，$v=v(x)$ 在点 x 处可导，则其和、差、积、商在 x 处也可导，且有，

法则 1：$(u\pm v)'=u'\pm v'$；

法则 2：$(uv)'=u'v+uv'$；

特例：$(cu)'=cu'$（c 为常数）.

法则 3：$\left(\frac{u}{v}\right)'=\frac{u'v-uv'}{v^2}$.

其中，法则 1 和法则 2 可以推广到任意有限项的情形，如

$$(u+v-w)'=u'+v'-w',$$
$$(uvw)'=u'vw+uv'w+uvw'.$$

例 1　求函数 $y=2x^3-5x^2+3x-6$ 的导数.

解　$y'=(2x^3-5x^2+3x-6)'=(2x^3)'-(5x^2)'+(3x)'-(6)'=6x^2-10x+3.$

例 2　设函数 $f(x)=(1-x^2)\sin x$，求 $f'(0)$.

解　$f'(x)=(1-x^2)'\sin x+(1-x^2)(\sin x)'=-2x\sin x+\cos x-x^2\cos x.$

将 $x=0$ 代入上式中，得 $f'(0)=1$.

例 3　已知 $y=\tan x$，求 y'.

解　$$y'=(\tan x)'=\left(\frac{\sin x}{\cos x}\right)'=\frac{(\sin x)'\cos x-\sin x(\cos x)'}{\cos^2 x}$$
$$=\frac{\cos^2 x+\sin^2 x}{\cos^2 x}=\sec^2 x,$$

即
$$(\tan x)'=\sec^2 x.$$

类似地，可求出余切函数的导数公式：
$$(\cot x)'=-\csc^2 x.$$

导数公式

例 4　已知 $y=\sec x$，求 y'.

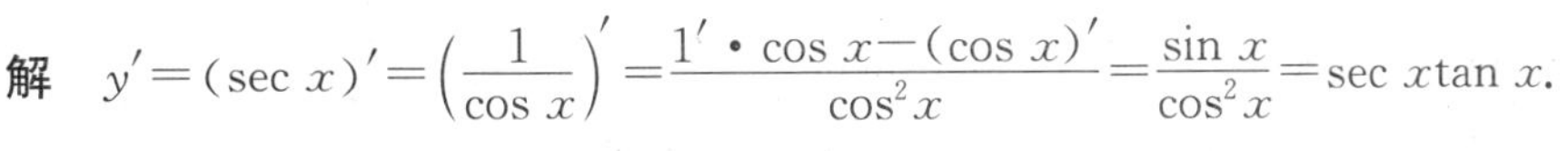

解　$$y'=(\sec x)'=\left(\frac{1}{\cos x}\right)'=\frac{1'\cdot\cos x-(\cos x)'}{\cos^2 x}=\frac{\sin x}{\cos^2 x}=\sec x\tan x.$$

即
$$(\sec x)'=\sec x\tan x.$$

类似地，可求出余割函数的导数公式：
$$(\csc x)'=-\csc x\cot x.$$

通过导数的定义，函数的和、差、积、商的求导法则我们已经推导出部分基本初等函数的导数公式，这些公式是解决初等函数求导问题的基础和重要工具，读者必须熟练掌握它们. 为了便于查阅，现将全部基本初等函数的导数公式归纳如下：

(1) $(c)'=0$；　(2) $(x^{\mu})'=\mu x^{\mu-1}$；

(3) $(\sin x)'=\cos x$；　(4) $(\cos x)'=-\sin x$；

(5) $(\tan x)'=\sec^2 x$；　(6) $(\cot x)'=-\csc^2 x$；

(7) $(\sec x)'=\sec x\tan x$；　(8) $(\csc x)'=-\csc x\cot x$；

(9) $(a^x)'=a^x\ln a$；　(10) $(\mathrm{e}^x)'=\mathrm{e}^x$；

(11) $(\log_a x)'=\dfrac{1}{x\ln a}$；　(12) $(\ln x)'=\dfrac{1}{x}$；

(13) $(\arcsin x)'=\dfrac{1}{\sqrt{1-x^2}}$；　(14) $(\arccos x)'=-\dfrac{1}{\sqrt{1-x^2}}$；

(15) $(\arctan x)'=\dfrac{1}{1+x^2}$；　(16) $(\operatorname{arccot} x)'=-\dfrac{1}{1+x^2}$.

二、复合函数的导数

前面所讨论的是基本初等函数和一些较简单函数的求导问题，而对于 $\ln\sin x$、$(2x+1)^{10}$、e^{x^3} 等复合函数，我们还不知道它们是否可导，若可导，又如何求其导数. 根据以下法则，我们便可以解决这些问题.

复合函数的求导法则：

如果 $u=\phi(x)$ 在点 x 处可导，$y=f(u)$ 在点 u 处可导，则复合函数 $y=f[\phi(x)]$ 在点 x 处也可导，且

$$\frac{\mathrm{d}y}{\mathrm{d}x}=\frac{\mathrm{d}y}{\mathrm{d}u}\cdot\frac{\mathrm{d}u}{\mathrm{d}x} \quad \text{或} \quad y'_x=y'_u\cdot u'_x.$$

(法则证明略).

法则表明，复合函数的导数等于函数对中间变量的导数乘以中间变量对自变量的导数. 此法则对于由多个可导函数复合而成的复合函数求导同样适用.

例 5 求 $y=(2x+1)^{10}$ 的导数.

解 $y=(2x+1)^{10}$ 可以看作是由 $y=u^{10}$，$u=2x+1$ 复合而成，因此

$$y'_x=y'_u\cdot u'_x=(u^{10})'_u\cdot(2x+1)'_x=10u^9\cdot 2=20(2x+1)^9.$$

例 6 $y=\ln\sin x$，求 $\frac{\mathrm{d}y}{\mathrm{d}x}$.

解 $y=\ln\sin x$ 可以看作是由 $y=\ln u$，$u=\sin x$ 复合而成，因此

$$\frac{\mathrm{d}y}{\mathrm{d}x}=\frac{\mathrm{d}y}{\mathrm{d}u}\cdot\frac{\mathrm{d}u}{\mathrm{d}x}=(\ln u)'\cdot(\sin x)'=\frac{1}{u}\cdot(\cos x)=\cot x.$$

例 7 $y=\mathrm{e}^{\sin x^2}$，求 y'.

解 $y=\mathrm{e}^{\sin x^2}$ 可以看作是由 $y=\mathrm{e}^u$，$u=\sin v$，$v=x^2$ 复合而成，因此

$$y'_x=y'_u\cdot u'_v\cdot v'_x=(\mathrm{e}^u)'(\sin v)'(x^2)'=\mathrm{e}^u(\cos v)(2x)=2x\mathrm{e}^{\sin x^2}\cos x^2.$$

从以上几个例题可以看出，应用复合函数求导法则求所给函数的导数的关键是要能够把所给函数分解为我们已经会求导数的简单函数的复合，即当一个函数如果能够分解成基本初等函数或常数与基本初等函数的和、差、积、商的形式，我们便可以求出其导数.

在比较熟悉复合函数求导法则之后，中间变量可以在求导过程中不写出来，而直接写出函数的中间变量的求导结果，重要的是每一步对哪个变量求导必须清楚.

例 8 $y=\cos^4 x$，求 y'.

解 $y'=(\cos^4 x)'=4\cos^3 x(\cos x)'=4\cos^3 x\cdot(-\sin x)=-2\sin 2x\cos^2 x$.

例 9 $y=\ln\cos\frac{1}{x}$，求 y'.

解 $y'=\left(\ln\cos\frac{1}{x}\right)'=\frac{1}{\cos\frac{1}{x}}\left(\cos\frac{1}{x}\right)'=\frac{1}{\cos\frac{1}{x}}\cdot\left(-\sin\frac{1}{x}\right)\cdot\left(\frac{1}{x}\right)'=\frac{1}{x^2}\cdot\tan\frac{1}{x}$.

例 10 $f'(x)=\frac{1}{x}$，$y=f(\cos x)$，求 y'.

解 因为 $f'(x)=\frac{1}{x}$，故 $f'(\cos x)=\frac{1}{\cos x}$，

所以 $y'=\frac{1}{\cos x}\cdot(\cos x)'=-\frac{1}{\cos x}\cdot\sin x=-\tan x$.

三、隐函数的导数

函数是表示变量 y 与 x 之间的对应关系，这种对应关系可以用不同的形式表达. 如果因变量 y 已经写成自变量 x 的明显表达 $y=f(x)$，这类函数称为**显函数**；如果 y 与 x 之间的对应关系是由方程 $F(x,y)=0$ 所确定的，函数关系隐含在方程中，这类函数则称为**隐函数**.

例如，$y^3-2x^2=1$ 和 $x+y=\mathrm{e}^{xy}$ 都是隐函数. 不同之处在于，前者能够通过方程解出 y，即可化为显函数，这叫做**隐函数显化**. 无论是哪种形式的隐函数，都可以通过下面的方法求出导数，现举例如下.

例 11　求由方程 $y^3-2x^2=1$ 所确定的隐函数的导数 y'.

解　因为 y 是 x 的函数，所以 y^3 是复合函数. 应用复合函数的求导法则，方程两边同时分别对 x 求导，可得

$$(y^3-2x^2)'=1',$$
$$3y^2y'-4x=0,$$

从而解得
$$y'=\frac{4x}{3y^2}.$$

例 12　求由方程 $xy+\mathrm{e}^x-\mathrm{e}^y=0$ 所确定的隐函数的导数 y'.

解　因为 y 是 x 的函数，所以 e^y 是复合函数. 应用复合函数的求导法则，方程两边同时分别对 x 求导，可得

$$(xy+\mathrm{e}^x-\mathrm{e}^y)'=0,$$
$$y+xy'+\mathrm{e}^x-\mathrm{e}^y\cdot y'=0,$$

从而解得
$$y'=\frac{\mathrm{e}^x+y}{\mathrm{e}^y-x}.$$

以上两例足以看出解决隐函数的求导问题可以通过以下的法则.

隐函数的求导法则：

利用复合函数的求导法则，直接将方程 $F(x,y)=0$ 两边对 x 求导，从而确定隐函数的导数 y'.

四、高阶导数

一般地，函数 $y=f(x)$ 的导数 $y'=f'(x)$ 还是 x 的函数，有时还可以将它求导. 我们把 $y'=f'(x)$ 的导数称为函数 $y=f(x)$ 的**二阶导数**，记作 y''，$f''(x)$ 或 $\frac{\mathrm{d}^2y}{\mathrm{d}x^2}$.

相应地，把 $y=f(x)$ 的导数 y' 称为 $y=f(x)$ 的**一阶导数**.

类似地，二阶导数的导数称为**三阶导数**，三阶导数的导数称为**四阶导数**，…，$n-1$ 阶导数的导数称为 n **阶导数**，分别记作

$$y''',y^{(4)},\cdots,y^{(n)}\quad 或\quad \frac{\mathrm{d}^3y}{\mathrm{d}x^3},\frac{\mathrm{d}^4y}{\mathrm{d}x^4},\cdots,\frac{\mathrm{d}^ny}{\mathrm{d}x^n}.$$

二阶及二阶以上的导数统称为函数的**高阶导数**. $f(x)$ 的 n 阶导数是由 $f(x)$ 连续依次地求 n 次导数得到的.

例 13　$y=4x^3-2x^2+5$，求 y''.

解　$y'=12x^2-4x$，　$y''=(12x^2-4x)'=24x-4$.

例 14　求指数函数 $y=\mathrm{e}^x$ 的 n 阶导数.

解　$y'=\mathrm{e}^x,y''=(\mathrm{e}^x)'=\mathrm{e}^x,y'''=\mathrm{e}^x,y^{(4)}=\mathrm{e}^x,\cdots$

由此可得 $y^{(n)}=\mathrm{e}^x$，即　$(\mathrm{e}^x)^{(n)}=\mathrm{e}^x$.

例 15　求由方程 $x-y+\sin y=0$ 所确定的隐函数 y 的二阶导数 y''.

解　两边同时对 x 求导

$$1-y'+\cos y\cdot y'=0,$$

得
$$y'=\frac{1}{1-\cos y},$$

两边再对 x 求导

$$y''=-\frac{y'\sin y}{(1-\cos y)^2}=-\frac{\sin y}{(1-\cos y)^3}.$$

习题 2—2

1. 求下列函数的导数.

(1) $y=3x^2-5^x+2e^x+9$； (2) $y=2\sqrt{x}-\sin x+\ln 2$；

(3) $y=e^x\cos x+\sin 5$； (4) $y=x^2+\dfrac{2}{x}-e^2$；

(5) $y=\dfrac{\sin x}{x^2}$； (6) $f(x)=\dfrac{\cos x}{2+\sin x}$；

(7) $f(x)=\dfrac{1-x}{1+x}$； (8) $f(x)=\dfrac{e^x}{1+e^x}$.

2. 求下列复合函数的导数.

(1) $y=(3x+2)^9$； (2) $y=\sqrt[3]{1+x^2}$；

(3) $y=\tan^3 x$； (4) $y=e^{\cos x}$；

(5) $y=\cos\left(\dfrac{1}{x}\right)$； (6) $y=\sin^2\left(\dfrac{x}{2}\right)$；

(7) $y=\ln\left(\tan\dfrac{x}{2}\right)$； (8) $y=\ln\sin x^2$.

3. 求由下列方程所确定的隐函数的导数 y'.

(1) $x+y=e^{xy}$； (2) $x+xy-y^2=0$；

(3) $xe^y+y=0$； (4) $y=\ln(x+y)$；

(5) $x\cos y=\sin(x+y)$； (6) $xy+x\ln y=y\ln x$；

(7) $y=x^{\sin x}$； (8) $e^{xy}+y\ln x=\cos 2x$.

4. 求下列函数的二阶导数.

(1) $y=x^3+3x^2+2$； (2) $y=x+\cos x$；

(3) $y=e^{2x-1}$； (4) $y=\ln\sin x$；

(5) $y=xe^x$； (6) $y=x^3\ln x$；

(7) $y=1+xe^y$； (8) $y=\sin(x+y)$.

第三节　函数的微分

一、微分的概念

我们先来讨论一个具体问题：

例 1　设一块正方形金属薄板受温度变化的影响，其边长从 x_0 变化到 $x_0+\Delta x$（如图 2—4 所示）. 问此薄板的面积改变了多少？

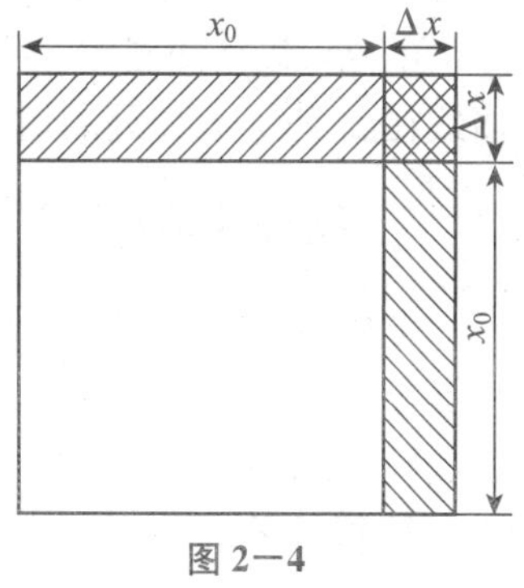

图 2—4

解　设此薄板在温度变化前后的面积分别是 s_0 及 s_1，则

$\Delta s = s_1 - s_0 = (x_0 + \Delta x)^2 - {x_0}^2 = 2x_0 \cdot \Delta x + (\Delta x)^2.$

这里的 Δs 由两部分组成.第一部分 $2x_0 \cdot \Delta x$ 是 Δx 的线性函数；第二部分 $(\Delta x)^2$ 是当 $\Delta x \to 0$ 时，比 Δx 高阶的无穷小.因此，当 Δx 很小时，$(\Delta x)^2$ 可以忽略不计，$2x_0\Delta x$ 则是构成 Δs 的主要部分，此时 $\Delta s \approx 2x\Delta x$.

现在转到一般情形，当自变量 x 有一改变量 Δx 时，函数 $y=f(x)$ 的相应改变量 Δy 是否也可以分成类似于上例中的两部分呢？结论是，只要 $y=f(x)$ 可导，这一定是可以的.现分析如下：

由函数 $y=f(x)$ 可导得

$$\lim_{\Delta x \to 0} \frac{\Delta y}{\Delta x} = f'(x),$$

根据无穷小与函数极限之间的关系可知，

微分概念实例

$$\frac{\Delta y}{\Delta x} = f'(x) + \alpha(x)(\text{其中 } \alpha(x) \text{ 是 } \Delta x \to 0 \text{ 时的无穷小}),$$

即

$$\Delta y = f'(x)\Delta x + \alpha(x)\Delta x.$$

从上式可以看出，函数的改变量 Δy 也由两部分构成，其中的第一部分 $f'(x)\Delta x$ 是 Δx 的线性函数；第二部分 $\alpha(x)\Delta x$ 是 $\Delta x \to 0$ 时比 Δx 高阶的无穷小.因此，第一部分 $f'(x)\Delta x$ 是构成 Δy 的主要部分，我们给它另起一个名字，叫做函数的微分.

定义　设函数 $y=f(x)$ 在点 x 处具有导数 $f'(x)$，则称 $f'(x)\Delta x$ 为函数 $y=f(x)$ 在点 x 处的**微分**，也称函数 $y=f(x)$ 在点 x 处**可微**，记作 $\mathrm{d}y$.
即

$$\mathrm{d}y = f'(x)\Delta x.$$

微分具有以下特点：

① 它是构成函数改变量 Δy 的主要部分，当 Δx 很小时，可以用微分 $\mathrm{d}y$ 近似代替改变量 Δy，误差是关于 Δx 的高阶无穷小.

② 它是自变量的改变量 Δx 的线性函数，且以导数为系数，比较容易计算.

由微分定义很容易求出函数 $y=x^3$，$y=x$ 等的微分.

即 $\mathrm{d}x^3 = 3x^2\Delta x$，$\mathrm{d}x = \Delta x$.

后者表明，自变量的微分就是自变量的改变量.于是函数的微分就可以写成

$$\mathrm{d}y = f'(x)\mathrm{d}x.$$

由此式也可以得出 $f'(x) = \frac{\mathrm{d}y}{\mathrm{d}x}$，即函数的导数等于函数微分 $\mathrm{d}y$ 与自变量微分 $\mathrm{d}x$ 之商.为此也称导数为**微商**.

二、微分的几何意义

为了对微分有个直观的了解，下面说明微分的几何意义.

如图 2—5 所示，函数 $y=f(x)$ 曲线有一定点 $P(x_0, y_0)$，当自变量 x 有微小增量 Δx 时，得到曲线上另外一点 $Q(x_0+\Delta x, y_0+\Delta y)$. PQ' 是曲线在点 P 处的切线，则有

$$PR=\Delta x, RQ=\Delta y, RQ'=f'(x_0)\Delta x=\mathrm{d}y.$$

由此可以得知函数 $y=f(x)$ 在点 x_0 处的微分的几何意义就是曲线在点 $P(x_0,y_0)$ 处的切线纵坐标的增量.

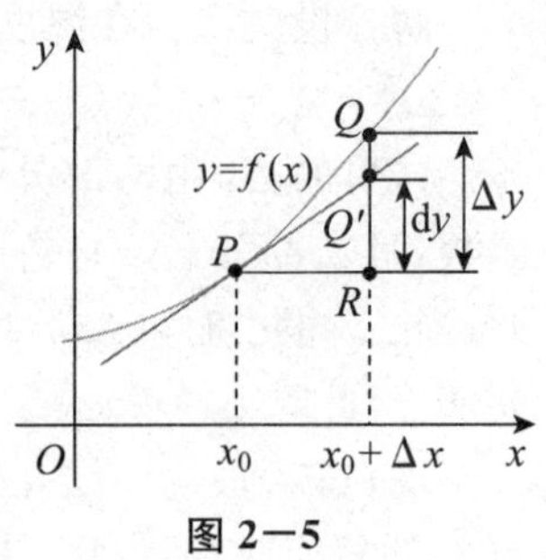

图 2—5

三、微分的运算

微分的定义式 $\mathrm{d}y=f'(x)\mathrm{d}x$ 体现了微分与导数的关系，因此根据导数公式和导数运算法则就能得到相应的微分公式和微分运算法则，现归纳如下：

1. 微分公式

(1) $\mathrm{d}(c)=0$； (2) $\mathrm{d}(x^{\mu})=\mu x^{\mu-1}\mathrm{d}x$；

(3) $\mathrm{d}(\sin x)=\cos x\mathrm{d}x$； (4) $\mathrm{d}(\cos x)=-\sin x\mathrm{d}x$；

(5) $\mathrm{d}(\tan x)=\sec^2 x\mathrm{d}x$； (6) $\mathrm{d}(\cot x)=-\csc^2 x\mathrm{d}x$；

(7) $\mathrm{d}(\sec x)=\sec x\tan x\mathrm{d}x$； (8) $\mathrm{d}(\csc x)=-\csc x\cot x\mathrm{d}x$；

(9) $\mathrm{d}(a^x)=a^x\ln a\mathrm{d}x$； (10) $\mathrm{d}(\mathrm{e}^x)=\mathrm{e}^x\mathrm{d}x$；

(11) $\mathrm{d}(\log_a x)=\dfrac{1}{x\ln a}\mathrm{d}x$； (12) $\mathrm{d}(\ln x)=\dfrac{1}{x}\mathrm{d}x$；

(13) $\mathrm{d}(\arcsin x)=\dfrac{1}{\sqrt{1-x^2}}\mathrm{d}x$； (14) $\mathrm{d}(\arccos x)=-\dfrac{1}{\sqrt{1-x^2}}\mathrm{d}x$；

(15) $\mathrm{d}(\arctan x)=\dfrac{1}{1+x^2}\mathrm{d}x$； (16) $\mathrm{d}(\mathrm{arccot}\, x)=-\dfrac{1}{1+x^2}\mathrm{d}x$.

2. 函数和、差、积、商的微分法则

设函数 $u=u(x)$，$v=v(x)$ 在点 x 处可微，则

(1) $\mathrm{d}(u\pm v)=\mathrm{d}u\pm\mathrm{d}v$； (2) $\mathrm{d}(Cu)=C\mathrm{d}u$（$C$ 为常数）；

(3) $\mathrm{d}(uv)=v\mathrm{d}u+u\mathrm{d}v$； (4) $\mathrm{d}\left(\dfrac{u}{v}\right)=\dfrac{v\mathrm{d}u-u\mathrm{d}v}{v^2}(v\neq 0)$.

3. 复合函数的微分法则

设 $y=f(u)$ 及 $u=\varphi(x)$ 都可导，则复合函数 $y=f[\varphi(x)]$ 的微分为

$$\mathrm{d}y=y'_x\mathrm{d}x=y'_u u'_x\mathrm{d}x.$$

由于 $u'_x\mathrm{d}x=\mathrm{d}u$，上式可化为 $\mathrm{d}y=y'_u\mathrm{d}u$，因此复合函数的微分法则是

$$\mathrm{d}y=y'_u\mathrm{d}u \text{ 或 } \mathrm{d}y=f'(u)\mathrm{d}u.$$

可以看出，无论 u 是自变量还是中间变量，微分形式 $\mathrm{d}y=y'_u\mathrm{d}u$ 保持不变，微分的这种性质称为**微分形式的不变性**.

例 2 设 $y=\ln(x^2-x+2)$，求 $\mathrm{d}y$.

解 利用复合函数的微分法则，得

$$\mathrm{d}y=\mathrm{d}\ln(x^2-x+2)=\frac{1}{x^2-x+2}\mathrm{d}(x^2-x+2)=\frac{2x-1}{x^2-x+2}\mathrm{d}x.$$

例 3 设 $y=\mathrm{e}^{\sin x}$，求 $\mathrm{d}y$.

解 利用微分形式的不变性，得

$$\mathrm{d}y=\mathrm{e}^{\sin x}\mathrm{d}\sin x=\mathrm{e}^{\sin x}\cos x\mathrm{d}x.$$

例 4 $y=\mathrm{e}^{1-2x}\cos x$，求 $\mathrm{d}y$.

解 $\mathrm{d}y=\mathrm{d}(\mathrm{e}^{1-2x}\cos x)=\cos x\mathrm{d}\mathrm{e}^{1-2x}+\mathrm{e}^{1-2x}\mathrm{d}\cos x$

$=\cos x e^{1-2x}\mathrm{d}(1-2x)+e^{1-2x}(-\sin x)\mathrm{d}x=-e^{1-2x}(2\cos x+\sin x)\mathrm{d}x.$

例 5　$y=\frac{e^{x^2}}{x}$，求 $\mathrm{d}y$.

解　$\mathrm{d}y=\mathrm{d}\left(\frac{e^{x^2}}{x}\right)=\frac{x\mathrm{d}e^{x^2}-e^{x^2}\mathrm{d}x}{x^2}=\frac{xe^{x^2}\mathrm{d}x^2-e^{x^2}\mathrm{d}x}{x^2}=\frac{e^{x^2}(2x^2-1)}{x^2}\mathrm{d}x.$

4. 隐函数的微分法则

与隐函数的求导法则相似，利用复合函数的微分法则，将方程 $F(x,y)=0$ 两边同时求微分，从而确定隐函数的微分 $\mathrm{d}y$.

例 6　$x^2y+xy^2=1$，求 $\mathrm{d}y$.

解　等式两端同时求微分，得

$$\mathrm{d}(x^2y+xy^2)=\mathrm{d}(1),$$

即
$$[y\mathrm{d}(x^2)+x^2\mathrm{d}y]+[y^2\mathrm{d}x+x\mathrm{d}(y^2)]=0,$$

亦即
$$(x^2+2xy)\mathrm{d}y+(y^2+2xy)\mathrm{d}x=0,$$

故
$$\mathrm{d}y=-\frac{y^2+2xy}{x^2+2xy}\mathrm{d}x.$$

四、微分的近似计算

根据微分的定义可知，如果函数 $y=f(x)$ 在点 x_0 处的导数 $f'(x_0)\neq 0$，且 Δx 很小时，有

$$\Delta y\approx \mathrm{d}y=f'(x_0)\Delta x,$$

或者写成
$$f(x_0+\Delta x)-f(x_0)\approx f'(x_0)\Delta x.$$

若令 $x_0+\Delta x=x$，上式可以写成

$$f(x)\approx f(x_0)+f'(x_0)\Delta x.$$

此式称为**微分近似计算公式**.

例 7　利用微分近似计算 $\sqrt[3]{998}$.

解　设 $y=f(x)=\sqrt[3]{x}$，取 $x_0=1\ 000$，则有 $\Delta x=998-1\ 000=-2$，

另外得
$$f'(x)=\frac{1}{3\sqrt[3]{x^2}},\ f'(1\ 000)=\frac{1}{300},f(x_0)=\sqrt[3]{1\ 000}=10.$$

代入微分近似计算公式得
$$\sqrt[3]{998}\approx 10+\frac{1}{300}(-2)=9.993.$$

注：利用微分近似计算公式时，公式中 x_0 的选取很重要，它要满足两个条件：一是 x_0 是一个特殊值，即 $y=f(x_0)$ 的值比较好计算；二是它与 x 的距离比较近，即 $|x-x_0|=|\Delta x|$ 比较小，只有这样才能使计算的误差较小.

习题 2—3

1. 填空.

(1) $\mathrm{d}(\quad)=5\mathrm{d}x$；　　(2) $\mathrm{d}(\quad)=\frac{1}{1+x}\mathrm{d}x$；

(3) $\mathrm{d}(\quad)=\frac{1}{\sqrt{x}}\mathrm{d}x$；　　(4) $\mathrm{d}(\quad)=e^{-2x}\mathrm{d}x$；

(5) $\mathrm{d}(\quad)=x\mathrm{d}y+y\mathrm{d}x$；　　(6) $\mathrm{d}(\quad)=\frac{x\mathrm{d}y-y\mathrm{d}x}{y^2}$.

2. 求下列函数的微分.

(1) $y=x^2+3^x+\sin 5$； (2) $y=\frac{1}{x}+\sqrt{x}$；

(3) $y=\ln\tan x$； (4) $y=\cos x^2$；

(5) $y=x^3\sin x$； (6) $y=\frac{x}{1+x}$；

(7) $y=x^2e^{2x}$； (8) $e^y+xy=\sin x$.

3. 利用微分的近似计算公式，求下列各式的近似值.

(1) $\sin 30°30'$； (2) $\sqrt{1.05}$； (3) $\ln 11$.

※ 第四节　应用与实践二

一、应用

例 1 【人影移动的速率问题】某人身高 1.8 米，在水平路面上以每秒 1.4 米的速度向一高 6 米的街灯走去，问此人身影端点移动的速率是多少？

解　如图 2－6 所示，DE 和 BC 分别表示人高和灯高，以 $BD=x$，$BA=y$ 分别表示人和人影端点到灯的水平距离.

由于$\triangle ABC\sim\triangle ADE$，于是有$\frac{y-x}{y}=\frac{1.8}{6}$，即 $7y=10x$，上式两边同时对 t 求导，得 $7\frac{dy}{dt}=10\frac{dx}{dt}$，根据题意，$\frac{dx}{dt}=1.4$，

因此

$$\frac{dy}{dt}=\frac{10}{7}\cdot 1.4=2(\text{m/s}).$$

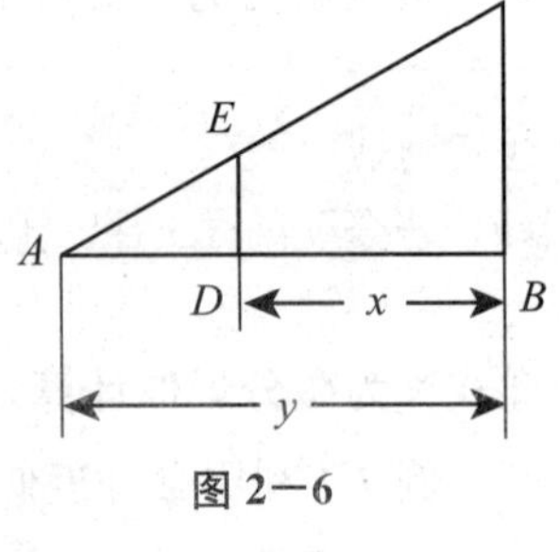

图 2－6

即此人身影端点移动的速率是 2 m/s.

例 2 【冰箱制冷问题】某电器厂在对冰箱制冷后断电测试其制冷效果，t 小时后冰的温度为 T，并设它们之间有以下函数关系：$T=\frac{2t}{0.05t+1}-20$. 问冰箱温度 T 关于时间 t 的变化率是多少？

解　冰箱温度 T 关于时间 t 的变化率为

$$\frac{dT}{dt}=\left(\frac{2t}{0.05t+1}-20\right)'=\left(\frac{2t}{0.05t+1}\right)'-(20)'=\frac{2(0.05t+1)-2t\times 0.05}{(0.05t+1)^2}-0$$
$$=\frac{2}{(0.05t+1)^2}.$$

例 3 【水纹波动问题】落在平静水面上的石头，产生同心圆形波纹，若最外一圈半径的增大率总是 6 m/s，问 2 s 末受到扰动的水面面积的增大率为多少？

解　设最外圈波纹半径为 r，扰动水面面积为 S，则 $S=\pi r^2$，

两边同时对 t 求导，得

$$\frac{dS}{dt}=\pi\cdot 2r\frac{dr}{dt},$$

从而 $$\left.\frac{dS}{dt}\right|_{t=2}=2\pi r\left.\frac{dr}{dt}\right|_{t=2}=2\pi r|_{t=2}\times 6=12\pi r|_{t=2},$$

又$\frac{dr}{dt}\equiv 6$为常数，故 $r=6t$(类似于匀速直线运动路程与速度、时间的关系)，

因此　$r|_{t=2}=12$，故有$\left.\frac{dS}{dt}\right|_{t=2}=12\pi\cdot 12=144\pi\ (\mathrm{m^2/s})$.

即 2 s 末受到扰动的水面面积的增大率为 $144\pi\ \mathrm{m^2/s}$.

例 4　**【最大利润问题】**已知某商品生产成本 C 与产量 q 的函数关系式为 $C=100+4q$，价格 p 与产量 q 的函数关系式为 $p=25-\frac{1}{8}q$. 求产量 q 为何值时，利润 L 最大?

分析：利润 L 等于收入 R 减去成本 C，而收入 R 等于产量乘价格. 由此可得出利润 L 与产量 q 的函数关系式，再用导数求最大利润.

解　收入 $R=q\cdot p=q\left(25-\frac{1}{8}q\right)=25q-\frac{1}{8}q^2$，

利润 $L=R-C=\left(25q-\frac{1}{8}q^2\right)-(100-4q)=-\frac{1}{8}q^2 21q-100(0<q<100)$，

$L'=-\frac{1}{4}q+21$，令 $L'=0$，即$-\frac{1}{4}q+21=0$，求得唯一的极值点 $q=84$，

即产量为 84 时，利润 L 最大.

二、实践用 MATLAB 求函数的导数

利用 MATLAB 软件可以求函数的导数，是由命令 diff 来完成的. 一般的调用格式是：

命　　令	功　　能
diff(f)	求 $f(x)$对 x 的一阶导数
diff(f,x,n)	求 $f(x)$对 x 的 n 阶导数

例 5　求函数 $f(x)=x^5+\sin x-7$ 的导数.

解
```
>> syms x
>> diff(x^5 + sin(x) - 7)
ans = 5 * x^4 + cos(x)
```

例 6　求函数 $y=x^3\ln x$ 的三阶导数.

解
```
>> syms x
>> diff(x^3 * log(x),x,3)
ans = 6 * log(x) + 11
```

例 7　分别求函数 $z=e^{3x}\sin 2y$ 对于自变量 x 和自变量 y 的导数.

解
```
>>syms x y;
z = exp(3 * x) * sin(2 * y)
>>diff(z,x)
ans = 3 * exp(3 * x) * sin(2 * y)
>>diff(z,y)
ans = 2 * exp(3 * x) * cos(2 * y)
```

应用与实践二　习题

1. 有一批半径为 1 cm 的球，为减少表面粗糙度，要镀上一层铜，厚度为 0.01 cm，估计每只球需要用铜多少克？（铜的密度为 8.9 g/cm^3）

2. 圆柱形金属饮料罐的容积一定时，它的高与底面半径应怎样选取，才能使所用的材料最省？

3. 电路中某点处的电流 i 是通过该点处的电量 q 关于时间 t 的瞬时变化率，如果一电路中的电量为 $q(t)=t^3+t$，

(1)求其电流函数 $i(t)$；

(2)$t=3$ 时的电流是多少？

4. 有一底半径为 R 厘米、高为 h 厘米的正圆锥形容器，以每秒 A 立方厘米的速率往容器中倒水，试求容器内水位等于锥高一半时，水面的上升速度.

5. 用 MATLAB 软件求下列函数的导数.

(1)$y=x^2\sin x$；　　(2)$y=\dfrac{x}{\sqrt{1+x^2}}$.

小　结

一、主要内容

1. 导数的概念

理解导数的概念，明确函数在点 x_0 可导的充要条件；能利用导数的概念求较简单的函数的导数；理解导数的几何意义，能应用导数的几何意义解决实际问题；明确可导与连续的关系.

2. 导数的计算

熟记基本初等函数的导数公式、函数的和、差、积、商的求导法则以及复合函数的求导法则；能利用导数公式和求导法则解决实际问题；了解隐函数的求导方法；理解高阶导数的概念，会求高阶导数.

3. 函数的微分

理解微分的定义；掌握微分的运算法则，理解微分形式不变性的含义；能利用微分的定义及运算法则求函数的微分；了解微分的近似计算公式.

二、应注意的问题

(1)在引出导数概念的过程中，抽象产生一个数学模式：函数增量与自变量增量的商的极限，因此，导数是极限概念的具体运用. 很多时候，当我们利用导数的概念求导数时，会遇到 $\Delta x<0$ 且 $\Delta x\to 0$，即 $\Delta x\to 0^-$ 以及 $\Delta x>0$ 且 $\Delta x\to 0$，即 $\Delta x\to 0^+$ 的情况，由此也就产生了左、右导数的概念和重要结论：函数 $f(x)$ 在点 x_0 可导$\Leftrightarrow$它在点 x_0 的左、右导数都存在且相等，利用这个结论就可以判断分段函数在分段点处的可导性.

(2)利用导数的几何意义可以求出函数曲线的切线和法线方程；利用导数是反映函数相对于自变量的变化快慢程度的概念，可求相关实际问题的变化率.

(3)利用和、差、积、商及复合函数的求导法则求导时，若函数变形后能简化求导运算，则应

先简化后再求导，在求高阶导数时更要注意这一点；而对于复合函数，要根据复合结构，逐层求导，直到最内层求完.

(4)利用微分求近似值时：利用公式 $f(x)\approx f(x_0)+f'(x_0)\Delta x$ 计算函数近似值时，关键是选取函数 $f(x)$ 的形式及正确选取 x_0、Δx. 一般要求 $f(x_0)$、$f'(x_0)$ 便于计算，$|\Delta x|$ 越小，计算出函数的近似值与精确值越接近. 另外，在计算三角函数的近似值时，Δx 必须换成弧度.

复习题二

1. 填空题.

(1)设 $f'(x_0)$ 存在，则 $\lim\limits_{\Delta x\to 0}\dfrac{f(x_0-\Delta x)-f(x_0)}{\Delta x}=$__________.

(2)曲线 $y=x^2+1$ 在点(1,2)处的切线方程为__________.

(3)设 $y=\ln\cos x$，则 $y'=$__________.

(4)设 $f(x)$ 可导，$y=\sin\dfrac{1}{x}$，则 $f'\left(\dfrac{1}{\pi}\right)=$__________.

(5)由方程 $xy+\ln y=0$ 所确定的隐函数的导数 $\dfrac{dy}{dx}=$__________.

(6)函数 $y=\sin x$ 的 n 阶导数=__________.

(7)$d(xe^{-x})=$__________.

2. 选择题.

(1)函数 $y=f(x)$ 在 x_0 处连续是函数 $y=f(x)$ 在 x_0 处可导的(　　).

A. 充分条件　　B. 必要条件　　C. 充要条件　　D. 无关条件

(2)函数 $f(x)=\begin{cases} e^{-x}, x>0 \\ 1-x, x\leqslant 0 \end{cases}$ 在 $x=0$ 处(　　).

A. 不连续　　B. 导数不存在　　C. 连续且可导　　D. 连续但不可导

(3)设函数 $y=f(-3x)$，则 $y'=$(　　).

A. $f'(3x)$　　B. $f'(-3x)$　　C. $-f'(3x)$　　D. $-3f'(-3x)$

(4)$y'=\dfrac{1}{2}\sin x$ 是下列(　　)中函数的导数.

A. $y=\dfrac{\sin^2 x}{2}$　　B. $y=\sin\dfrac{x^2}{2}$　　C. $y=\sin^2\dfrac{x}{2}$　　D. $y=\sin\left(\dfrac{x}{2}\right)^2$

(5)已知 $f(x)=\sin(ax^2)$，则 $f'(a)=$(　　).

A. $\cos ax^2$　　B. $2a^2\cos a^3$　　C. $a^2\cos ax^2$　　D. $a^2\cos a^3$

(6)已知 $y=\ln x$，则 $y''=$(　　).

A. $\dfrac{1}{x}$　　B. $-\dfrac{1}{x}$　　C. $\dfrac{1}{x^2}$　　D. $-\dfrac{1}{x^2}$

(7)$d(\cos 3x)=$(　　).

A. $\cos 2x dx$　　B. $-\sin 3x dx$　　C. $-3\sin 3x dx$　　D. $3\sin 3x dx$

3. 求下列函数导数或微分.

(1)$y=(x^3+x+2)^5$，求 y'；　　(2)$y=\tan x+\dfrac{1}{3}\tan^3 x$，求 y'；

(3)$f(x)=2\cos 3x+(\cos 3x)^2$，求 $f'(0)$；　　(4)$y=x\sin 2x$，求 dy；

(5) $y=[\ln(2-x)]^2$，求 $\mathrm{d}y$；　　(6) $y=1+xe^y$，求 $\mathrm{d}y$；

(7) $y=e^x\sin x$，求 y''；　　(8) $e^y+xy=e$，求 $y''(0)$.

4. 求曲线 $y=\sin x$ 在点 $\left(\frac{\pi}{4},\frac{\sqrt{2}}{2}\right)$ 处的切线和法线方程.

5. 讨论函数 $f(x)=\begin{cases}3x-1, x\geqslant 1,\\ x+2, 0\leqslant x<1,\end{cases}$ 在 $x=1$ 处的连续性与可导性.

6. 有一梯子长 5 米，上端靠墙面，下端着地，当梯子下端沿着垂直墙面的方向远离墙角时，梯子上端沿墙面垂直向下滑落. 当梯子下端位于离墙角 4 米处以 2 m/s 的速度垂直墙面离开墙角时，问梯子上端沿墙面垂直向下滑落的速度是多少？

微积分学的创立

微积分作为一门学科，是在十七世纪产生的. 它的主要内容包括两部分：微分学和积分学. 然而早在古代，微分和积分的思想就已经产生了. 公元前三世纪，古希腊的阿基米德在研究解决抛物弓形的面积、球和球冠面积、旋转双曲体的体积等问题中，就隐含着近代积分学的思想. 作为微分学基础的极限理论来说，早在古代就有了比较清楚的论述. 如我国的庄周所著的《庄子》一书的“天下篇”中，记有“一尺之棰，日取其半，万世不竭”. 这些都是朴素的极限概念. 公元 263 年，刘徽为《九间算术》作注时提出了“割圆术”，用正多边形来逼近圆周. 这是极限论思想的成功运用.

到了十七世纪，人们面临着许多科学问题，如研究运动的时候直接出现的求即时速度的问题，求曲线的切线的问题等，这些问题也就成了促使微积分产生的因素. 十七世纪的许多著名的数学家都为解决上述几类问题做了大量的研究工作. 十七世纪下半叶，在前人工作的基础上，英国大科学家牛顿和德国数学家莱布尼茨分别在自己的国度里独自研究和完成了微积分的创立工作.

在创立微积分方面，莱布尼茨与牛顿功绩相当. 他们都把微积分作为一种能应用于一般函数的普遍方法. 所不同的是，牛顿更多关心的是创立微积分的体系和基本方法，而莱布尼茨似乎更关心运算公式的建立与推广. 比较特殊的是牛顿创立微积分要比莱布尼茨早 10 年左右，但是正式公开发表微积分这一理论，莱布尼茨却要比牛顿早三年. 英国有不少数学家都知道牛顿已完成了微积分的创建工作，而莱布尼茨却抢先发表了这方面的成果. 他们认为，1673 年莱布尼茨访问伦敦时和一些知道牛顿工作的人有接触并保持通信，很有可能剽窃了牛顿的成果. 于是他们向莱布尼茨发起了猛烈的攻击. 欧洲其他国家一些了解莱布尼茨工作细节的数学家们站出来，与英国数学家针锋相对，坚决维护莱布尼茨的利益. 这场有关微积分优先发明权的争议持续了几十年，以至于使英国数学家与欧洲大陆数学界的思想交流隔绝了半个多世纪. 英国数学在一个时期里闭关锁国，囿于民族偏见，过于拘泥在牛顿的“流数术”中停步不前，因而其数学发展整整落后了一百年.

这两位数学家在微积分学领域中的卓越贡献概括起来就是：他们总结出处理各种有关问题的一般方法，认识到求积问题与切线问题互逆的特征，并揭示出微分学与积分学之间的本质联系. 两人各自建立了微积分学基本定理，并给出微积分的概念、法则、公式及其符号. 有了这些理论知识作为前提，为以后的微积分学的进一步发展奠定了坚实而重要的基础. 可以说微积分学的诞生是数学发展的一个里程碑式的事件. 应该指出,和历史上任何一项重大理论的完成都要经历一段时间一样,牛顿和莱布尼茨的工作也都是很不完善的.他们在无穷和无穷小量这个问题上,其说不一,十分含糊.牛顿的无穷小量,有时候是零,有时候不是零而是有限的小量;莱布尼茨也不能自圆其说.这些基础方面的缺陷,最终导致了第二次数学危机的产生.直到19世纪初,法国科学学院的科学家以柯西为首,对微积分的理论进行了认真研究,建立了极限理论.后来又经过德国数学家维尔斯特拉斯进一步地严格化,使极限理论成为微积分的坚定基础,微积分进一步地发展开来.微积分学的创立,极大地推动了数学的发展,过去很多初等数学束手无策的问题,在运用微积分后,往往迎刃而解,显示出微积分学的非凡威力.

微积分的创立是人类头脑最伟大的创造之一,是人类理性思维的结晶.它给出一整套的科学方法,开创了科学的新纪元,并因此加强与加深了数学的作用.微积分的产生不仅具有伟大的科学意义,而且具有深远的社会影响.有了微积分,就有了工业革命,有了大工业生产,也就有了现代化的社会.在微积分的帮助下,万有引力定律被发现了.微积分学强有力地证明了宇宙的数学设计,摧毁了笼罩在天体上的神秘主义、迷信和神学.这一切都表明微积分学的产生是人类认识史上的一次空前的飞跃.

模块三 导数的应用

【学习目标】

☆ 了解微分中值定理内容.
☆ 理解函数单调性判定定理,会判定函数的单调性.
☆ 理解函数极值、最值的概念,掌握极值、最值判定方法.
☆ 理解曲线的凸向与拐点的定义,会求曲线的拐点.
☆ 能熟练应用洛必达法则求函数极限.
☆ 能利用导数知识解决工程技术、经济、生活等方面的实际问题.
☆ 会用 MATLAB 求函数的极值.
☆ 从微分中值定理的讲解入手,介绍拉格朗日、罗尔及柯西等数学家的成就,培养学生勇于探索的科学精神.

【引例】 一渔船停泊在距海岸 9 km 处,假定海岸线是直线,今派人从船上送信给距船 $3\sqrt{34}$ km 处的海岸渔站. 如果送信人步行速度为 5 km/h,船速度为 4 km/h,问送信人应在何处登岸再走,才可使抵达渔站的时间最短?

在工农业生产、经济管理、日常生活等活动中常会遇到这类问题,在一定的条件下,怎么使时间最少、产出最多、成本最低等. 这类问题在数学上统称为优化问题. 本模块将利用导数来研究函数的某些性态,并应用这些知识解决更加广泛的实际问题.

第一节 微分中值定理与函数单调性判定

我们已经学习了导数的概念,并讨论了导数的计算方法. 本模块中,我们将应用导数来研究函数以及曲线的某些性态,并利用这些知识解决一些实际问题. 为此,先要介绍微分学的两个中值定理,它们是导数应用的理论基础.

一、拉格朗日(Lagrange)中值定理

定理 1 如果函数 $y=f(x)$ 在闭区间 $[a,b]$ 上连续,在开区间 (a,b) 内可导,则在开区间 (a,b) 内至少存在一点 ξ,使得

$$f'(\xi)=\frac{f(b)-f(a)}{b-a} \quad 或 \quad f(b)-f(a)=f'(\xi)(b-a).$$

证明略. 这个定理的几何意义如图 3－1 所示:

曲线 $y=f(x)$ 在区间 $[a,b]$ 上连续,A、B 是对应于 $x=a$ 和 $x=b$ 的两个端点,连接 A、B,得弦 AB 的斜率

$$k_{AB}=\frac{f(b)-f(a)}{b-a}.$$

由于 $f(x)$ 在 (a,b) 内可导，就是对应于这个区间内的每一点都可以作出 $y=f(x)$ 不垂直于 x 轴的一条切线，其中至少有一条切线与弦 AB 平行，也就是在 (a,b) 内存在确定的点 ξ，使对应于这点的切线平行于弦 AB，这时切线的斜率

$$k=f'(\xi)=k_{AB}=\frac{f(b)-f(a)}{b-a},$$

所以
$$f(b)-f(a)=f'(\xi)(b-a).$$

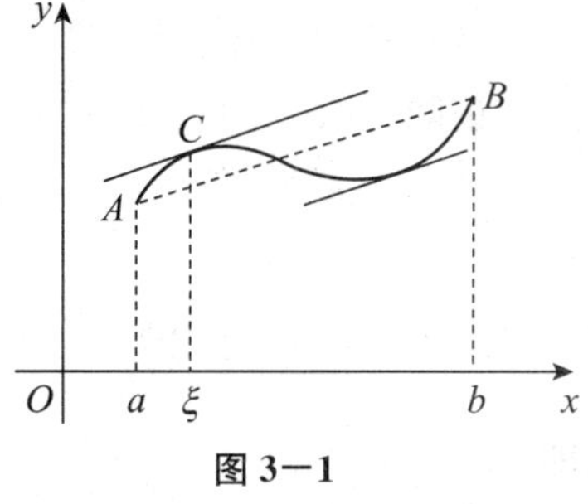

图 3－1

因此，拉格朗日中值定理的几何意义是：若连续曲线的弧 $\overset{\frown}{AB}$ 上处处具有不垂直于 x 轴的切线，则在这弧上至少能找到一点，使曲线在该点处的切线平行于弦 AB.

推论　如果在开区间 (a,b) 内，恒有 $f'(x)=0$，则 $f(x)$ 在 (a,b) 内是一个常数.

证明略.

例 1　验证函数 $f(x)=x^3$ 在 $[-1,2]$ 上满足拉格朗日中值定理，并求出定理中的 ξ.

解　$f(x)=x^3$ 在 $[-1,2]$ 上连续，在 $(-1,2)$ 内可导且 $f'(x)=3x^2$，故 $f(x)$ 在 $[-1,2]$ 上满足拉格朗日中值定理的条件. 于是有 $\xi\in(-1,2)$，使

$$f'(\xi)=\frac{f(2)-f(-1)}{2-(-1)},$$

即
$$3\xi^2=\frac{8-(-1)}{3},$$

得
$$\xi=1\in(-1,2),\xi=-1(\text{舍}).$$

二、罗尔(Rolle)中值定理

定理 2　如果函数 $y=f(x)$ 在闭区间 $[a,b]$ 上连续，在开区间 (a,b) 内可导，且 $f(a)=f(b)$，则在开区间 (a,b) 内至少存在一点 ξ，使得 $f'(\xi)=0$.

证明略. 这个定理的几何意义如图 3－2 所示：连续光滑曲线 $y=f(x)$ 在闭区间 $[a,b]$ 的两个端点的值相等，且在开区间 (a,b) 内每点都存在不垂直于 x 轴的切线，则至少存在一点处的切线是水平的. 由此可见罗尔定理是拉格朗日定理的特例.

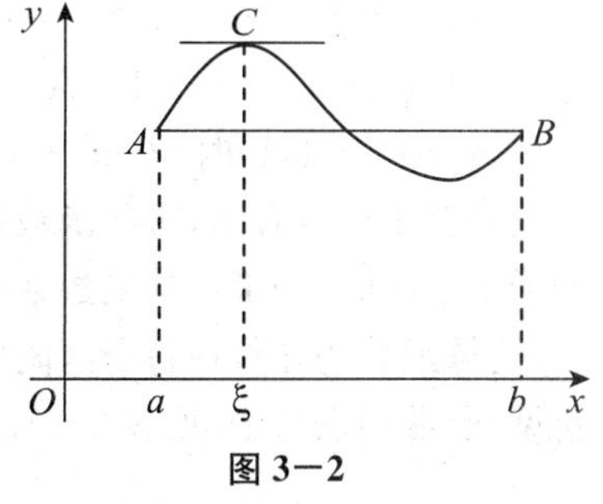

图 3－2

例 2　验证函数 $f(x)=\frac{1}{3}x^3-x$ 在区间 $[-\sqrt{3},\sqrt{3}]$ 上满足罗尔中值定理，并求出定理中的 ξ.

解　$f(x)=\frac{1}{3}x^3-x$ 在区间 $[-\sqrt{3},\sqrt{3}]$ 上连续，在 $(-\sqrt{3},\sqrt{3})$ 内可导，故 $f(x)$ 在 $[-\sqrt{3},\sqrt{3}]$ 上满足罗尔中值定理. 于是有 $\xi\in(-\sqrt{3},\sqrt{3})$，使得

$$f'(\xi)=\xi^2-1=0,\quad \text{解得 } \xi=\pm1.$$

三、函数单调性的判定法

单调性是函数的一个重要性态. 我们可以观察函数图像的上升或下降来判定函数的单调性，还可以直接利用定义来证明函数在某区间上的单调性，但是对于稍复杂的函数来说是很困难的，而导数理论为我们深入研究函数的性态提供了有力的工具. 下面我们利用导数来研究函数的单调性.

定理 3　设函数 $y=f(x)$ 在 $[a,b]$ 上连续，在 (a,b) 内可导.

(1)如果在(a,b)内 $f'(x)>0$，那么函数 $y=f(x)$在$[a,b]$上**单调增加**；

(2)如果在(a,b)内 $f'(x)<0$，那么函数 $y=f(x)$在$[a,b]$上**单调减少**.

证明 (1)由于函数 $f(x)$满足拉格朗日中值定理条件，故在$[a,b]$上任取两点 x_1,x_2(不妨设 $x_1<x_2$)，必有 $\xi\in(x_1,x_2)$，使

$$f(x_2)-f(x_1)=f'(\xi)(x_2-x_1),$$

如果 $f'(x)>0$，必有 $f'(\xi)>0$，于是

$$f(x_2)-f(x_1)>0,$$

即
$$f(x_1)<f(x_2).$$

这表明函数 $y=f(x)$在$[a,b]$上单调增加.

同理可证，如果 $f'(x)<0$，函数 $y=f(x)$在$[a,b]$上单调减少.

注：(1)如果把定理 3 中的闭区间$[a,b]$改为开区间(a,b)或无限区间，上结论同样成立.

(2)如果函数的导数仅在某区间内的个别点处等于零，而在其余点均保持符号相同，上结论仍然成立.

例如，函数 $y=x^3$ 在$(-\infty,+\infty)$内是单调增加的，但是在$(-\infty,+\infty)$上，并不是总有 $y'>0$，其中当 $x=0$ 时，$y'=0$(图 3−3).

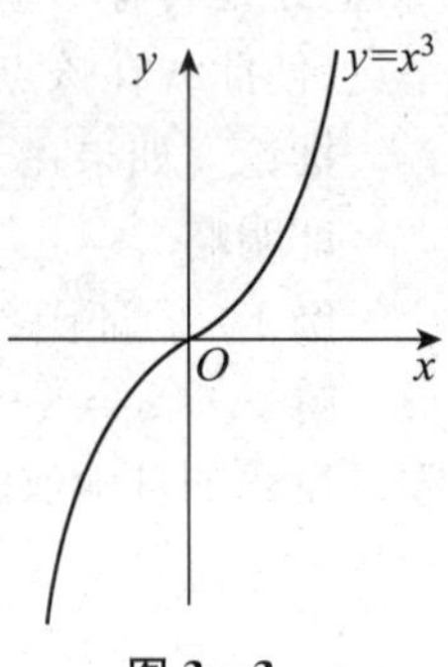

图 3−3

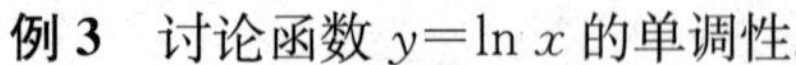

例 3 讨论函数 $y=\ln x$ 的单调性.

解 $y=\ln x$ 的定义域为$(0,+\infty)$，

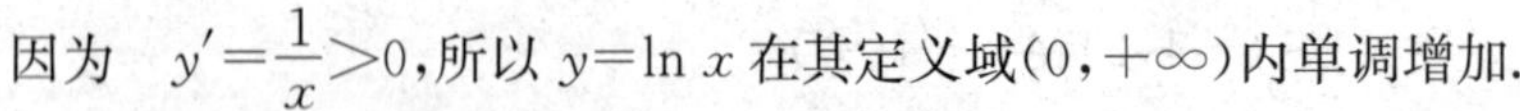

因为 $y'=\dfrac{1}{x}>0$，所以 $y=\ln x$ 在其定义域$(0,+\infty)$内单调增加.

例 4 确定函数 $f(x)=x^3-3x$ 的单调区间.

解 (1)$f(x)$的定义域为$(-\infty,+\infty)$.

(2)$f'(x)=3x^2-3=3(x+1)(x-1)$.

令 $f'(x)=0$，得 $x_1=-1,x_2=1$.

$f(x)$的定义域$(-\infty,+\infty)$被 $x=-1$、1 分成$(-\infty,-1)$、$(-1,1)$、$(1,+\infty)$三个区间.

(3)当 $x\in(-\infty,-1)\cup(1,+\infty)$时，$f'(x)>0$，$f(x)$单调增加；

当 $x\in(-1,1)$时，$f'(x)<0$，$f(x)$单调减少.

从例 4 可以看出，有些函数在它的定义域上不是单调的，这时我们要把整个定义域划分为若干个子区间，分别讨论函数在各子区间内的单调性. 一般可以用使 $f'(x)=0$ 的点作为分界点，使得函数的导数在各子区间内符号不变，从而函数 $f(x)$在每个子区间内单调. 为简便直观起见，通常列表讨论，见表 3−1.

表 3−1

x	$(-\infty,-1)$	-1	$(-1,1)$	1	$(1,+\infty)$
$f'(x)$	+	0	−	0	+
$f(x)$	↗		↘		↗

所以，函数在$(-1,1)$内单调减少；函数在$(-\infty,-1)$，$(1,+\infty)$内单调增加.

例 5 讨论函数 $y=\sqrt[3]{x^2}$ 的单调性.

解 (1)函数的定义域为$(-\infty,+\infty)$.

(2)$y'=\frac{2}{3\sqrt[3]{x}}$，当 $x=0$ 时，函数的导数不存在.

(3)在$(-\infty,0)$内，$y'<0$，因此函数 $y=\sqrt[3]{x^2}$ 在$(-\infty,0)$上单调减少. 在$(0,+\infty)$内，$y'>0$，因此函数 $y=\sqrt[3]{x^2}$ 在$(0,+\infty)$上单调增加.

可见，虽然 $x=0$ 是不可导点，但它仍然是 $f(x)$ 单调区间的分界点.

例 6　求 $y=(x-1)\sqrt[3]{x^2}$ 的单调区间.

解　(1)函数的定义域为$(-\infty,+\infty)$.

(2)$y'=x^{\frac{2}{3}}+\frac{2}{3}(x-1)x^{-\frac{1}{3}}=\frac{5x-2}{3\sqrt[3]{x}}$，当 $x=\frac{2}{5}$ 时，$y'=0$；当 $x=0$ 时，y' 不存在.

(3)列表 3－2.

表 3－2

x	$(-\infty,0)$	0	$\left(0,\frac{2}{5}\right)$	$\frac{2}{5}$	$\left(\frac{2}{5},+\infty\right)$
y'	+	不存在	−	0	+
y	↗		↘		↗

所以函数 $f(x)$ 在$(-\infty,0)$、$\left(\frac{2}{5},+\infty\right)$内单调增加；在区间$\left(0,\frac{2}{5}\right)$内单调减少.

综上所述，求 $f(x)$ 单调区间的步骤如下：

(1)确定函数的考察范围(除指定范围外，一般是指函数的定义域)；

(2)求出 $f(x)$ 单调区间所有可能的分界点(包括 $y'=0$ 的点，y' 不存在的点)，并根据分界点把考察范围分成若干子区间；

(3)讨论一阶导数 y' 在各区间的符号，从而判别在各区间的单调性.

习题 3－1

1. 下列函数在给定区间上是否满足拉格朗日中值定理的条件？如满足求出定理中的 ξ 值.

(1)$y=4x^3-5x^2+x-2,[0,1]$；　　(2)$y=\ln x,[1,e]$.

2. 下列函数在给定区间上是否满足罗尔中值定理的条件？如满足求出定理中的 ξ 值.

(1)$f(x)=x^2-3x-4,[-1,4]$；　　(2)$f(x)=\ln(\sin x),\left[\frac{\pi}{6},\frac{5\pi}{6}\right]$.

3. 判断下列函数在指定区间内的单调性.

(1)$y=2x+\sin x(-\infty,+\infty)$；　　(2)$y=x+\cos x,[0,2\pi]$；

(3)$f(x)=1+e^{-2x}(-\infty,+\infty)$；　　(4)$f(x)=2x+\frac{8}{x},(0,+\infty)$.

4. 确定下列函数的单调区间.

(1)$y=x^2-2x+4$；　　(2)$f(x)=2x^3-9x^2+12x-3$；

(3)$f(x)=2x^2-\ln x$；　　(4)$f(x)=x+\sqrt{1-x}$；

(5)$f(x)=e^{-x^2}$；　　(6)$f(x)=(x-1)(x+1)^3$；

(7)$f(x)=e^x+e^{-x}$；　　(8)$f(x)=\frac{\ln x}{x}$.

第二节　函数的极值和最值

一、函数的极值

1. 函数极值的定义

由图 3－4 可看出，函数 $y=f(x)$ 在点 x_2、x_5 处的函数值 $f(x_2)$、$f(x_5)$ 比它们附近各点的函数值都大，而在点 x_1、x_4、x_6 处的函数值 $f(x_1)$、$f(x_4)$、$f(x_6)$ 比它们附近各点的函数值都小. 对于这种性质的点和对应的函数值，我们给出如下定义：

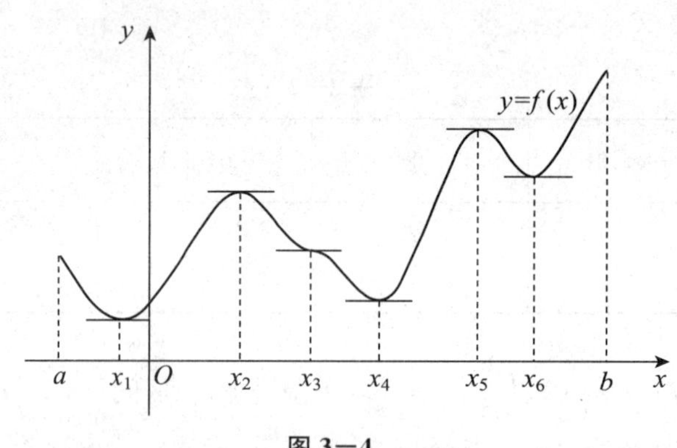

图 3－4

定义 1　设函数 $f(x)$ 在点 x_0 的某个邻域内有定义.

若对 x_0 的邻域内任意一点 $x(x\neq x_0)$，恒有 $f(x)<f(x_0)$，则称 $f(x_0)$ 为函数的一个极大值，x_0 称为一个极大值点；若对 x_0 的邻域内任意一点 $x(x\neq x_0)$，恒有 $f(x)>f(x_0)$，则称 $f(x_0)$ 为函数的一个极小值，x_0 称为一个极小值点.

函数的极大值与极小值统称为极值，使函数取得极值的点统称为极值点.

例如，图 3－4 中 $f(x_2)$、$f(x_5)$ 是函数的极大值，x_2、x_5 是函数的极大值点；$f(x_1)$、$f(x_4)$、$f(x_6)$ 是函数的极小值，x_1、x_4、x_6 是函数的极小值点.

注：函数的极大值与极小值是局部性的，极值 $f(x_0)$ 是就点 x_0 附近的一个局部范围来说的，所以一个函数可能有几个极大值与几个极小值，而且甚至某些极大值还可能比另一些极小值小.

2. 函数极值的判定及求法

由图 3－4 可以看出，函数在点 x_1、x_2、x_4、x_5、x_6 处取得极值，此时曲线的切线是水平的，即在极值点处函数的导数为零. 而函数在点 x_3 处也有水平切线，这时 $f'(x_3)=0$，但 $f(x_3)$ 并不是极值，即导数为零的点，函数不一定取得极值.

那么究竟怎么求函数的极值，我们将分别在下面的三个定理中加以讨论.

定理 1　（必要条件）

设函数 $f(x)$ 在点 x_0 处可导，且在 x_0 处取得极值，则函数在 x_0 处的导数为零，即 $f'(x_0)=0$.

使一阶导数 $f'(x_0)=0$ 的点叫函数的**驻点**.

注：(1) 可导函数的极值点必定是它的驻点，但函数的驻点却不一定是极值点，例：$f(x)=$

x^3在 $x=0$ 处的情况.

(2)定理 1 只对可导函数而言,对导数不存在的点,函数也可能取到极值,例:$f(x)=|x|$,在 $x=0$ 点的导数不存在,但取得极小值.

综上所述,函数的极值点可能是函数单调区间的分界点,可分为两类,一类是驻点,还有一类是不可导点,那么这些点究竟是不是极值点,需要进一步判断,因此给出下面的定理.

定理 2 (第一充分条件)

设函数 $f(x)$在点 x_0 的一个邻域内连续,且 x_0为 $f(x)$的驻点或不可导点.

(1)如果当 $x<x_0$时,$f'(x)>0$,当 $x>x_0$时,$f'(x)<0$,则 $f(x)$在 x_0取得极大值;

(2)如果当 $x<x_0$时,$f'(x)<0$,当 $x>x_0$时,$f'(x)>0$,则 $f(x)$在 x_0取得极小值.

根据上面两个定理,求函数 $f(x)$的极值可按如下步骤进行:

(1)确定函数的考察范围(除指定范围外,一般是指函数的定义域);

(2)求出导数 $f'(x)$,确定 $f(x)$在指定范围内的驻点和不可导点;

(3)以上述各点为分点,由小到大将考察范围分成若干个子区间,讨论每个子区间 $f'(x)$的符号;运用定理 2,判定函数 $f(x)$的全部极值.

例 1 求 $f(x)=x^3-3x^2-9x+5$ 的极值.

解 (1)$f(x)$的定义域为$(-\infty,+\infty)$.

(2)$f'(x)=3x^2-6x-9=3(x+1)(x-3)$.

令 $f'(x)=0$,得驻点 $x_1=-1$,$x_2=3$,无不可导点.

(3)列表 3—3:

表 3—3

x	$(-\infty,-1)$	-1	$(-1,3)$	3	$(3,+\infty)$
$f'(x)$	+	0	−	0	+
$f(x)$	↗	极大值	↘	极小值	↗

所以　　$x=-1$ 为极大值点,极大值 $f(-1)=10$;

　　　　$x=3$ 为极小值点,极小值 $f(3)=-22$.

例 2 求 $y=x-\frac{3}{2}x^{\frac{2}{3}}$的极值.

解 (1) 函数的定义域为$(-\infty,+\infty)$.

(2)$y'=1-x^{-\frac{1}{3}}=\frac{\sqrt[3]{x}-1}{\sqrt[3]{x}}$.

令 $y'=0$,得驻点 $x=1$.

又 $x=0$ 时,导数不存在,$x=0$ 为不可导点.

(3)列表 3—4:

表 3—4

x	$(-\infty,0)$	0	$(0,1)$	1	$(1,+\infty)$
y'	+	不存在	−	0	+
y	↗	极大值	↘	极小值	↗

所以　　　$x=0$ 为极大值点，极大值 $f(0)=0$；

　　　　　$x=1$ 为极小值点，极小值 $f(1)=-\frac{1}{2}$.

例 3　求 $f(x)=\sin x+\cos x$ 在 $[0,2\pi]$ 上的极值.

解　(1) $f(x)$ 的定义域为 $[0,2\pi]$.

(2) $f'(x)=\cos x-\sin x$.

令 $f'(x)=0$，得驻点 $x_1=\frac{\pi}{4}$，$x_2=\frac{5\pi}{4}$.

(3)列表 3－5：

表 3－5

x	$\left(0,\frac{\pi}{4}\right)$	$\frac{\pi}{4}$	$\left(\frac{\pi}{4},\frac{5\pi}{4}\right)$	$\frac{5\pi}{4}$	$\left(\frac{5\pi}{4},2\pi\right)$
$f'(x)$	+	0	－	0	+
$f(x)$	↗	极大值	↘	极小值	↗

所以，$x=\frac{\pi}{4}$ 为极大值点，极大值为 $f\left(\frac{\pi}{4}\right)=\sqrt{2}$；

　　$x=\frac{5\pi}{4}$ 为极小值点，极小值为 $f\left(\frac{5\pi}{4}\right)=-\sqrt{2}$.

从例 3 可以体会到用定理 2 求函数的极值时，讨论 $f'(x)$ 在驻点或不可导点两侧符号的变化时并不容易，特别是在较复杂的问题中，要确定 $f'(x)$ 的符号会比较困难. 如果引进二阶导数 $f''(x)$，则在很多情况下就可以避免这种麻烦，这就是下面的定理：

定理 3　（第二充分条件）

设函数 $f(x)$ 在点 x_0 处具有二阶导数且 $f'(x_0)=0$，$f''(x_0)\neq 0$，则

(1)当 $f''(x_0)<0$ 时，那么 x_0 为极大值点，$f(x_0)$ 为极大值；

(2)当 $f''(x_0)>0$ 时，那么 x_0 为极小值点，$f(x_0)$ 为极小值.

注：若 $f'(x_0)=0$ 且 $f''(x_0)=0$ 或 $f'(x_0)=0$ 但 $f''(x_0)$ 不存在，则不能应用定理 3.

例 4　求函数 $y=-x^4+2x^2$ 的极值.

解　函数的定义域为 $(-\infty,+\infty)$.

$y'=-4x^3+4x=-4x(x+1)(x-1)$.

令 $y'=0$，得驻点 $x_1=-1$，$x_2=0$，$x_3=1$，又 $y''=-12x^2+4$，

$y''(-1)=-8<0$，$y''(0)=4>0$，$y''(1)=-8<0$.

所以函数在 $x=0$ 处取得极小值 $y(0)=0$，在 $x=-1$、1 处取得极大值 $y(\pm 1)=1$.

二、函数的最值

人们做任何事情，小至日常用具的制作，大至科学技术研究、经营管理，经常要遇到在一定条件下，怎么用料最省、产量最多、效率最高、成本最低等问题，这些问题在数学上有时可归结为求某一函数的最大值或最小值的问题.

1. 函数最值的定义

定义 2　设函数 $f(x)$ 在区间 $[a,b]$ 上连续，x_0 为区间 $[a,b]$ 上某一点，

(1)若对于区间$[a,b]$内任一x,有$f(x)\leqslant f(x_0)$,则称$f(x_0)$为$f(x)$在$[a,b]$上的最大值,称点x_0为$f(x)$在$[a,b]$上的最大值点;

(2)若对于区间$[a,b]$内任一x,有$f(x)\geqslant f(x_0)$,则称$f(x_0)$为$f(x)$在$[a,b]$上的最小值,称点x_0为$f(x)$在$[a,b]$上的最小值点.

最大值和最小值统称为最值.

注:(1)最值与极值不同,极值是局部概念,而最值是整体概念,一个函数可以有若干个极值,但一个函数的最值如果存在的话,只能是唯一的.

(2)函数的极值只能在区间$[a,b]$内部取得,而最值可以在区间$[a,b]$的端点取得,也可以在区间的内部取得,如果函数最值在区间内部取得,那么这个最值同时也是一个极值.

2. 确定函数 $f(x)$ 的最值的方法

(1)确定函数$f(x)$的考察范围(除指定范围外,一般是指函数的定义域);

(2)求出导数$f'(x)$,确定$f(x)$在指定范围内的驻点和不可导点;

(3)求出函数在驻点、不可导点及考察范围端点的函数值,再比较这些函数值,其中函数值最大的就是最大值,函数值最小的就是最小值.

例 5　求函数$f(x)=2x^3-3x^2-12x+20$在$[0,4]$上的最值.

最优化问题举例

解　(1)函数的考察范围是$[0,4]$.

(2)$f'(x)=6x^2-6x-12=6(x+1)(x-2)$.

令$f'(x)=0$,得$x_1=-1$(舍),$x_2=2$.

(3)$f(2)=0,f(0)=20,f(4)=52$.

比较可知,函数$f(x)$在$[0,4]$上最大值是$f(4)=52$,最小值是$f(2)=0$.

例 6　边长 48 cm 的正方形铁皮做一个无盖的铁盒时,在铁皮的四角各截去一个面积相等的小正方形,然后把四边折起,焊成铁盒,问:在四角截去多大的正方形,方能使所做的铁盒容积最大?(如图 3—5 所示)

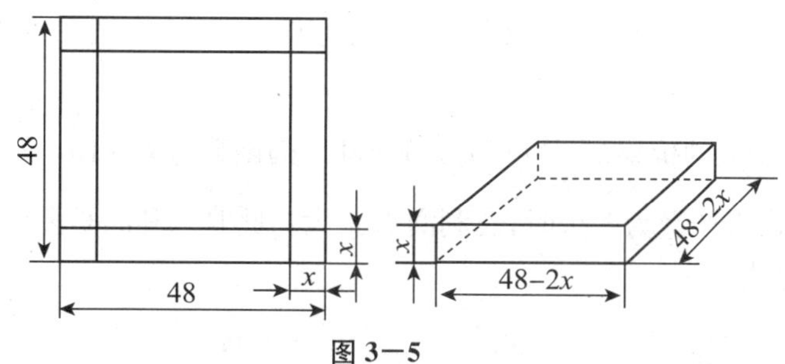

图 3—5

解　设截去的小正方形的边长为x cm,铁盒的容积为V cm^3,由题意,有

$$V=x(48-2x)^2(0<x<24).$$

函数V在区间$(0,24)$内取得最大值.$V'=(48-2x)^2+x\cdot 2(48-2x)(-2)=12(24-x)(8-x)$.

令$V'=0$,得驻点

$$x_1=8,\ x_2=24(舍).$$

当$x<8$时,$V'>0$;当$x>8$时,$V'<0$.所以V在$x=8$取极大值,且只有这唯一极大值,因此也是最大值,故当所截去的正方形边长为 8 cm 时,铁盒的容积最大.

例 7　一渔船停泊在距离海岸 9 km 处,假定海岸线是直线,今派人从船上送信给距船

$3\sqrt{34}$ km处的海岸渔站，如果送信人步行速度为 5 km/h，船速度为 4 km/h，问送信人应在何处登岸再走，才可使抵达渔站的时间最短？

解 设距渔站 x km 处登岸再走，抵达时间为 y h. 且渔站到渔船的水平距离为

$$\sqrt{(3\sqrt{34})^2-9^2}=15,$$

则有 $y=\dfrac{\sqrt{(15-x)^2+9^2}}{4}+\dfrac{x}{5}$，$y'=\dfrac{-(15-x)}{4\sqrt{(15-x)^2+81}}+\dfrac{1}{5}$.

令 $y'=0$，得 $x=3$，$x=27$（舍）. 由问题实际意义，最小值存在，又只有一个驻点，因此，距渔站 3 km处登岸再走时间最短.

例 8 铁路线上 AB 段的距离为 100 km. 工厂 C 距 A 处 20 km，并且 AC 垂直于 AB. 为了运货需要，要在 AB 线上选定一点 D 向工厂修筑一条公路. 已知铁路每 km 货运的运费与公路每 km 货运的运费之比为 3∶5. 为了使货物从供应站 B 运到工厂 C 的运费最省，问 D 点应选在何处？

解 设 $AD=x$，如图 3－6 所示，

则 $CD=\sqrt{x^2+20^2}$，$DB=100-x$.

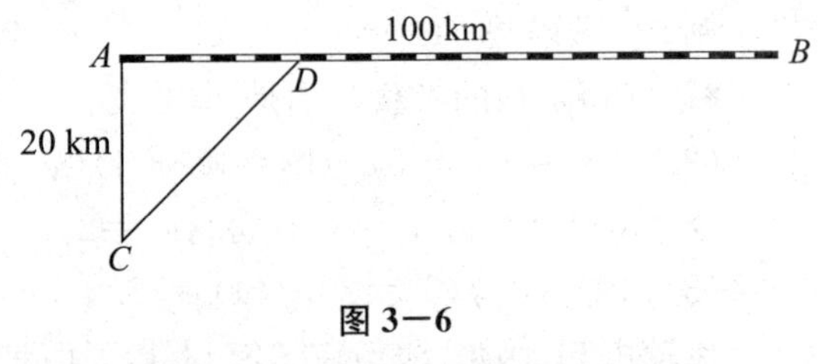

图 3－6

设公路每千米的运费为 a，则铁路每千米的运费为 $\dfrac{3}{5}a$，于是从原料供应站 B 途经 D 中转到工厂 C 需要的总运费为 $y=a\sqrt{x^2+20^2}+\dfrac{3}{5}a(100-x)$，$x\in[0,100]$，

$$y'=\frac{ax}{\sqrt{x^2+20^2}}-\frac{3}{5}a.$$

令 $y'=0$，得 $x=15$，$x=-15$（舍）.

由问题实际意义，最小值存在，又只有一个驻点，因此，D 应选在 AB 间距离 A 点 15 km 处运费最省.

例 9 已知某产品的价格 p（单位：元）与产量 x 的函数为 $p=10-\dfrac{x}{5}$，成本 C 与产量 x 的函数为 $C=50+2x$，求产量为多少时，总利润 L 最大？此时总利润是多少？

解 依题意总收入为

$$R(x)=x\left(10-\frac{x}{5}\right),$$

由此总利润函数为

$$\begin{aligned}L=L(x)&=R(x)-C(x)\\&=x\left(10-\frac{x}{5}\right)-(50+2x)\\&=8x-\frac{x^2}{5}-50,\\L'(x)&=8-\frac{2}{5}x.\end{aligned}$$

令 $L'(x)=0$，得 $x=20$.

由问题的实际意义，最大值存在. 所以 $x=20$ 时 L 最大，而 $L(20)=30$，即产量为 20 个单

位时，总利润最大，此时总利润为 30 元.

习题 3—2

1. 求下列函数的极值.

(1) $y=2x^3-3x^2$；　(2) $y=4x^3-3x^2-6x+2$；

(3) $y=2x^2-8x+3$；　(4) $y=2-(x-1)^{\frac{2}{3}}$；

(5) $f(x)=x+\sqrt{1-x}$；　(6) $f(x)=x-\ln(1+x)$；

(7) $y=3x^4-8x^3+6x^2+1$；　(8) $y=(x-1)^3(2x+3)^2$；

(9) $y=\dfrac{x^3}{(x-1)^2}$；　(10) $f(x)=x+\tan x$.

2. 用二阶导数求下列函数的极值.

(1) $y=x^3-9x^2+15x+1$；　(2) $f(x)=x\ln x$.

3. 求下列函数在指定区间上的极值.

(1) $y=\dfrac{1}{2}-\cos x, [0,2\pi]$；　(2) $f(x)=\sin x+\cos x, [0,2\pi]$.

4. 如果函数 $y=a\ln x+bx^2+3x$ 在 $x=1$ 和 $x=2$ 处取得极值，试确定常数 a、b 的值.

5. 求下列函数在给定区间上的最大值和最小值.

(1) $y=x^4-2x^2+5, [-2,2]$；　(2) $y=\sqrt{5-4x}, [-1,1]$；

(3) $y=x+2\sqrt{x}, [0,4]$；　(4) $y=\dfrac{x^2}{1+x}, \left[-\dfrac{1}{2},1\right]$；

(5) $y=\dfrac{x}{x^2+1}, [0,+\infty)$；　(6) $y=\sin 2x-x, \left[-\dfrac{\pi}{2},\dfrac{\pi}{2}\right]$.

6. 某车间靠墙壁要盖一间长方形的小屋，现有存砖只够砌 200 m 长的墙壁，问应围成怎样的长方形才能使这间小屋的面积最大？

7. 要造一个长方形无盖的蓄水池，其容积为 500 立方米，底面为正方形. 设底面与四壁所使用材料的单位造价相同，问底边和高各为多少米时，才能使所用材料费用最省？

8. 在甲乙两村庄之间建一所希望小学，其位置如图 3—7 所示. 希望小学要建在 A 与 B 的连线上，问这所小学设在公路（AB 之间）旁边何处时，使小学生上学所走的路程最短？

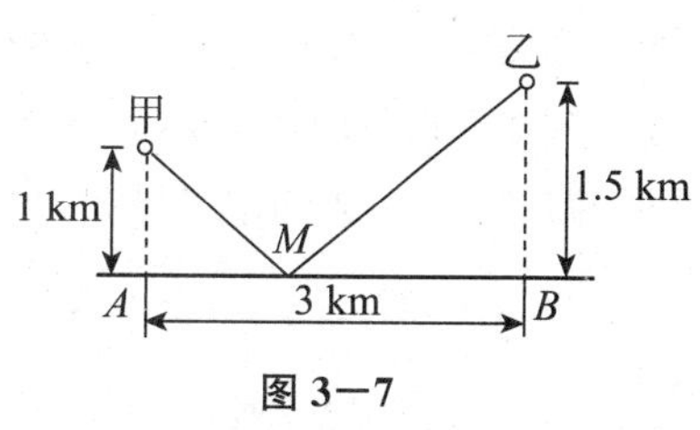

图 3—7

9. 某厂每批生产 A 种商品 x 台的费用为：$C(x)=200+5x$（万元），得到的收入为 $R(x)=10x-0.01x^2$（万元），问每批生产多少台，才能使利润最大？

第三节　函数图形的描绘

前面两节我们研究了函数的单调性与极值，这对于描绘函数的图形有很大的作用. 但知道函数的大概变化情况，还不能比较准确地描绘函数的图形，还要研究曲线弯曲的方向，进而作出函数的图形.

一、曲线的凹凸性及拐点

1. 曲线凹凸定义及判别法

从图 3－8 中可以看出，曲线上各点的切线都位于曲线的下方，从图 3－9 中可以看出，曲线上各点的切线都位于曲线的上方，我们把这种现象称为曲线的凹凸性，下面给出曲线凹凸性的定义及判别法.

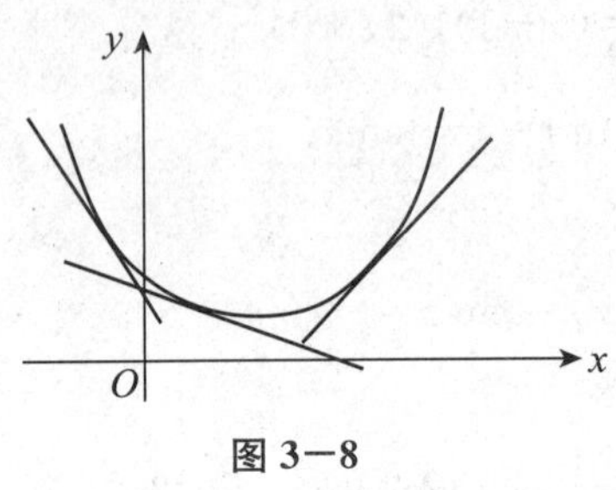

图 3－8

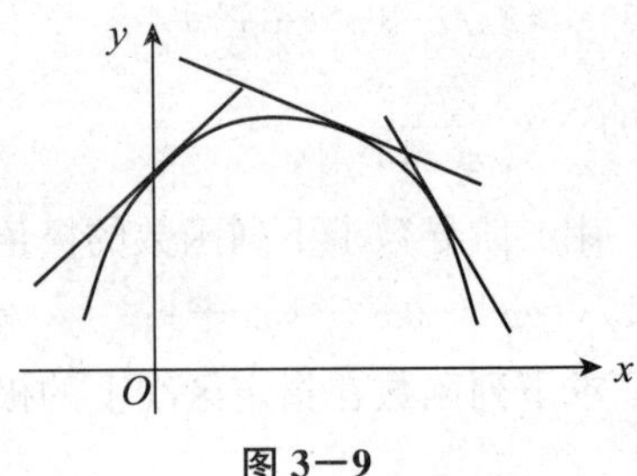

图 3－9

定义 1 设曲线的方程为 $y=f(x)$，且处处有切线. 若在某区间内，该曲线弧位于其上任一点的切线的上方，称此曲线弧是凹的（图 3－8）；若在某区间内，该曲线弧位于其上任一点的切线的下方，称此曲线弧是凸的（图 3－9）.

定理 1 （曲线凹凸性判别定理）设函数 $f(x)$ 在 (a,b) 内具有二阶导数，那么

(1)若在 (a,b) 内 $f''(x)>0$，则曲线 $y=f(x)$ 在 (a,b) 内是凹的；

(2)若在 (a,b) 内 $f''(x)<0$，则曲线 $y=f(x)$ 在 (a,b) 内是凸的.

例 1 判别曲线 $y=\ln x$ 的凹凸性.

解 (1)函数 $y=\ln x$ 的定义域是 $(0,+\infty)$.

(2)
$$y'=\frac{1}{x},y''=-\frac{1}{x^2}.$$

(3)在 $(0,+\infty)$ 内 $y''<0$，所以曲线 $y=\ln x$ 在 $(0,+\infty)$ 内是凸的.

例 2 判断曲线 $y=(2x-1)^4+1$ 的凹凸性.

解 (1)函数的定义域是 $(-\infty,+\infty)$.

(2)$y'=4(2x-1)^3\cdot 2$，$y''=48(2x-1)^2>0\left(x\neq\frac{1}{2}\right)$.

(3)所以曲线在整个定义域内是凹的.

例 3 判别曲线 $y=x^3-3x^2-9x+4$ 的凹凸性.

解 (1)函数 $y=x^3-3x^2-9x+4$ 的定义域是 $(-\infty,+\infty)$.

(2)$y'=3x^2-6x-9$，$y''=6x-6=6(x-1)$

令
$$y''=0，得\ x=1.$$

(3)当 $x<1$ 时，$y''<0$；当 $x>1$ 时，$y''>0$，所以曲线在 $(-\infty,1)$ 上是凸的，在 $(1,+\infty)$ 上是凹的.

2. 曲线拐点定义及求法

定义 2 连续曲线上凹和凸的分界点叫做曲线的拐点.

注：拐点是曲线上的点，因此拐点的坐标需用横坐标与纵坐标同时表示，即

$$M(x_0, f(x_0)).$$

定理 2　若函数 $y=f(x)$ 在 x_0 处二阶导数 $f''(x_0)$ 存在，且点 $(x_0, f(x_0))$ 为曲线 $y=f(x)$ 的拐点，则 $f''(x_0)=0$.

注：$f''(x_0)=0$ 是点 $(x_0, f(x_0))$ 为拐点的必要条件，而非充分条件. 例如 $y=x^4$，则 $y''=12x^2$，当 $x=0$ 时，$y''(0)=0$，但是点 $(0,0)$ 不是曲线 $y=x^4$ 的拐点，因为点 $(0,0)$ 两侧的二阶导数不变号.

下面给出曲线 $y=f(x)$ 拐点的充分条件.

定理 3　若 $f''(x_0)=0$，且在 x_0 两侧 $f''(x)$ 变号，则点 $(x_0, f(x_0))$ 是曲线 $y=f(x)$ 的拐点.

求曲线 $y=f(x)$ 拐点的方法：

(1)确定函数的考察范围(除指定范围外，一般是指函数的定义域)；

(2)求二阶导数 $f''(x)$；

(3)在考察范围内求 $f''(x)=0$ 的点和 $f''(x)$ 不存在的点；

(4)考察 $f''(x)$ 在上述各点左右两侧的符号，若 $f''(x)$ 的符号相反，则是拐点；若 $f''(x)$ 的符号相同，则不是拐点.

例 4　求曲线 $y=x^4-2x^3+1$ 的凹凸区间和拐点.

解　(1)函数的定义域为 $(-\infty, +\infty)$.

(2) $y'=4x^3-6x^2$，$y''=12x^2-12x=12x(x-1)$.

(3) 令 $y''=0$，得 $x_1=0$，$x_2=1$；无二阶导数不存在的点.

(4)列表 3－6：

表 3－6

x	$(-\infty,0)$	0	$(0,1)$	1	$(1,+\infty)$
y''	+	0	—	0	+
y	∪	拐点(0,1)	∩	拐点(1,0)	∪

注：表中“∪”表示曲线是凹的，“∩” 表示曲线是凸的.

由表可知，曲线在区间 $(-\infty,0)$ 及 $(1,+\infty)$ 内是凹的，在区间 $(0,1)$ 内是凸的，拐点为 $(0,1)$、$(1,0)$.

例 5　讨论曲线 $y=(x-2)^{\frac{5}{3}}$ 的凹凸区间和拐点.

解　(1)函数的定义域为 $(-\infty, +\infty)$.

(2) $y'=\dfrac{5}{3}(x-2)^{\frac{2}{3}}$，$y''=\dfrac{10}{9}(x-2)^{-\frac{1}{3}}$.

(3)令 $y''=0$，无解；但在 $x=2$ 处 y'' 不存在.

(4)列表 3－7：

表 3－7

x	$(-\infty,2)$	2	$(2,+\infty)$
y''	—	不存在	+
y	∩	拐点(2,0)	∪

由表可知,曲线在区间$(-\infty,2)$内是凸的,在区间$(2,+\infty)$内是凹的. 当$x=2$时,y''不存在,但$x=2$时,函数有定义,且两侧y''异号,所以点$(2,0)$为拐点.

由例5可见,使二阶导数$f''(x)$不存在的点,仍有可能是函数$y=f(x)$的拐点.

二、函数的分析作图法

前面我们利用导数研究了函数的单调性与极值、曲线的凹凸性与拐点,从而对函数的变化形态有了一个整体的了解. 本节我们先介绍曲线的渐近线,然后综合运用这些知识,完成函数图形的描绘.

1. 曲线的渐近线

在平面上,当曲线伸向无穷远处时,一般很难把曲线画准确. 但是,如果曲线伸向无穷远处,它能无限得靠近一条直线,那么我们就可以既快又好地画出趋于无穷远处这条曲线的走向趋势. 如平面解析几何中的双曲线$\frac{x^2}{a^2}-\frac{y^2}{b^2}=1$与直线$y=\frac{b}{a}x$和$y=-\frac{b}{a}x$就是如此. 这样的直线叫做曲线的渐近线.

定义3 如果曲线上的点沿曲线趋于无穷远时,此点与某一直线的距离趋于零,则称此直线是曲线的**渐近线**.

渐近线有水平渐近线、垂直渐近线和斜渐近线.(斜渐近线不在本书中讨论)

(1) 水平渐近线.

定义4 若函数$y=f(x)$的定义域是无穷区间,且$\lim\limits_{x\to\infty}f(x)=C$时,则称直线$y=C$为曲线$y=f(x)$的**水平渐近线**.

例6 求曲线$y=\frac{2x}{1+x^2}$的水平渐近线.

解 因为$\lim\limits_{x\to\infty}\frac{2x}{1+x^2}=0$,所以$y=0$是曲线$y=\frac{2x}{1+x^2}$的水平渐近线.

例7 求曲线$y=\arctan x$的水平渐近线.

解 因为$\lim\limits_{x\to-\infty}\arctan x=-\frac{\pi}{2}$,$\lim\limits_{x\to+\infty}\arctan x=\frac{\pi}{2}$,所以$y=-\frac{\pi}{2}$和$y=\frac{\pi}{2}$都是曲线$y=\arctan x$的水平渐近线. 如图3−10所示.

图 3−10

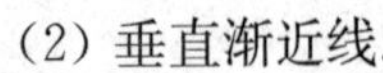

(2) 垂直渐近线.

定义5 若函数$y=f(x)$在点a处间断,且$\lim\limits_{x\to a}f(x)=\infty$,则称直线$x=a$为曲线$y=f(x)$的**垂直渐近线**.

例8 求曲线$y=\frac{3}{x-2}$的渐近线.

解 因为$\lim\limits_{x\to\infty}\frac{3}{x-2}=0$,$\lim\limits_{x\to2}\frac{3}{x-2}=\infty$,所以$y=0$是曲线$y=\frac{3}{x-2}$的水平渐近线,$x=2$是曲线$y=\frac{3}{x-2}$的垂直渐近线. 如图3−11所示.

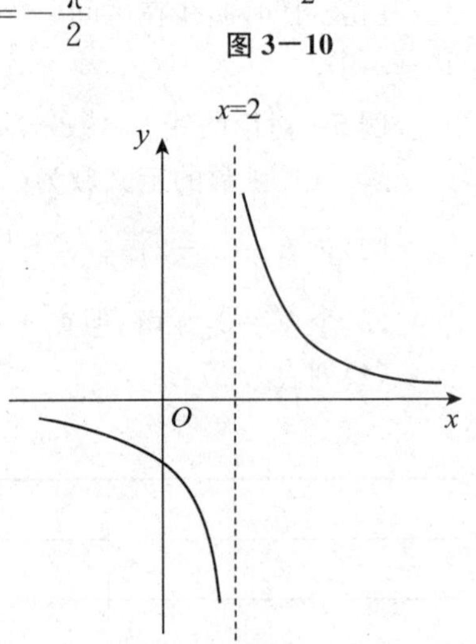

图 3−11

2. 函数图形的描绘

前面一系列的讨论，使我们对函数图形的变化轮廓有比较全面的了解，从而指导我们比较准确地绘制函数的图形.

描绘函数图形的一般步骤：

(1)确定函数 $y=f(x)$ 的定义域，判断函数的奇偶性（对称性）和周期性；

(2)求函数的一、二阶导数，并求出一、二阶导数为零及导数不存在的点；

(3)列表求函数的单调区间、极值，确定函数图像的凹凸区间和拐点；

(4)求曲线的渐近线；

(5)求曲线上一些特殊点的坐标，比如：与坐标的交点.

(6)根据函数的性态，结合描点作出函数图形.

例 9　画出函数 $y=3x-x^3$ 的图形.

解　(1)函数的定义域为 $(-\infty,+\infty)$，且为奇函数.

(2) $y'=3-3x^2$，$y''=-6x$.

令 $y'=0$，得 $x=\pm1$，令 $y''=0$，得 $x=0$，在定义域内没有不可导的点.

(3)列表 3－8：

表 3－8

x	0	$(0,1)$	1	$(1,+\infty)$
y'	+	+	0	−
y''	0	−	−	−
y	拐点(0,0)	↗	极大值 2	↘

说明：↗ 表示函数增且凸，↘ 表示函数减且凸，↗ 表示函数增且凹，↘ 表示函数减且凹.

(4)显然，曲线 $y=3x-x^3$ 无渐近线.

(5)令 $y=0$，可知曲线 $y=3x-x^3$ 与 x 轴的交点为 $(-\sqrt{3},0)$、$(\sqrt{3},0)$.

(6)综合上述结果，画出函数 $y=3x-x^3$ 在 $(0,+\infty)$ 的图形，由对称性得出曲线 $y=3x-x^3$ 在 $(-\infty,+\infty)$ 内的图形（图 3－12）.

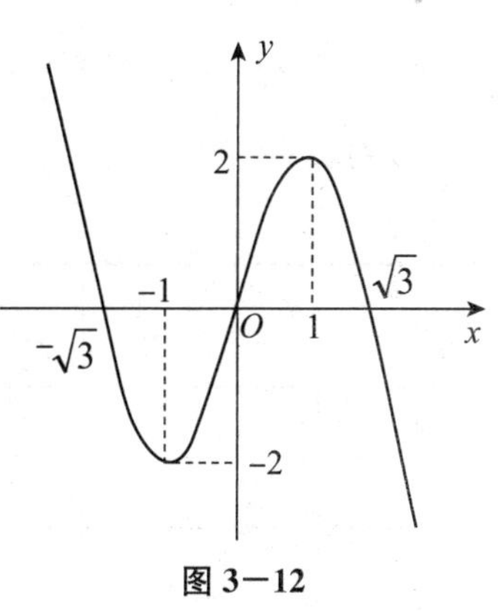

图 3－12

例 10　画出函数 $y=e^{-x^2}$ 的图形.

解　(1)函数的定义域为 $(-\infty,+\infty)$，且为偶函数.

(2) $y'=-2xe^{-x^2}$，$y''=2(2x^2-1)e^{-x^2}$.

令 $y'=0$ 得 $x=0$，令 $y''=0$ 得 $x=\pm\dfrac{1}{\sqrt{2}}$，在定义域内没有不可导的点.

(3)列表 3－9：

表 3—9

x	0	$\left(0,\frac{1}{\sqrt{2}}\right)$	$\frac{1}{\sqrt{2}}$	$\left(\frac{1}{\sqrt{2}},+\infty\right)$
y'	0	$-$	$-$	$-$
y''	$-$	$-$	0	$+$
y	极大值 1	↘	拐点$\left(\frac{1}{\sqrt{2}},e^{-\frac{1}{2}}\right)$	↘

(4)因为$\lim\limits_{x\to\infty}e^{-x^2}=0$，所以直线 $y=0$ 为水平渐近线.

(5)曲线过点(0,1).

(6)根据以上讨论，即可画出函数 $y=e^{-x^2}$ 的图形(图 3—13).

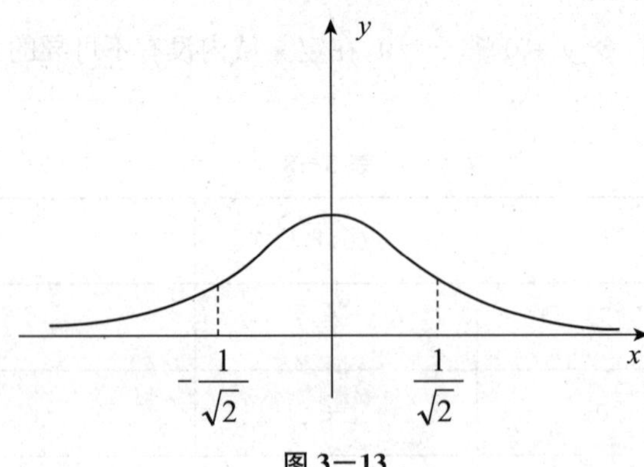

图 3—13

例 11　画出函数 $y=\frac{2x-1}{(x-1)^2}$的图形.

解　(1)函数的定义域为$(-\infty,1)\cup(1,+\infty)$.

(2)
$$y'=\frac{-2x}{(x-1)^3},\ y''=\frac{2(2x+1)}{(x-1)^4}.$$

令 $y'=0$ 得 $x=0$，令 $y''=0$ 得 $x=-\frac{1}{2}$，在定义域内没有不可导的点.

(3)列表 3—10：

表 3—10

x	$\left(-\infty,-\frac{1}{2}\right)$	$-\frac{1}{2}$	$\left(-\frac{1}{2},0\right)$	0	(0,1)	$(1,+\infty)$
y'	$-$	$-$	$-$	0	$+$	$-$
y''	$-$	0	$+$	$+$	$+$	$+$
y	↘	拐点 $\left(-\frac{1}{2},-\frac{8}{9}\right)$	↘	极小值 1	↗	↘

(4)因为$\lim\limits_{x\to\infty}\frac{2x-1}{(x-1)^2}=0$，所以 $y=0$ 为曲线的一条水平渐近线；又因为$\lim\limits_{x\to 1}\frac{2x-1}{(x-1)^2}=\infty$，所

以 $x=1$ 为曲线的一条垂直渐近线.

(5)曲线 $y=\frac{2x-1}{(x-1)^2}$ 与坐标轴的交点为 $(0,-1)$、$\left(\frac{1}{2},0\right)$；适当补点 $(2,3)$、$\left(4,\frac{7}{9}\right)$.

(6)根据以上讨论，即可画出函数 $y=\frac{2x-1}{(x-1)^2}$ 的图形(图 3－14).

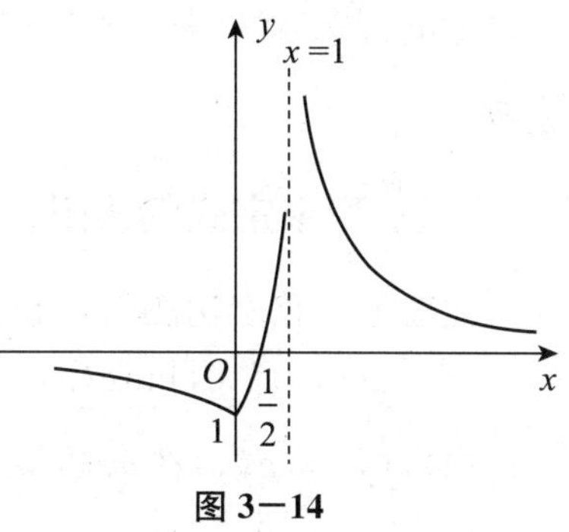

图 3－14

习题 3－3

1. 判断下列曲线的凹凸性.

(1) $y=4x-x^2$；　(2) $y=x+\frac{1}{x}(x>0)$；

(3) $y=(x+1)^4+e^x$；　(4) $y=x\arctan x$.

2. 求下列曲线的拐点.

(1) $y=2x^3+3x^2+x+2$；(2) $y=2x-\ln(1+x)$.

3. 确定下列曲线的凹凸区间和拐点.

(1) $y=xe^{-x}$；(2) $y=e^{\arctan x}$；

(3) $y=x^4(12\ln x-7)$；(4) $y=\ln(x^2+1)$.

4. 已知曲线 $y=x^3+ax^2-9x+4$ 在 $x=1$ 处有拐点，求 a 值，并确定曲线的凹凸区间.

5. a,b 为何值时，点 $(1,3)$ 为曲线 $y=ax^3+bx^2$ 的拐点？

6. 求下列曲线的渐近线.

(1) $y=\frac{1}{x^2-4x+5}$；　(2) $y=\frac{1}{(x+2)^3}$；

(3) $y=e^{\frac{1}{x}}-1$；　(4) $y=x^2+\frac{1}{x}$.

7. 作下列函数的图形.

(1) $y=x^3+3x+1$；　(2) $f(x)=\frac{x}{1+x^2}$；

(3) $f(x)=\frac{4(x+1)}{x^2}-2$；　(4) $y=\frac{x}{x^2-1}$.

第四节　洛必达法则

我们已经掌握了求函数极限的几种方法，但常常会遇到“$\frac{0}{0}$”型或“$\frac{\infty}{\infty}$”型的情形，不能直接运用四则运算法则求极限，一般要对其进行适当的变换、化简，使其满足四则运算的条件，再求极限. 变换、化简有时很麻烦，甚至无法化简.

如果 $x\to x_0$(或 $x\to\infty$)时，两个函数 $f(x)$ 和 $g(x)$ 都趋于零或趋于无穷大，那么极限 $\lim\limits_{\substack{x\to x_0\\(x\to\infty)}}\frac{f(x)}{g(x)}$ 可能存在，也可能不存在. 通常把这种极限叫做未定式，并分别记为“$\frac{0}{0}$”或“$\frac{\infty}{\infty}$”.

如$\lim\limits_{x\to 0}\dfrac{\sin x}{x}$就是未定式"$\dfrac{0}{0}$"型的一个例子.本节将讨论这类极限的有效方法——**洛必达法则**.

一、$\dfrac{0}{0}$型未定式的极限

定理1 (洛必达法则1)设函数$f(x)$、$g(x)$满足下列条件:

(1)$\lim\limits_{x\to x_0}f(x)=0$,$\lim\limits_{x\to x_0}g(x)=0$;

(2)$f(x)$与$g(x)$在x_0的某一去心邻域内可导,且$g'(x)\neq 0$;

(3)$\lim\limits_{x\to x_0}\dfrac{f'(x)}{g'(x)}$存在(或为无穷大),则$\lim\limits_{x\to x_0}\dfrac{f(x)}{g(x)}=\lim\limits_{x\to x_0}\dfrac{f'(x)}{g'(x)}$.

说明:(1)当$x\to x_0$改为$x\to\infty$时,定理仍然成立;

(2)如果$\lim\limits_{x\to x_0}\dfrac{f'(x)}{g'(x)}$仍是"$\dfrac{0}{0}$"型,而函数$f'(x)$与$g'(x)$仍满足洛必达法则条件,则可继续使用洛必达法则.

例1 计算极限$\lim\limits_{x\to 1}\dfrac{x^3-1}{x-1}$.

解 该极限属于"$\dfrac{0}{0}$"型不定式,于是由洛必达法则,得$\lim\limits_{x\to 1}\dfrac{x^3-1}{x-1}=\lim\limits_{x\to 1}\dfrac{3x^2}{1}=3$.

例2 计算极限$\lim\limits_{x\to 0}\dfrac{1-\cos x}{x^2}$.

解 该极限属于"$\dfrac{0}{0}$"型不定式,于是由洛必达法则,得

$$\lim_{x\to 0}\frac{1-\cos x}{x^2}=\lim_{x\to 0}\frac{\sin x}{2x}=\frac{1}{2}.$$

例3 计算极限$\lim\limits_{x\to+\infty}\dfrac{\dfrac{\pi}{2}-\arctan x}{\dfrac{1}{x}}$.

解 $\lim\limits_{x\to+\infty}\dfrac{\dfrac{\pi}{2}-\arctan x}{\dfrac{1}{x}}=\lim\limits_{x\to+\infty}\dfrac{-\dfrac{1}{1+x^2}}{-\dfrac{1}{x^2}}=\lim\limits_{x\to+\infty}\dfrac{x^2}{1+x^2}=1$.

例4 计算极限$\lim\limits_{x\to 2}\dfrac{x^3-12x+16}{x^3-2x^2-4x+8}$.

解 由洛必达法则,得

$$\lim_{x\to 2}\frac{x^3-12x+16}{x^3-2x^2-4x+8}=\lim_{x\to 2}\frac{3x^2-12}{3x^2-4x-4}=\lim_{x\to 2}\frac{6x}{6x-4}=\frac{3}{2}.$$

二、$\dfrac{\infty}{\infty}$型未定式的极限

定理2 (洛必达法则2)设函数$f(x)$、$g(x)$满足下列条件:

(1)$\lim\limits_{x\to x_0}f(x)=\infty$,$\lim\limits_{x\to x_0}g(x)=\infty$;

(2)$f(x)$与$g(x)$在x_0的某一去心邻域内可导,且$g'(x)\neq 0$;

(3) $\lim\limits_{x\to x_0}\dfrac{f'(x)}{g'(x)}$存在(或为无穷大),则$\lim\limits_{x\to x_0}\dfrac{f(x)}{g(x)}=\lim\limits_{x\to x_0}\dfrac{f(x)}{g(x)}=\lim\limits_{x\to x_0}\dfrac{f'(x)}{g'(x)}$.

说明:(1)当 $x\to x_0$ 改为 $x\to\infty$ 时,定理仍然成立;

(2)如果$\lim\limits_{x\to x_0}\dfrac{f'(x)}{g'(x)}$仍是"$\dfrac{\infty}{\infty}$"型,而函数 $f'(x)$与 $g'(x)$仍满足洛必达法则条件,则可继续使用洛必达法则.

例 5 计算极限 $\lim\limits_{x\to+\infty}\dfrac{2x}{e^x}$.

解 此极限满足洛必达法则,于是得

$$\lim_{x\to+\infty}\frac{2x}{e^x}=2\lim_{x\to+\infty}\frac{1}{e^x}=0.$$

例 6 计算极限 $\lim\limits_{x\to+\infty}\dfrac{\ln^2 x}{x}$.

解 所求问题是$\dfrac{\infty}{\infty}$型未定式,连续 n 次施行洛必达法则,有

$$\lim_{x\to+\infty}\frac{\ln^2 x}{x}=\frac{\frac{2\ln x}{x}}{1}=\lim_{x\to+\infty}\frac{2\ln x}{x}=2\lim_{x\to+\infty}\frac{\frac{1}{x}}{1}=0.$$

三、其他类型未定式的极限

洛必达法则除了可以用来求"$\dfrac{0}{0}$"和"$\dfrac{\infty}{\infty}$"型未定式的极限外,还可以用来求"$0\cdot\infty$""$\infty-\infty$""0^0""∞^0""1^∞"型未定式的极限.求这些未定式极限的基本方法是:通过适当的变形,把它们化为"$\dfrac{0}{0}$"或"$\dfrac{\infty}{\infty}$"型后,再用洛必达法则来计算.

例 7 $\lim\limits_{x\to0^+}x\ln x$.

解 此题是"$0\cdot\infty$"型,将它转化为"$\dfrac{\infty}{\infty}$"型来计算

$$\lim_{x\to0^+}x\ln x=\lim_{x\to0^+}\frac{\ln x}{\frac{1}{x}}=\lim_{x\to0^+}\frac{\frac{1}{x}}{-\frac{1}{x^2}}=\lim_{x\to0^+}(-x)=0.$$

例 8 $\lim\limits_{x\to0}\left(\dfrac{1}{\sin x}-\dfrac{1}{x}\right)$.

解 此题是"$\infty-\infty$"型,可以先通分,然后再使用洛必达法则

$$\lim_{x\to0}\left(\frac{1}{\sin x}-\frac{1}{x}\right)=\lim_{x\to0}\frac{x-\sin x}{x\sin x}=\lim_{x\to0}\frac{1-\cos x}{\sin x+x\cos x}$$

$$=\lim_{x\to0}\frac{\sin x}{2\cos x-x\sin x}=0.$$

例 9 $\lim\limits_{x\to0^+}x^x$.

解 此题是"0^0"型,将它先变形,再用洛必达法则

$$\lim_{x\to0^+}x^x=\lim_{x\to0^+}e^{\ln x^x}=e^{\lim\limits_{x\to0^+}x\ln x},$$

又 $$\lim_{x\to 0^+} x\ln x=\lim_{x\to 0^+}\frac{\ln x}{\frac{1}{x}}=\lim_{x\to 0^+}\frac{\frac{1}{x}}{-\frac{1}{x^2}}=\lim_{x\to 0^+}(-x)=0,$$

所以 $$\lim_{x\to 0^+} x^x=e^0=1.$$

例 10 $\lim\limits_{x\to 0}(1-x)^{\frac{1}{x}}$.

解 此题是"1^∞"型,将它先变形,再用洛必达法则

$$\lim_{x\to 0}(1-x)^{\frac{1}{x}}=\lim_{x\to 0}e^{\frac{1}{x}\ln(1-x)},$$

又 $$\lim_{x\to 0}\frac{1}{x}\ln(1-x)=\lim_{x\to 0}\frac{\ln(1-x)}{x}=\lim_{x\to 0}\frac{\frac{-1}{1-x}}{1}=-1,$$

所以 $$\lim_{x\to 0}(1-x)^{\frac{1}{x}}=\lim_{x\to 0}e^{\frac{1}{x}\ln(1-x)}=e^{-1}.$$

说明:(1)"0^0","∞^0","1^∞"都是幂指函数型,求极限时,一般先写成对数形式后再求极限;

(2)洛必达法则是求未定式极限的一种方法,当定理条件满足时,所求极限当然存在(或为∞),但当定理条件不满足时,所求极限却不一定存在,此时洛必达法则失效,可应用别的方法求极限.

习题 3-4

1. 判断下列极限属何种类型未定式,并计算各式的值.

(1)$\lim\limits_{x\to 0}\frac{e^x-e^{-x}}{x}$; (2)$\lim\limits_{x\to \pi}\frac{\sin 3x}{\tan 5x}$; (3)$\lim\limits_{x\to +\infty}\frac{\ln(e^x+1)}{e^x}$.

2. 用洛必达法则求下列极限.

(1)$\lim\limits_{x\to \pi}\frac{\sin(x-\pi)}{x-\pi}$; (2)$\lim\limits_{x\to 1}\frac{\ln x}{x-1}$;

(3)$\lim\limits_{x\to 0}\frac{e^x-e^{-x}}{\sin x}$; (4)$\lim\limits_{x\to 0}\frac{x-\sin x}{x^3}$;

(5)$\lim\limits_{x\to 0}\frac{e^x-e^{-x}-2x}{x-\sin x}$; (6)$\lim\limits_{x\to \infty}\frac{\ln x}{x}$;

(7)$\lim\limits_{x\to +\infty}\frac{x^2}{e^x}$; (8)$\lim\limits_{x\to 0}\frac{\tan x-x}{x-\sin x}$;

(9)$\lim\limits_{x\to +\infty}\frac{\ln\left(1+\frac{1}{x}\right)}{\operatorname{arccot} x}$; (10)$\lim\limits_{x\to 1}\frac{x^3-3x^2+2}{x^3-x^2-x+1}$;

(11)$\lim\limits_{x\to 0^+}\left(\frac{1}{\ln x}-\frac{1}{x-1}\right)$; (12)$\lim\limits_{x\to 0}\left(\frac{1}{x}-\frac{1}{e^x-1}\right)$;

(13)$\lim\limits_{x\to 0^+} x^{\sin x}$; (14)$\lim\limits_{x\to +\infty}(\ln x)^{\frac{1}{x}}$.

※ 第五节 应用与实践三

一、应用

在经济学中,导数的应用非常广泛,下面简单介绍经济学中的常用函数、边际分析、弹性分

析以及导数在经济学中的应用.

(一)边际与弹性

定义 1　设函数 $y=f(x)$ 在 x 处可导,则称导数 $f'(x)$ 为 $f(x)$ 的**边际函数**,$f'(x)$ 在 x_0 处的值 $f'(x_0)$ 称为**边际函数值**.

其经济意义是:在 $x=x_0$ 处,当 x 改变一个单位,函数 y 近似改变 $f'(x_0)$ 个单位.但是在应用问题中解释边际函数值的具体意义时常略去"近似"二字.

1. 成本

总成本:　生产一定数量的产品所需的全部经济资源投入的价格或费用总额,它由**固定成本**和**可变成本**两部分组成.

平均成本:生产一定数量的产品时,平均每单位产品的成本.

边际成本:总成本的变化率.

设 C 为总成本,C_0 为固定成本,C_1 为可变成本,$\overline{C}$ 为平均成本,C' 为边际成本,q 为产量,则有

总成本函数　$C=C(q)=C_0+C_1(q)$;

平均成本函数 $\overline{C}=\overline{C}(q)=\dfrac{C(q)}{q}=\dfrac{C_0(q)}{q}+\dfrac{C_1(q)}{q}$;

边际成本函数　$C'=C'(q)$.

边际成本

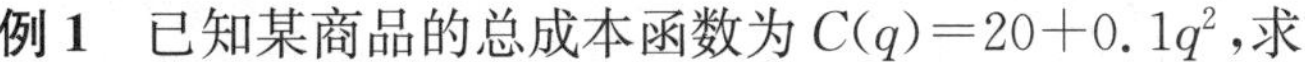

例 1　已知某商品的总成本函数为 $C(q)=20+0.1q^2$,求

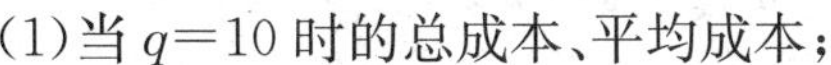

(1)当 $q=10$ 时的总成本、平均成本;

(2)当 $q=10$ 时的边际成本,并解释其经济意义.

解　(1)当 $q=10$ 时,

总成本为:$C(10)=20+0.1q^2=20+0.1\cdot(10)^2=30$,

平均成本为:$\overline{C}=\overline{C}(10)=\dfrac{C(10)}{10}=\dfrac{30}{10}=3$.

(2)边际成本函数为　$C'(q)=(20+0.1q^2)'=0.2q$,

当 $q=10$ 时的边际成本为 $C'(10)=0.2\cdot 10=2$.

它表示生产第 11 个单位产品所花费的成本为 2 个单位.

2. 收益

总收益:出售一定数量的产品所得到的全部收入.

平均收益:生产者出售一定量的产品,平均每单位产品所得到的收入.

边际收益:总收益的变化率.

设 R 为总收益,$\overline{R}$ 为平均收益,R' 为边际收益,p 为商品价格,q 为销售量,则有

总收益函数 $R=R(q)$;

平均收益函数 $\overline{R}=\overline{R}(q)=\dfrac{R(q)}{q}$;

边际收益函数 $R'=R'(q)$;

收益与商品价格的关系 $R=p\cdot q$

例 2　设某产品的价格与销售量的关系为:$p=10-\dfrac{q}{5}$,求销售量为 30 时的总收益、平均收益、边际收益.

解 总收益为 $R(q)=30\cdot\left(10-\frac{30}{5}\right)=120$，

平均收益为 $\bar{R}(q)=\frac{R(q)}{q}=\frac{120}{30}=4$，

边际收益为 $R'=R'(q)=\left[q\left(10-\frac{q}{5}\right)\right]'=10-\frac{2}{5}q=10-\frac{2}{5}\cdot 30=-2$.

3. 利润

总利润：总收益与成本之差.

设 L 表示产量为 x 个单位时的总利润，$R(q)$ 表示销售量为 q 时的总收益函数，$C(x)$ 为总成本，则 $L=R(q)-C(q)$.

下面讨论最大利润原则：

假设产量 x 等于销售量 q，则总利润就是变量 q 的函数，即 $L=R(q)-C(q)$，那么边际利润 $L'(q)=R'(q)-C'(q)$.

$L(q)$ 取得最大值的必要条件为 $L'(q)=0$，即 $R'(q)=C'(q)$，即总利润函数取得最大值的必要条件是：边际成本等于边际收益.

$L(q)$ 取得最大值的充分条件为 $L''(q)<0$，即 $R''(q)<C''(q)$，即总利润函数取得最大值的充分条件是：边际成本变化率大于边际收益变化率.

例 3 某工厂生产某产品，年产量为 q（单位：台），其中固定成本为 20 000 元，每生产 1 台，成本增加 100 元，总收益 R 是 q 的函数：

$$R=R(q)=\begin{cases}400q-\frac{1}{2}q^2, & 0\leqslant q\leqslant 400,\\ 80\,000, & q>400.\end{cases}$$

问每年生产多少台，能使利润 L 最大？

解 总成本函数 $C(q)=20\,000+100q$，则总利润函数为

$$L=R(q)-C(q)=\begin{cases}300q-\frac{1}{2}q^2-20\,000, & 0\leqslant q\leqslant 400,\\ 60\,000-100q, & q>400,\end{cases}$$

求导得

$$L'(q)=\begin{cases}300-q, & 0\leqslant q\leqslant 400,\\ -100, & q>400.\end{cases}$$

令 $L'(q)=0$ 得 $q=300$. 因为 $L''(300)<0$，所以 $L(300)=25\,000$ 为极大值，也就是最大值. 所以每年生产 300 台时总利润最大，此时最大利润为 25 000 元.

4. 弹性

(1) 函数 $y=f(x)$ 的弹性函数，记作 E_x

$$E_x=\lim_{\Delta x\to 0}\frac{\frac{\Delta y}{y}}{\frac{\Delta x}{x}}=y'\cdot\frac{x}{y}\text{ 或 }E_x=\lim_{\Delta x\to 0}\frac{\frac{f(x+\Delta x)-f(x)}{f(x)}}{\frac{\Delta x}{x}}=f'(x)\cdot\frac{x}{f(x)}$$

即

$$E_x=y'\cdot\frac{x}{y}\text{ 或 }E_x=f'(x)\cdot\frac{x}{f(x)}$$

(2) 函数 $y=f(x)$ 在点 x_0 处的弹性，记作 $E_{x=x_0}$

$$E_{x=x_0}=f'(x)\left.\frac{x}{f(x)}\right|_{x=x_0}$$

函数 $y=f(x)$在点 x 处的弹性E_x 反映了随着 x 的变化，函数 $f(x)$的变化幅度的大小，也就是 $f(x)$对 x 的变化反应的强烈程度或灵敏度。

(3)需求弹性

需求弹性 E_p 表示某种商品需求量对价格 p 变化的敏感程度。

经济意义：当某种商品价格下降(或上升)1%时，需求量将增加(或减少)$|E_p|$%.

当 $E_p=-1$ 时为单位弹性；当 $E_p<-1$ 时为富有弹性；当 $-1<E_p<0$ 时为缺乏弹性.

例 4　某商品需求函数 $Q=\dfrac{1\,200}{P}$，求 $P=30$ 的需求弹性.

$$E_{P=30}=Q'(P)\frac{P}{Q(P)}\bigg|_{P=30}=-\frac{1\,200}{P^2}\cdot\frac{P}{\dfrac{1\,200}{P}}\Bigg|_{P=30}=-1$$

(二) 最大输出功率

例 5　设在如图 3—15 所示的电路中，电源电动势为 E，内阻 r(E 与 r 均为常量)，问负载电阻 R 多大时，才能使输出功率 P 最大?

解　由电学知识可知，消耗在负载电阻 R 上的功率为

$$P=I^2R=\left(\frac{E}{R+r}\right)^2R,\quad (R>0).$$

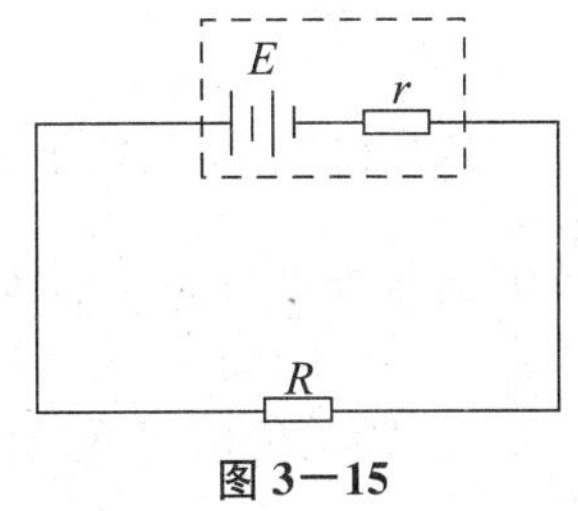

图 3—15

上式 P 对 R 求导得

$$\frac{\mathrm{d}P}{\mathrm{d}R}=\frac{E^2}{(R+r)^2}-\frac{2E^2R}{(R+r)^3}=\frac{E^2R+E^2r-2E^2R}{(R+r)^3},$$

令$\dfrac{\mathrm{d}P}{\mathrm{d}R}=0$，解得唯一驻点 $R=r$.

由于此闭合电路的最大输出功率一定存在，且在$(0,+\infty)$内部取得，所以必在 P 的唯一驻点 $R=r$ 处取得.

因此，当 $R=r$ 时，输出功率最大为 $P=\dfrac{E^2}{4r}$.

(三)照度问题

例 6　设圆桌面的半径为 a，应该在圆桌面中央上方多高的地方安置电灯，才可使桌子边缘上的照度最大?

解　由物理学知识可知，照度 $I=k\dfrac{\sin\varphi}{r^2}$(其中：$\varphi$ 为光线倾斜的角度，r 为光源与被照处的距离，k 为光源强度).

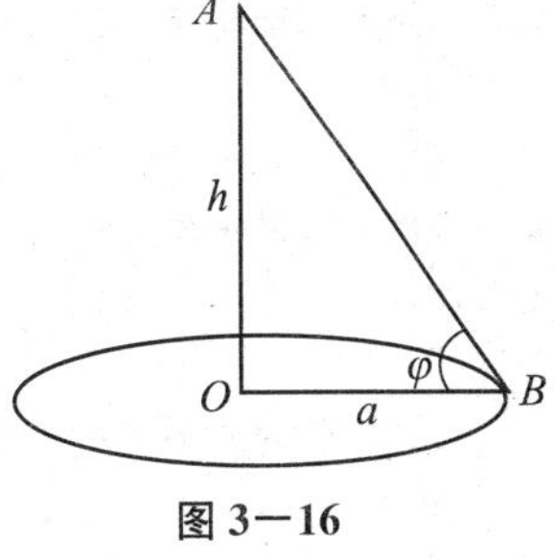

图 3—16

由图 3—16 所示，$I=k\dfrac{\sin\varphi}{r^2}=k\dfrac{\sqrt{r^2-a^2}}{r^3}=k\sqrt{\dfrac{r^2-a^2}{r^6}}$.

问题就是考虑函数 $f(r)=\dfrac{r^2-a^2}{r^6}=\dfrac{1}{r^4}-\dfrac{a^2}{r^6}$何时最大.

$f'(r)=-\dfrac{4}{r^5}+\dfrac{6a^2}{r^7}=\dfrac{6a^2-4r^2}{r^7}$，令 $f'(r)=0$，得驻点 $r=\sqrt{\dfrac{3}{2}}a$.

经判别可知 $f\left(\sqrt{\dfrac{3}{2}}a\right)$最大，故我们应在高 $h=\sqrt{\dfrac{3}{2}a^2-a^2}=\dfrac{a}{\sqrt{2}}$的地方安置电灯，才可使桌子边缘上的照度最大.

(四)股票曲线

例7 假设$P(t)$代表在时刻t某公司的股票价格，请根据以下叙述判定$P(t)$的一阶、二阶导数的正负号：

(1)股票价格上升得越来越慢(图3－17(a))；

(2)股票价格接近最低点；

(3)图3－17(b)所示为某种股票某天的价格走势曲线，请说明该股票当天的走势.

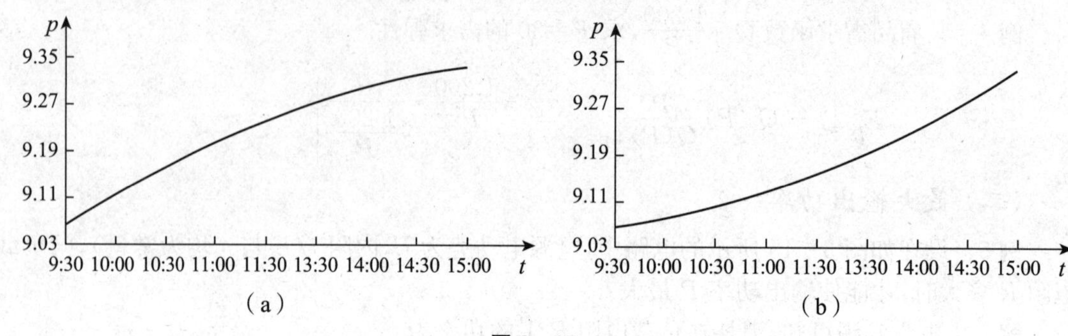

图3－17

解 (1)股票价格上升得越来越慢，一方面说明股票价格在上升，即$\frac{dP}{dt}>0$，另一方面说明上升的速度是单调减少的，即$\frac{d^2P}{dt^2}<0$.

(2)股票价格接近最低点时，应满足$\frac{dP}{dt}=0$.

(3)从价格走势曲线可以看出，此曲线是单调上升且为凹的，即$\frac{dP}{dt}>0$，且$\frac{d^2P}{dt^2}>0$. 这说明该股票当日的价格上升得越来越快.

二、实践——利用MATLAB求函数极值与解最优化问题

(一)使用MATLAB求极值

利用求导数、驻点的方法求极值点.

例8 求函数$y=2x^2$的极值.

解 输入：

```
>>dy = diff('2 * x^2',x)
dy =
4 * x
>>x0 = solve(dy)
x0 =
0
>>y = 2 * x^2;y0 = subs(y,0)
y0 =
0
```

例9 求函数$y=\frac{1}{3}x^3-4x+1$的极值.

解 输入：

```
>>dy = diff('1/3 * x^3 - 4 * x + 1',x)
```

```
dy =
x^2 - 4
>>x0 = solve(dy)
x0 =
[-2]
[2]
>>d2y = diff('1/3 * x^3 - 4 * x + 1',x,2)
d2y =
ans =
-4
>>subs(d2y,2)
ans =
4
>>y = 1/3 * x^3 - 4 * x + 1;y0 = subs(y,x0)
[19/3]
[-13/3]
```

(二)最优化问题

最优化问题求解步骤:

(1)建立目标函数(对问题建立数学模型);

(2)求驻点,若目标函数只有唯一驻点,则该点的函数值即为所求的最值.

例 10　用边长为 12 cm 的正方形铁皮做一个无盖的铁盒时,在铁皮的四角各截去一个面积相等的小正方形,然后把四边折起,问在四角截去多大的正方形,方能使所做的铁盒容积最大?

解　(1)问题假设:设截掉小正方形边长为 x,方盒容积为 y.

(2)模型建立:$y=(12-2x)^2\cdot x$

输入:

```
>>syms x
>>dy = diff('(12 - 2 * x)^2 * x',x)
dy = -4 * (12 - 2 * x) * x + (12 - 2 * x)^2
>>x0 = solve(dy)
x0 =
[2]
[6]
>>d2y = diff('(12 - 2 * x)^2 * x',x,2)
d2y =
24 * x - 96
>>subs(d2y,2)
ans =
-48
>>y = (12 - 2 * x)^2 * x;y0 = subs(y,x0)
y0
[128]
[0]
```

应用与实践三　习题

1. 设某产品生产 Q(吨)的总成本 C(元)为产量 Q 的函数，即

$$C(Q)=1\,000+7Q+50\sqrt{Q}\,(Q\in[0,1\,000]).$$

求：当产量为 100 时的总成本、平均成本、边际成本.

2. 已知某产品成本函数为 $C=C(x)=160+\frac{x^2}{2}$，求当 $x=10$ 时的总成本、平均成本、边际成本.

3. 某商品的价格 P 与需求量 x 的关系为 $P=820-\frac{x}{4}$(单位：元)，求：

(1)需求量为 80 单位时的总收入和边际收入；

(2)x 为多少时总收入最大及总收入的最大值.

4. 某工厂生产某产品，每天固定成本为 2 000 元，每多生产一件产品，成本增加 15 元. 该产品的需求函数为 $x=120-2p$(p 为价格，单位：元). 问 x 为多少时，工厂日总利润最大.

5. 某旅行社在暑假期间推出如下旅游团组团办法：达到 100 人的团体，每人收费 1 000 元. 如果团体的人数超过 100 人，那么每超过 1 人，每人平均收费降低 5 元，但团体人数不能超过 180 人，如何组团可使旅行社的收费最多？(不到 100 人不组团)

6. 用 MATLAB 求函数 $y=4x^3-3x^2-6x+1$ 的极值点与极值.

小　结

一、主要内容

1. 微分中值定理及其几何意义.
2. 函数单调性的判定、极值和最值的判定及求法.
3. 曲线的凹凸性与拐点.
4. 洛必达法则与不定式的极限.
5. 导数在研究函数特性方面的应用及函数作图.

二、应注意的问题

1. 函数的单调性与凹凸性

函数 $f(x)$的一阶导数 $f'(x)$的符号确定曲线 $y=f(x)$的单调性，二阶导数 $f''(x)$的符号确定曲线 $y=f(x)$的凹凸性. 特别注意的是，在确定增减性的分界点，函数的极值点，拐点时，一定不要忘记考虑“不可导点”.

2. 函数的极值和最值

(1)函数的极值是局部性的，最值是整体性的. 极值只能在定义区间内取得，不能在区间端点取得. 在有限区间内，最值可以在区间内取得，也可以在区间端点取得.

(2)函数的极大值未必大于极小值，而函数的最大值一定大于最小值(常函数除外).

(3)连续函数在开区间内，若只有唯一的极值，则它一定是最值；若为极小值，则此极小值就是最小值，若为极大值，则此极大值就是最大值.

(4)连续函数的极值一定在 $f'(x)=0$ 或 $f'(x)$不存在的点取得.

(5)极值点一定是驻点(对可导函数而言)；驻点可能是极值点,也可能不是极值点.

(6)判断 x_0是否为 $f(x)$的极值点,第一充分条件是最基本的方法,只有当 $f(x)$在 x_0点处二阶可导,且 $f'(x_0)=0$,$f''(x_0)\neq 0$ 时才可用第二充分条件来判断.

3. 洛必达法则

(1)洛必达法则是只针对“$\frac{0}{0}$”型或“$\frac{\infty}{\infty}$”型不定式求极限的法则.

(2)如果 $\lim\frac{f'(x)}{g'(x)}$仍是$\frac{0}{0}$型或$\frac{\infty}{\infty}$型,则可继续使用洛必达法则.

(3)如果 $\lim\frac{f'(x)}{g'(x)}$不存在且不是∞,并不表明 $\lim\frac{f(x)}{g(x)}$不存在,只表明洛必达法则失效,这时应用其他方法求解.

复习题三

1. 填空题.

(1)函数 $y=x^2$在$[0,2]$上满足拉格朗日中值定理的 $\xi=$________.

(2)若 $f(x)=1-x^{\frac{2}{3}}$,则在$(-1,1)$内,$f'(x)$恒不为 0,即 $f(x)$在$[-1,1]$上不满足罗尔定理的一个条件是________.

(3)函数 $f(x)=-x^4+2x^2$在 $x=$________处取得极小值为________.

(4)$y=x-e^x$的单调递增区间为________.

(5)若函数 $f(x)=ax^2+bx$ 在点 $x=1$ 处取极大值 2,则 $a=$________,$b=$________.

(6)$f(x)=x^4-8x^2+2$ 在区间$[-1,3]$上的最大值为________;最小值为________.

(7)曲线 $y=x^3-3x^2$的拐点坐标是________.

(8)曲线 $f(x)=\frac{e^x}{1+x}$的水平渐近线为________,垂直渐近线为________.

(9)$\lim\limits_{x\to\infty}\frac{x^2}{x+e^x}=$________.

2. 选择题.

(1)下列函数在$[1,e]$上满足拉格朗日中值定理条件的是(　　).

A. $\ln(\ln x)$　　B. $\ln x$　　C. $\frac{1}{\ln x}$　　D. $\ln(2-x)$

(2)$f(x)=x\sqrt{3-x}$在$[0,3]$上满足罗尔定理的 ξ 是(　　).

A. 0　　B. 3　　C. $\frac{3}{2}$　　D. 2

(3)函数 $y=2x+\cos x$ 的单调增加区间是(　　).

A. $(0,+\infty)$　　B. $(-\infty,0)$　　C. $(-\infty,+\infty)$　　D. $(-1,1)$

(4)函数 $f(x)=(x^2-4)^2$,则在区间$(-2,0)$和$(2,+\infty)$内,$f(x)$分别为(　　).

A. 单调递增,单调递增　　B. 单调递增,单调递减

C. 单调递减,单调递增　　D. 单调递减,单调递减

(5)设 $f(x)=x^4-2x^2+5$,则 $f(0)$为 $f(x)$在区间$[-2,2]$上的(　　).

A. 极小值　　B. 最小值　　C. 极大值　　D. 最大值

(6)函数 $y=ax^2+b$ 在区间$(0,+\infty)$内单调增加,则 a、b 应满足(　　).

A. $a<0$ 且 $b=0$　　B. $a>0$,b 可为任意常数

C. $a<0$ 且 $b\neq 0$　　D. 无法说清 a、b 的规律

(7)设函数 $f(x)=(x-1)^{\frac{2}{3}}$,则点 $x=1$ 是 $f(x)$的(　　).

A. 间断点　　B. 可导点　　C. 驻点　　D. 极值点

(8)$f'(x_0)=0$,$f''(x_0)>0$ 是函数 $y=f(x)$在点 x_0 处取得极值的(　　).

A. 必要条件　　B. 充分条件　　C. 充要条件　　D. 无关条件

(9)曲线 $y=(x-1)^2(x-2)^2$ 的拐点个数为(　　).

A. 0　　B. 1　　C. 2　　D. 3

3. 求下列极限.

(1)$\lim\limits_{x\to 3}\dfrac{x^3-9x}{x^3-4x^2+3x}$;　　(2)$\lim\limits_{x\to 0}\dfrac{e^x-1}{x^2-x}$;

(3)$\lim\limits_{x\to\infty}\dfrac{\ln(1+3x^2)}{\ln(3+x^2)}$;　　(4)$\lim\limits_{x\to 1}\left(\dfrac{2}{x^2-1}-\dfrac{1}{x-1}\right)$;

(5)$\lim\limits_{x\to 0}\left(\dfrac{1}{x}-\dfrac{1}{\ln(1+x)}\right)$;　　(6)$\lim\limits_{x\to 0}\dfrac{\tan x-x}{x-\sin x}$.

4. 解答题.

(1)求函数 $y=(x+1)^{\frac{2}{3}}(x-5)^2$ 的单调区间和极值.

(2)求函数 $y=e^{-x}(x+1)$在区间$[1,3]$上的最大值和最小值.

(3)求函数 $y=(x+2)^6+2x+2$ 的凹凸区间和拐点.

(4)已知点(1,3)为曲线 $y=x^3+ax^2+bx+14$ 的拐点,试求 a、b 的值.

(5)已知矩形的周长为 24,将它绕一边旋转成一立体,问矩形的长、宽各为多少时,所得立体体积最大?

(6)某旅行社举办风景区旅游团,若每团人数不超过 30 人,飞机票每张收费 900 元;若每团人数多于 30 人,则给予优惠,每多一人每张机票减少 10 元,直至每张机票降到 450 元为止.每团乘飞机,旅行社需付给航空公司包机费 15 000 元.问每团人数多少时,旅行社可获最大利润?最大利润为多少?

中国古典数学理论奠基者之一刘徽

说起三国时期,因为《三国演义》的原因我们更多的将目光放在了关于乱世的征战厮杀上,所以对于文化方面的发展却少有人知。其实在三国时期文化的发展也并没有停滞不前。在文学上有三曹,有建安七子;在工艺上有马钧,浦元;而在数学上更是出现了一位堪称数学史上里程碑一样的人物,他就是魏晋时期最伟大的数学家——刘徽。

刘徽,魏晋时期伟大的数学家,中国古典数学理论的奠基人之一,主要代表作有《九章算术注》和《海岛算经》,他是世界上最早提出十进小数概念的人,在代数方面刘徽提出了正负数的概念及其加减运算的准则,在几何方面

提出了著名的割圆术，并利用割圆术科学地求出了圆周率等于3.1416的结果。此外刘徽在中国数学史上第一次提出了不定方程问题，并提出了如幂、方程、正负数等诸多数学概念，因为他的巨大成就，很多人把他称为“中国数学史上的牛顿”。

刘徽在历史上对于数学方面的贡献总结起来一共有两大部分，一个是将古代的数学体系整理并总结出了基础理论；第二个则在旧的基础上开创延展出了新的发展。刘徽这个人对于名利看的很淡，一生都在追求数学的极限，凭一己之力将我国的数学推到了一个新的高度，领先了外国一千多年，称其为伟人毫不夸张。

《九章算术》约成书于东汉之初，共有246个问题的解法。在许多方面：如解联立方程，分数四则运算，正负数运算，几何图形的体积面积计算等，都属于世界先进之列。刘徽在曹魏景元四年注《九章算术注》。因《九章算术》解法比较原始，缺乏必要的证明，刘徽则对此均作了补充证明。在这些证明中，显示了他在众多方面的创造性贡献。

刘徽是世界上最早提出十进小数概念的人，并用十进小数来表示无理数的立方根。

在代数方面，刘徽正确地提出了正负数的概念及其加减运算的法则，改进了线性方程组的解法。

在几何方面，刘徽提出了"割圆术"，即将圆周用内接或外切正多边形穷竭的一种求圆面积和圆周长的方法。他利用割圆术科学地求出了圆周率$\pi\approx3.141\,6$的结果。他用割圆术，从直径为2尺的圆内接正六边形开始割圆，依次得正12边形、正24边形……，割得越细，正多边形面积和圆面积之差越小，用他的原话说是“割之弥细，所失弥少，割之又割，以至于不可割，则与圆周合体而无所失矣。”这可视为中国古代极限观念的佳作。他计算了3 072边形面积并验证了这个值。刘徽提出的计算圆周率的科学方法，奠定了此后千余年来中国圆周率计算在世界上的领先地位。

刘徽在数学上的贡献极多，在开方不尽的问题中提出“求徽数”的思想，这方法与后来求无理根的近似值的方法一致，它不仅是圆周率精确计算的必要条件，而且促进了十进小数的产生；在线性方程组解法中，他创造了比直除法更简便的互乘相消法，与现今解法基本一致；并在中国数学史上第一次提出了“不定方程问题”；他还建立了等差级数前n项和公式；提出并定义了许多数学概念：如幂(面积)；方程(线性方程组)；正负数等等。

刘徽还提出了许多公认正确的判断作为证明的前提.他的大多数推理、证明都合乎逻辑，十分严谨，从而把《九章算术》及他自己提出的解法、公式建立在必然性的基础之上。虽然刘徽没有写出自成体系的著作，但注《九章算术》所运用的数学知识，实际上已经形成了一个独具特色、包括概念和判断、并以数学证明为其联系纽带的理论体系。

《海岛算经》一书中，刘徽精心选编了九个测量问题，这些题目的创造性、复杂性和富有代表性，都在当时为西方所瞩目。刘徽思想敏捷，方法灵活，既提倡推理又主张直观。他是我国最早明确主张用逻辑推理的方式来论证数学命题的人。

刘徽思想敏捷，方法灵活，既提倡推理又主张直观。他是中国最早明确主张用逻辑推理的方式来论证数学命题的人。刘徽的一生是为数学刻苦探求的一生。他虽然地位低下，但人格高尚。他不是沽名钓誉的庸人，而是学而不厌的伟人，他给我们中华民族留下了宝贵的财富。2021年5月，国际天文学联合会(IAU)批准中国在嫦娥五号降落地点附近月球地貌的命名，刘徽(liuhui)为八个地貌地名之一。

模块四　一元函数积分学

【学习目标】

☆ 理解不定积分和定积分的概念,掌握其性质,熟练掌握基本积分公式及计算方法.
☆ 理解积分上限函数定义及求导数定理.
☆ 能熟练地应用牛顿—莱布尼茨公式计算定积分.
☆ 了解广义积分的概念,了解广义积分在实际中的应用.
☆ 理解并掌握"分割、近似替代、求和、取极限"求曲边梯形面积的思想方法.
☆ 理解定积分在几何、物理及经济学中的应用.
☆ 会用 *MATLAB* 计算积分.
☆ 从解决实际问题的案例入手,让学生明确微积分"以直代曲"的思想,培养学生分析解决问题能力,促进辩证思维的发展.

【引例】污染问题

某工厂排出大量废气,造成了严重空气污染,于是工厂通过减产来控制废气的排放量.若第 t 年废气的排放量为 $C(t)=\frac{20ln(t+1)}{(t+1)^2}$,求该厂在 t=0 到 t=5 年间的总排气量.

解决这类问题需要用到有关积分的知识,积分是微分的逆运算.本模块主要讨论与它相反的问题,即已知一个函数的导数或微分,如何去寻求原来的函数,这就是积分学所要研究的问题.一元函数积分学包括两部分,即不定积分和定积分.本模块主要介绍积分的概念、性质,讨论积分的计算,体会积分的应用.

第一节　不定积分的概念与性质

一、原函数与不定积分

1. 原函数

问题研究:一条曲线经过原点,且它在任意点处的切线的斜率为 $2x$,求这条曲线的方程.

分析:设所求的曲线为 $y=F(x)$,由导数的几何意义可知,所求曲线方程应满足 $F'(x)=2x$.因为 $(x^2)'=2x$,所以 $F(x)=x^2$ 满足上述要求.

同时我们也注意到,对于任意常数 C,$F(x)=x^2+C$ 在任一点 x 处的切线斜率也是 $2x$.由于曲线经过原点,所以 $C=0$.故所有曲线的方程为 $F(x)=x^2$.

上述问题,抽掉其实际意义,实质就是已知一个函数的导数,求原来这个函数.即已知 $F'(x)=f(x)$,求 $F(x)$.

定义 1　设 $f(x)$ 是定义在某区间上的函数,如果存在一个函数 $F(x)$,对该区间的每一点 x 都有 $F'(x)=f(x)$ 或 $dF(x)=f(x)dx$ 成立,那么函数 $F(x)$ 就叫做 $f(x)$ 在该区间上的**一个原函数**.

例如,因 $(\cos x)'=-\sin x$,故 $\cos x$ 是 $-\sin x$ 在 $(-\infty,+\infty)$ 内的一个原函数.不仅如此

$(\cos x+2)'$，$(\cos x+\sqrt{3})'$，$(\cos x+C)'$等都是$-\sin x$在$(-\infty,+\infty)$内的原函数. 那么函数$f(x)$如果有原函数，会有多少个呢？

定理　如果函数$f(x)$有原函数，那么它就有无穷多个原函数，并且任意两个原函数之间仅差一个任意常数.

证：设$F(x)$，$G(x)$都是$f(x)$的原函数，即$F'(x)=f(x)$，$G'(x)=f(x)$

所以 $$[F(x)-G(x)]'=G'(x)-F'(x)=f(x)-f(x)=0.$$

由导数恒为零的函数必为常数可知，$F(x)-G(x)=C$，即$G(x)=F(x)+C$.

关于原函数的两点说明

(1)原函数的存在问题：如果函数$f(x)$在某区间内连续，那么它的原函数一定存在.

(2)原函数的一般表达式：若$F(x)$是$f(x)$的一个原函数，则$F(x)+C$是$f(x)$的全部原函数，其中C为任意常数.

2. 不定积分

定义 2　把函数$f(x)$的全部原函数$F(x)+C$叫做$f(x)$的不定积分，记作$\int f(x)\mathrm{d}x$，即

$$\int f(x)\mathrm{d}x = F(x)+C,$$

其中，记号"$\int$"称为**积分号**，$f(x)$称为**被积函数**，$f(x)\mathrm{d}x$称为**被积表达式**，x为**积分变量**，C为**积分常数**.

由前面原函数的结论知，求函数$f(x)$的不定积分，只需求出$f(x)$的一个原函数再加上积分常数C. 因此前面的原函数的问题若表示为求不定积分，则为

$$\int -\sin x\mathrm{d}x = \cos x + C.$$

例 1　求$\int \cos x\mathrm{d}x$.

解　因为$(\sin x)' = \cos x$，所以$\int \cos x\mathrm{d}x = \sin x + C$.

例 2　求$\int x^2\mathrm{d}x$.

解　因为　$\left(\dfrac{x^3}{3}\right)'=x^2$，所以$\dfrac{x^3}{3}$是$x^2$的一个原函数.

因此　$$\int x^2\mathrm{d}x = \frac{x^3}{3}+C.$$

3. 不定积分的几何意义

若$y=F(x)$是$f(x)$的一个原函数，则称$y=F(x)$的图像是$f(x)$的一条积分曲线. 由$\int f(x)\mathrm{d}x = F(x)+C$可知，$f(x)$的不定积分是一族积分曲线，称为**积分曲线族**(如图4—1所示). 每条积分曲线横坐标相同的点处切线的斜率相等，都等于$f(x)$，从而使横坐标相等的相应点处切线相互平行.

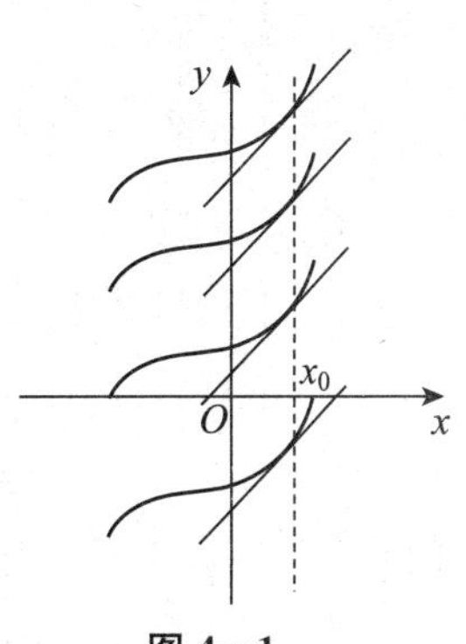

图 4—1

例 3　求过(1,2)点，斜率为$2x$的曲线方程.

解　设所求的曲线方程为$y=f(x)$，由已知

$$\frac{\mathrm{d}y}{\mathrm{d}x}=2x，故\ y=\int 2x\mathrm{d}x = x^2+C.$$

又因为曲线过(1,2)点，所以将(1,2)点代入上式得 $2=1^2+C$. 从而 $C=1$，所以所求曲线方程是 $y=x^2+1$.

二、不定积分的性质

性质 1

(1) $\left[\int f(x)\mathrm{d}x\right]' = f(x)$，或 $\mathrm{d}\left[\int f(x)\mathrm{d}x\right] = f(x)\mathrm{d}x$；

(2) $\int F'(x)\mathrm{d}x = F(x)+C$ 或 $\int \mathrm{d}F(x) = F(x)+C$.

上述性质说明，求导(或微分)运算与求不定积分运算是互逆的. 两种运算可互相抵消，或互相抵消后差一个常数.

性质 2 函数代数和的不定积分等于各个函数的不定积分的代数和，即

$$\int [f(x)\pm g(x)]\mathrm{d}x = \int f(x)\mathrm{d}x \pm \int g(x)\mathrm{d}x.$$

该结论可以推广到任意有限多个函数的代数和的情形，即

$$\int [f_1(x)\pm f_2(x)\pm\cdots\pm f_n(x)]\mathrm{d}x = \int f_1(x)\mathrm{d}x \pm \int f_2(x)\mathrm{d}x \pm\cdots\pm \int f_n(x)\mathrm{d}x.$$

性质 3 被积函数中不为零的常数因子可以提到积分号外面来，即

$$\int kf(x)\mathrm{d}x = k\int f(x)\mathrm{d}x (k\text{ 为常数且 } k\neq 0).$$

性质 2 和性质 3 合在一起叫做**线性性质**，也就是

$$\int [k_1 f(x)\pm k_2 g(x)]\mathrm{d}x = k_1\int f(x)\mathrm{d}x \pm k_2\int g(x)\mathrm{d}x.$$

习题 4—1

1. 求下列函数的一个原函数.

(1) $f(x)=x^3$； (2) $f(x)=\cos x+4x^3$；

(3) $f(x)=\sec^2 x$； (4) $f(x)=\dfrac{1}{1+x^2}$.

2. 验证下列各式.

(1) $\int (3x^2+2x+2)\mathrm{d}x = x^3+x^2+2x+C$；

(2) $\int \cos^2 x\mathrm{d}x = \dfrac{1}{2}x+\dfrac{1}{4}\sin 2x+C$.

3. 选择题.

(1)下列等式中成立的是( ).

A. $\mathrm{d}\int f(x)\mathrm{d}x = f(x)$ B. $\dfrac{\mathrm{d}}{\mathrm{d}x}\int f(x)\mathrm{d}x = f(x)\mathrm{d}x$

C. $\dfrac{\mathrm{d}}{\mathrm{d}x}\int f(x)\mathrm{d}x = f(x)+c$ D. $\mathrm{d}\int f(x)\mathrm{d}x = f(x)\mathrm{d}x$

(2)在区间 (a,b) 内，如果 $f'(x)=g'(x)$，则下列各式中一定成立的是( ).

A. $f(x)=g(x)$ B. $f(x)=g(x)+1$

C. $(\int f(x)\mathrm{d}x)' = (\int g(x)\mathrm{d}x)'$　　D. $\int f'(x)\mathrm{d}x = \int g'(x)\mathrm{d}x$

(3)设 $f(x) = \dfrac{\sin x}{x}$,则$(\int f(x)\mathrm{d}x)' = ($　　$)$.

A. $\dfrac{\cos x}{x}$　　B. $\dfrac{\sin x}{x}$　　C. $\dfrac{\cos x}{x}+C$　　D. $\dfrac{\sin x}{x}+C$

4. 填空题.

(1)函数 $F(x)$是 $f(x)$在区间上 I 的原函数,则 $F(x)$与 $f(x)$必满足________.

(2) 若$\int f(x)\mathrm{d}x = 2^x + \sin x + C$,则 $f(x) =$ ________.

(3) 若 $f(x)$ 的一个原函数为 $\sin x$,$\int f'(x)\mathrm{d}x =$ ________.

5. 已知 $f'(x)=1+x^2$,且 $f(0)=1$,求 $f(x)$.

6. 已知平面曲线 $y=F(x)$上任一点 $M(x,y)$处的切线斜率为 $k=4x^3-1$,且曲线经过点 $P(1,3)$,求该曲线的方程.

7. 设作直线运动的物体的运动速度为 $v=3t^2$,且当 $t=0$ 时,$s=2$,求运动规律 $s=s(t)$.

第二节　不定积分计算

一、直接积分法

1. 基本积分公式

(1) $\int k\mathrm{d}x = kx + C$($k$ 是常数)

(2) $\int x^\mu \mathrm{d}x = \dfrac{1}{\mu+1}x^{\mu+1} + C(\mu \neq -1)$

(3) $\int \dfrac{1}{x}\mathrm{d}x = \ln|x| + C$

(4) $\int a^x \mathrm{d}x = \dfrac{a^x}{\ln a} + C$

(5) $\int \mathrm{e}^x \mathrm{d}x = \mathrm{e}^x + C$

(6) $\int \sin x\mathrm{d}x = -\cos x + C$

(7) $\int \cos x\mathrm{d}x = \sin x + C$

(8) $\int \dfrac{1}{\cos^2 x}\mathrm{d}x = \int \sec^2 x\mathrm{d}x = \tan x + C$

(9) $\int \dfrac{1}{\sin^2 x}\mathrm{d}x = \int \csc^2 x\mathrm{d}x = -\cot x + C$

(10) $\int \sec x\tan x\mathrm{d}x = \sec x + C$

(11) $\int \dfrac{1}{1+x^2}\mathrm{d}x = \arctan x + C$

(12) $\int \dfrac{1}{\sqrt{1-x^2}}\mathrm{d}x = \arcsin x + C$

以上公式是求积分运算的基础,一定要熟记.不仅要记住右端结果,还要熟悉左端被积函数的形式.以后我们将利用各种不同的积分方法推导出更多的积分公式.

2. 直接积分法

利用不定积分的性质和基本公式,或者先对被积函数进行适当的代数或三角恒等变形后,再利用不定积分的性质及常用的积分公式来求不定积分的方法称为**直接积分法**.用直接积分法可以计算一些较为简单的函数的不定积分.

例 1　$\int x^3(\sqrt{x}+3)\mathrm{d}x$.

解 $\int x^3(\sqrt{x}+3)\mathrm{d}x=\int(x^{\frac{7}{2}}+3x^3)\mathrm{d}x=\int x^{\frac{7}{2}}\mathrm{d}x+3\int x^3\mathrm{d}x$

$$=\frac{2}{9}x^{\frac{9}{2}}+\frac{3}{4}x^4+C.$$

解题思路:当被积函数含根式时,应将它化为 x^a 形式,再用幂函数的积分公式求不定积分.

例 2 求$\int(2\mathrm{e}^x+3\cos x)\mathrm{d}x$.

解 $\int(2\mathrm{e}^x+3\cos x)\mathrm{d}x=2\int\mathrm{e}^x\mathrm{d}x+3\int\cos x\mathrm{d}x$

$$=2\mathrm{e}^x+3\sin x+C.$$

注:(1)在分项积分后,每个不定积分的结果都含有任意常数,但由于任意常数之和仍是任意常数,因此只要总的写出一个任意常数就行了.

(2)检验积分结果是否正确,只要把结果求导,看它的导数是否等于被积函数,相等时结果是正确的,否则结果错误.

例 3 求$\int\frac{x^2-1}{x+1}\mathrm{d}x$.

解 $\int\frac{x^2-1}{x+1}\mathrm{d}x=\int(x-1)\mathrm{d}x=\int x\mathrm{d}x-\int\mathrm{d}x=\frac{1}{2}x^2-x+C.$

例 4 求$\int\frac{x^4}{1+x^2}\mathrm{d}x$.

解 $\int\frac{x^4}{1+x^2}\mathrm{d}x=\int\frac{x^4-1+1}{1+x^2}\mathrm{d}x=\int\frac{(x^2+1)(x^2-1)+1}{1+x^2}\mathrm{d}x$

$$=\int\left(x^2-1+\frac{1}{1+x^2}\right)\mathrm{d}x=\int x^2\mathrm{d}x-\int\mathrm{d}x+\int\frac{1}{1+x^2}\mathrm{d}x$$

$$=\frac{1}{3}x^3-x+\arctan x+C.$$

解题思路:设法化被积函数为和式,然后再逐项积分.

例 5 求$\int\tan^2x\mathrm{d}x$.

解 本题不能直接利用积分公式,但被积函数经过三角恒等变形化为

$$\tan^2x=\sec^2x-1,$$

所以有 $\int\tan^2x\mathrm{d}x=\int(\sec^2x-1)\mathrm{d}x=\int\sec^2x\mathrm{d}x-\int\mathrm{d}x$

$$=\tan x-x+C.$$

类似地
$$\int\cot^2x\mathrm{d}x=-\cot x-x+C.$$

例 6 求$\int\sin^2\frac{x}{2}\mathrm{d}x$.

解 本题也不能直接利用积分公式,但被积函数是正弦的偶次方,可以利用三角公式降次后再积分.

所以
$$\int\sin^2\frac{x}{2}\mathrm{d}x=\int\frac{1-\cos x}{2}\mathrm{d}x=\frac{1}{2}(x-\sin x)+C.$$

类似地
$$\int \cos^2 \frac{x}{2}\mathrm{d}x = \frac{1}{2}(x+\sin x)+C.$$

二、换元积分法

前面我们介绍了直接积分法，用直接积分法所能计算的不定积分是非常有限的，甚至连$\int \cos 2x\mathrm{d}x$这样简单的不定积分问题都不能用直接积分法求解. 为此我们还需要进一步研究不定积分的方法，最常用的积分方法是换元积分法和分部积分法. 下面介绍不定积分的换元积分法，简称换元法.

换元积分法解题的基本思想是：利用变量代换，使得被积表达式变形为基本积分表中所列积分的形式，从而计算不定积分. 换元积分法分为第一类换元积分法与第二类换元积分法.

1. 第一类换元积分法（凑微分法）

引例：求积分$\int \cos 3x\mathrm{d}x$.

在基本积分公式里，虽然有
$$\int \cos x\mathrm{d}x = \sin x + C,$$
但我们这里不能直接应用，因为被积函数 $\cos 3x$ 是 x 的复合函数. 基本积分表中没有这样的积分公式，为了套用这个公式，先作如下变形，然后进行计算.
$$\begin{aligned}\int \cos 3x\mathrm{d}x &= \frac{1}{3}\int \cos 3x\cdot \mathrm{d}(3x) \xlongequal{令 u=3x} \frac{1}{3}\int \cos u\mathrm{d}u\\ &\xlongequal{积分} \frac{1}{3}\sin u + C\\ &\xlongequal{回代 u=3x} \frac{1}{3}\sin 3x + C.\end{aligned}$$

验证$\left(\frac{1}{3}\sin 3x+C\right)'=\cos 3x$，所以$\frac{1}{3}\sin 3x+C$是 $\cos 3x$ 的原函数.

该例子的解法特点是引入新的变量 $u=3x$，从而原积分化为积分变量为 u 的积分. 所以有如下定理.

定理 1　（第一类换元积分法）　设 $f(u)$具有原函数$F(u)$（$u=\varphi(x)$，对 x 可导），则有换元公式：
$$\begin{aligned}\int g(x)\mathrm{d}x = \int f[\varphi(x)]\varphi'(x)\mathrm{d}x &\xlongequal{凑微分} \int f[\varphi(x)]\mathrm{d}\varphi(x)\\ &\xlongequal{令 u=\varphi(x)} \int f(u)\mathrm{d}u\\ &\xlongequal{积分} F(u)+C\\ &\xlongequal{回代} F[\varphi(x)]+C.\end{aligned}$$

通常把这种求不定积分的方法叫**第一类换元积分法**.

上述步骤中，关键是怎样选择适当的变量代换 $u=\varphi(x)$，将 $\varphi'(x)\mathrm{d}x$ 凑成 $\mathrm{d}[\varphi(x)]$，因此第一类换元法又叫**凑微分法**.

整体观察凑成：被积表达式前面是关于 $\varphi(x)$的一个函数，后面是关于 $\varphi(x)$的一个微分.

例 7 求$\int(2x+1)^5\mathrm{d}x$.

解 $\int(2x+1)^5\mathrm{d}x \xlongequal{\text{凑微分}} \frac{1}{2}\int(2x+1)^5\mathrm{d}(2x+1)$

$\xlongequal{\text{令 } u=2x+1} \frac{1}{2}\int u^5\mathrm{d}u$

$\xlongequal{\text{积分}} \frac{1}{12}u^6+C$

$\xlongequal{\text{回代}} \frac{1}{12}(2x+1)^6+C.$

例 8 求$\int\frac{1}{2x+1}\mathrm{d}x$.

解 $\int\frac{1}{2x+1}\mathrm{d}x=\frac{1}{2}\int\frac{1}{2x+1}\mathrm{d}(2x+1)\xlongequal{\text{令 } u=2x+1}\frac{1}{2}\int\frac{1}{u}\mathrm{d}u$

$=\frac{1}{2}\ln|u|+C=\frac{1}{2}\ln|2x+1|+C.$

例 9 $\int\frac{1}{x^2-4}\mathrm{d}x$.

解 $\int\frac{1}{x^2-4}\mathrm{d}x=\int\frac{1}{(x+2)(x-2)}\mathrm{d}x=\frac{1}{4}\int\left(\frac{1}{x-2}-\frac{1}{x+2}\right)\mathrm{d}x$

$=\frac{1}{4}[\ln(x-2)-\ln(x+2)]$

$=\frac{1}{4}\ln\left|\frac{x-2}{x+2}\right|+C.$

例 10 求$\int x\sqrt{1+x^2}\,\mathrm{d}x$.

解 $\int x\sqrt{1+x^2}\,\mathrm{d}x=\frac{1}{2}\int\sqrt{1+x^2}\,\mathrm{d}(1+x^2)=\frac{1}{2}\cdot\frac{2}{3}(1+x^2)^{\frac{3}{2}}+C=\frac{1}{3}(1+x^2)^{\frac{3}{2}}+C.$

例 11 求$\int x\mathrm{e}^{x^2}\mathrm{d}x$.

解 $\int x\mathrm{e}^{x^2}\mathrm{d}x=\frac{1}{2}\int\mathrm{e}^{x^2}\mathrm{d}(x^2)=\frac{1}{2}\mathrm{e}^{x^2}+C.$

以上几例都是直接用凑微分法求积分的，利用凑微分法时熟悉一些微分公式是非常有用的. 常用的微分公式有：(a，b 为常数，$a\neq0$)

$\mathrm{d}x=\frac{1}{a}\mathrm{d}(ax+b)$；　$x\mathrm{d}x=\frac{1}{2}\mathrm{d}(x^2)$；　$\frac{\mathrm{d}x}{\sqrt{x}}=2\mathrm{d}(\sqrt{x})$；　$\mathrm{e}^x\mathrm{d}x=\mathrm{d}(\mathrm{e}^x)$；

$\frac{1}{x}\mathrm{d}x=\mathrm{d}\ln|x|$；　$\sin x\mathrm{d}x=-\mathrm{d}(\cos x)$；　$\cos x\mathrm{d}x=\mathrm{d}(\sin x)$；　$\sec^2x\mathrm{d}x=\mathrm{d}(\tan x)$；

$\csc^2x\mathrm{d}x=-\mathrm{d}(\cot x)$；　$\frac{1}{\sqrt{1-x^2}}\mathrm{d}x=\mathrm{d}(\arcsin x)$；　$\frac{1}{1+x^2}\mathrm{d}x=\mathrm{d}(\arctan x)$.

例 12 求$\int\tan x\mathrm{d}x$.

解 $\int\tan x\mathrm{d}x=\int\frac{\sin x}{\cos x}\mathrm{d}x=-\int\frac{1}{\cos x}\mathrm{d}\cos x$

$$=-\int \frac{1}{u}\mathrm{d}u=-\ln|u|+C(u=\cos x)$$

$$=-\ln|\cos x|+C.\ 即\int \tan x\mathrm{d}x=-\ln|\cos x|+C.$$

类似地可得
$$\int \cot x\mathrm{d}x=\ln|\sin x|+C.$$

例 13　求$\int \cos^4 x\sin x\mathrm{d}x$.

解　$\int \cos^4 x\sin x\mathrm{d}x=-\int \cos^4 x\mathrm{d}\cos x=-\frac{1}{5}\cos^5 x+C.$

第一类换元法(凑微分法)在积分法中经常使用,其关键在于恰当地选择变量代换$u=\varphi(x)$,通过下面的例子进一步展示凑微分法的技巧.当运用比较熟练以后,可以不必把$u=\varphi(x)$写出来,只需默记在心里.

例 14　求$\int \frac{1}{a^2+x^2}\mathrm{d}x$.

解　$\int \frac{1}{a^2+x^2}\mathrm{d}x=\frac{1}{a^2}\int \frac{1}{1+\left(\frac{x}{a}\right)^2}\mathrm{d}x=\frac{1}{a}\int \frac{1}{1+\left(\frac{x}{a}\right)^2}\mathrm{d}\frac{x}{a}=\frac{1}{a}\arctan\frac{x}{a}+C.$

用第一类换元法求积分的关键是"凑微分",而"凑微分"形式又是很灵活的问题,一般情况下是无章可循.因此,若要熟练掌握这种积分方法,就要注意总结典型问题,多做练习,做到熟能生巧.

2. 第二类换元积分法

计算不定积分,第一换元法使用的范围相当广泛,但对于无理函数的积分,第一类换元积分法不一定能使用,一般要用到第二类换元积分法求其积分.下面介绍第二类换元积分法.

第一类换元积分法时通过选择新的积分变量$u=\varphi(x)$,将积分$\int f[\varphi(x)]\varphi'(x)\mathrm{d}x$化为$\int f(u)\mathrm{d}u$.有时我们也会遇到与此相反的情形,即$\int f(x)\mathrm{d}x$不易求出,需要适当选择变量代换$x=\varphi(t)$,将积分$\int f(x)\mathrm{d}x$化为积分$\int f[\varphi(t)]\varphi'(t)\mathrm{d}t$,把$t$作为新的积分变量,才能积出结果,这就是第二类换元积分法.

定理 2　(第二类换元积分法)　设函数$x=\varphi(t)$是单调、可导的函数,则有换元公式

$$\int f(x)\mathrm{d}x\xlongequal{令x=\varphi(t)}\int f[\varphi(t)]\varphi'(t)\mathrm{d}t$$

$$\xlongequal{化简、积分}F(t)+C$$

$$\xlongequal{回代}F[\varphi^{-1}(x)]+C.$$

其中$t=\varphi^{-1}(x)$是$x=\varphi(t)$的反函数.

这种求不定积分的方法叫做**第二类换元积分法**.

说明:令$x=\varphi(t)$应满足的要求:

(1)$x=\varphi(t)$是单调、可导的函数.

(2)把$x=\varphi(t)$代入后,能把函数中的根号去掉.

(3)为了积分后能顺利回代,所设的函数$x=\varphi(t)$要在某区间上具有反函数.

例 15　求$\int \frac{\sqrt{x}}{\sqrt{x}+1}\mathrm{d}x$.

解　设$\sqrt{x}=t$，得 $x=t^2$，$\mathrm{d}x=2t\mathrm{d}t$，

$$\begin{aligned}\int \frac{\sqrt{x}}{\sqrt{x}+1}\mathrm{d}x &= 2\int \frac{t^2}{t+1}\mathrm{d}t = 2\int \frac{t^2-1+1}{t+1}\mathrm{d}t = 2\int (t-1)\mathrm{d}t + 2\int \frac{1}{t+1}\mathrm{d}t \\ &= t^2-2t+2\ln|t+1|+C \\ &= x-2\sqrt{x}+2\ln\left|\sqrt{x}+1\right|+C.\end{aligned}$$

例 16　求$\int \sqrt{a^2-x^2}\,\mathrm{d}x\,(a>0)$.

为了消去被积函数中的根式，则要使两个量的平方差表示成另外一个量的平方，于是我们联想到可以利用有关的三角函数平方公式，故设 $x=a\sin t$，$\frac{\pi}{2}<t<\frac{\pi}{2}$如图 4—2 所示.

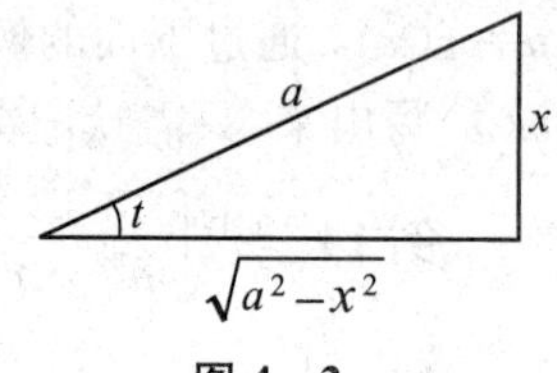

图 4—2

解　设 $x=a\sin t$，$\frac{\pi}{2}<t<\frac{\pi}{2}$，

那么　　$\sqrt{a^2-x^2}=\sqrt{a^2-a^2\sin^2 t}=a\cos t$，$\mathrm{d}x=a\cos t\mathrm{d}t$，

$$\begin{aligned}\int \sqrt{a^2-x^2}\,\mathrm{d}x &= \int a\cos t\cdot a\cos t\mathrm{d}t \\ &= a^2\int \cos^2 t\mathrm{d}t = a^2\left(\frac{1}{2}t+\frac{1}{4}\sin 2t\right)+C.\end{aligned}$$

为了把 t 代回 x，可根据 $\sin t=\frac{x}{a}$，作一个辅助三角形，以 t 作为辅助三角形的锐角，得

$$\cos t = \frac{\sqrt{a^2-x^2}}{a}.$$

因为 $t=\arcsin\frac{x}{a}$，$\sin 2t=2\sin t\cos t=2\,\frac{x}{a}\cdot\frac{\sqrt{a^2-x^2}}{a}$，所以

$$\int \sqrt{a^2-x^2}\,\mathrm{d}x = a^2\left(\frac{1}{2}t+\frac{1}{4}\sin 2t\right)+C = \frac{a^2}{2}\arcsin\frac{x}{a}+\frac{1}{2}x\sqrt{a^2-x^2}+C.$$

把 t 代回 x，一般来说有几种方法：

(1)利用解题过程中出现的结果回代；

(2)构造一个辅助的三角形回代；

(3)利用三角公式回代.

一般用第二类换元积分法求积分的被积函数类型及具体的换元方法：

(1)含有根式，且根式中变量 x 的最高次幂为 1 次，即含$\sqrt[n]{ax+b}$，令$\sqrt[n]{ax+b}=t$，解出 x 即为换元的函数.

(2)含有根式，且根式中变量 x 的最高次幂为 2 次，即含$\sqrt{a^2-x^2}$，或含$\sqrt{a^2+x^2}$或含$\sqrt{x^2-a^2}$，采用三角代换的方法.

如含$\sqrt{a^2-x^2}$，可令 $x=a\sin t$，$x\in\left(-\frac{\pi}{2},\frac{\pi}{2}\right)$或令 $x=a\cos t$，$x\in(0,\pi)$.

如含$\sqrt{a^2+x^2}$，可令 $x=a\tan t$，$x\in\left(-\frac{\pi}{2},\frac{\pi}{2}\right)$.

如含$\sqrt{x^2-a^2}$，可令$x=a\sec t, x\in\left(0,\frac{\pi}{2}\right)$.

通常，称以上代换为三角代换，它是第二类换元法的重要组成部分，但具体解题时还要分析被积函数的情况，有时可以选取更为简洁的代换，例如求$\int x\sqrt{a^2-x^2}\,\mathrm{d}x$时，利用凑微分法更为方便.

补充公式：

(13) $\int \tan x\mathrm{d}x=-\ln|\cos x|+C$　　(14) $\int \cot x\mathrm{d}x=\ln|\sin x|+C$

(15) $\int \sec x\mathrm{d}x=\ln|\sec x+\tan x|+C$　　(16) $\int \csc x\mathrm{d}x=\ln|\csc x-\cot x|+C$

(17) $\int \sin^2 x\mathrm{d}x=\frac{1}{2}x-\frac{1}{4}\sin 2x+C$　　(18) $\int \cos^2 x\mathrm{d}x=\frac{1}{2}x+\frac{1}{4}\sin 2x+C$

(19) $\int \frac{1}{a^2+x^2}\mathrm{d}x=\frac{1}{a}\arctan\frac{x}{a}+C$　　(20) $\int \frac{1}{x^2-a^2}\mathrm{d}x=\frac{1}{2a}\ln\left|\frac{x-a}{x+a}\right|+C$

(21) $\int \frac{1}{\sqrt{a^2-x^2}}\mathrm{d}x=\arcsin\frac{x}{a}+C$　　(22) $\int \frac{\mathrm{d}x}{\sqrt{x^2+a^2}}=\ln(x+\sqrt{x^2+a^2})+C$

(23) $\int \frac{\mathrm{d}x}{\sqrt{x^2-a^2}}=\ln|x+\sqrt{x^2-a^2}|+C$

三、分部积分法

换元积分法是一个很重要的积分方法，但这种方法对于求像两类不同函数的乘积等类型的积分时，比如$\int x\ln x\mathrm{d}x$、$\int x\cos x\mathrm{d}x$、$\int \mathrm{e}^x\sin x\mathrm{d}x$、$\int x\mathrm{e}^x\mathrm{d}x$，却解决不了，为此我们再介绍另外一种常用的积分方法——分部积分法.

分部积分法实际上是两类不同函数乘积的导数的逆运算.

1. 分部积分法公式

定理 3　设函数$u=u(x)$及$v=v(x)$都具有连续导数，由微分公式

$$\mathrm{d}(uv)=v\mathrm{d}u+u\mathrm{d}v,$$

移项得$u\mathrm{d}v=\mathrm{d}(uv)-v\mathrm{d}u$，

再两边积分$\int u\mathrm{d}v=uv-\int v\mathrm{d}u$，这就是**分部积分公式**.

例 17　$\int x\cos x\mathrm{d}x$.

解　若选取$u=x, \mathrm{d}v=\cos x\mathrm{d}x=\mathrm{d}(\sin x)$则

$$\int x\cos x\mathrm{d}x=\int x\mathrm{d}\sin x=x\sin x-\int \sin x\mathrm{d}x$$
$$=x\sin x+\cos x+C.$$

若选取$u=\cos x, \mathrm{d}v=x\mathrm{d}x=\mathrm{d}\left(\frac{x^2}{2}\right)$则

$$\int x\cos x\mathrm{d}x=\int \cos x\mathrm{d}\left(\frac{x^2}{2}\right)=\frac{x^2}{2}\cos x+\frac{1}{2}\int x^2\sin x\mathrm{d}x.$$

显然，上式右端的积分$\int x^2\sin x\mathrm{d}x$比原来的积分$\int x\cos x\mathrm{d}x$更难求出.

由此可见，在应用分部积分公式时，如果 u 和 $\mathrm{d}v$ 选取不恰当，就难以求出结果，所以在应用分部积分时，恰当地选择 u 和 $\mathrm{d}v$ 是关键.

2. 一般地，u 和 $\mathrm{d}v$ 选取要点：

(1) v 要容易求；

(2) $\int v\mathrm{d}u$ 比 $\int u\mathrm{d}v$ 较容易积分.

3. 一般地，使用分部积分法时，取 u 的先后顺序有一定规律

按反三角函数、对数函数、幂函数、指数函数、三角函数的顺序选取.

注：常数函数"当成"是幂函数.

例 18 $\int x\ln x\mathrm{d}x$.

解
$$\int x\ln x\mathrm{d}x=\int \ln x\mathrm{d}\left(\frac{x^2}{2}\right)=\frac{1}{2}x^2\ln x-\frac{1}{2}\int x^2\mathrm{d}(\ln x)$$
$$=\frac{1}{2}x^2\ln x-\frac{1}{2}\int x\mathrm{d}x=\frac{1}{2}x^2\ln x-\frac{1}{4}x^2+C.$$

例 19 $\int x^2\mathrm{e}^x\mathrm{d}x$.

解
$$\int x^2\mathrm{e}^x\mathrm{d}x=\int x^2\mathrm{d}\mathrm{e}^x=x^2\mathrm{e}^x-\int \mathrm{e}^x\mathrm{d}x^2$$
$$=x^2\mathrm{e}^x-2\int x\mathrm{e}^x\mathrm{d}x=x^2\mathrm{e}^x-2\int x\mathrm{d}\mathrm{e}^x.$$

再应用一次分部积分，每用一次幂指数降低一次，直到求出结果.

$$\text{原式}=x^2\mathrm{e}^x-2x\mathrm{e}^x+2\int \mathrm{e}^x\mathrm{d}x=x^2\mathrm{e}^x-2x\mathrm{e}^x+2\mathrm{e}^x+C$$
$$=\mathrm{e}^x(x^2-2x+2)+C.$$

例 20 求 $\int \mathrm{e}^x\sin x\mathrm{d}x$.

解 因为
$$\int \mathrm{e}^x\sin x\mathrm{d}x=\int \sin x\mathrm{d}\mathrm{e}^x=\mathrm{e}^x\sin x-\int \mathrm{e}^x\mathrm{d}\sin x$$
$$=\mathrm{e}^x\sin x-\int \mathrm{e}^x\cos x\mathrm{d}x=\mathrm{e}^x\sin x-\int \cos x\mathrm{d}\mathrm{e}^x$$
$$=\mathrm{e}^x\sin x-\mathrm{e}^x\cos x+\int \mathrm{e}^x\mathrm{d}\cos x$$
$$=\mathrm{e}^x\sin x-\mathrm{e}^x\cos x+\int \mathrm{e}^x\mathrm{d}\cos x$$
$$=\mathrm{e}^x\sin x-\mathrm{e}^x\cos x-\int \mathrm{e}^x\sin x\mathrm{d}x,$$

经过两次分部积分，出现与原来一样的积分，所以移项整理得

$$\int \mathrm{e}^x\sin x\mathrm{d}x=\frac{1}{2}\mathrm{e}^x(\sin x-\cos x)+C.$$

到目前为止，我们已经学习了求不定积分的三种最基本的方法，记住方法本身固然重要，但更重要的是能够灵活地运用它们求解不同类型的题目. 同时，还应注意到某些不定积分的求解需将几种方法结合在一起应用，才能奏效.

例 21 求 $\int \mathrm{e}^{\sqrt{x}}\mathrm{d}x$.

解 令 $x=t^2$，则 $\mathrm{d}x=2t\mathrm{d}t$

$$\int e^{\sqrt{x}}dx = 2\int te^t dt = 2\int t d(e^t) = 2te^t - 2\int e^t dt = 2(t-1)e^t + C$$
$$= 2(\sqrt{x}-1)e^{\sqrt{x}} + C.$$

四、积分表的使用

不定积分的计算比较灵活，计算量较大. 为了方便，往往把常用的积分公式汇集在一起，称为积分表，读者应熟记基本积分表. 另一些常用积分公式列表如下，计算有关积分时，可查表直接应用这些公式：

例 22　查表求$\int \frac{x}{(3x+4)^2}dx$.

解　被积函数含有形如 $ax+b$ 的因式，在积分表中查得公式

$$\int \frac{x}{(ax+b)^2}dx = \frac{1}{a^2}(\ln|ax+b|) + \frac{b}{ax+b} + C,$$

当 $a=3, b=4$ 时，就有

$$\int \frac{x}{(3x+4)^2}dx = \frac{1}{9}\left(\ln|3x+4| + \frac{4}{3x+4}\right) + C.$$

例 23　查表求$\int \frac{1}{5-4\cos x}dx$.

解　被积函数含有三角函数，因为 $a=5, b=-4$，且 $a^2>b^2$，选择公式

$$\int \frac{dx}{a+b\cos x} = \frac{2}{a+b}\sqrt{\frac{a+b}{a-b}}\operatorname{arccot}\left(\sqrt{\frac{a-b}{a+b}}\tan\frac{x}{2}\right) + C,$$

故
$$\int \frac{dx}{5-4\cos x} = \frac{2}{3}\operatorname{arccot}\left(3\tan\frac{x}{2}\right) + C.$$

例 24　查表求$\int \frac{dx}{x\sqrt{4x^2+9}}$.

解　这个积分在积分表中不能直接查到，若令 $u=2x$，则有

$$dx = \frac{1}{2}du, \sqrt{4x^2+9} = \sqrt{u^2+3^2}.$$

于是
$$\int \frac{dx}{x\sqrt{4x^2+9}} = \int \frac{1}{2}\frac{du}{\frac{u}{2}\sqrt{u^2+3^2}} = \int \frac{du}{u\sqrt{u^2+3^2}}.$$

被积函数中含有$\sqrt{u^2+3}$，在积分表中查到公式

$$\int \frac{dx}{x\sqrt{x^2+a^2}} = \frac{1}{a}\ln\frac{|x|}{a+\sqrt{x^2+a^2}} + C,$$

将 $u=2x$ 代入得
$$\int \frac{dx}{x\sqrt{4x^2+9}} = \frac{1}{3}\ln\frac{2|x|}{3+\sqrt{4x^2+9}} + C.$$

例 25　查表求$\int \cos^4 x dx$.

解　在积分表中查得公式$\int \cos^n x dx = \frac{\cos^{n-1}x\sin x}{n} + \frac{n-1}{n}\int \cos^{n-2}x dx$，利用此公式可使余弦的幂次减少两次，重复使用可使余弦的幂次继续减少，直到求出结果. 这个公式叫递推公式. 现在 $n=4$，于是

$$\int \cos^4 x\mathrm{d}x = \frac{\cos^3 x\sin x}{4} + \frac{3}{4}\int \cos^2 x\mathrm{d}x，而\int \cos^2 x\mathrm{d}x = \frac{x}{2} + \frac{1}{4}\sin 2x + C,$$

故
$$\int \cos^4 x\mathrm{d}x = \frac{\cos^3 x\sin x}{4} + \frac{3}{4}\left(\frac{x}{2} + \frac{1}{4}\sin 2x\right) + C.$$

一般说来，查积分表可以节省计算积分的时间，但是，只有掌握了前面学过的基本积分方法后才能灵活地使用积分表，而且有时对一些比较简单的积分，应用基本积分方法来计算比查表更快些，例如，对$\int \sin^2 x\cos^3 x\mathrm{d}x$，用凑微分 $\cos x\mathrm{d}x = \mathrm{d}\sin x$ 很快就可得到结果，所以，求积分时是直接计算，还是查表，或是两者结合使用，应该作具体分析，不能一概而论. 但是在学习高等数学的阶段，最好不要查积分表（学习本节时例外），这样有利于掌握基本积分公式和基本积分方法.

习题 4－2

1. 将适当的函数填入下面的括号，使等式成立.

(1) $5\mathrm{d}x=\mathrm{d}(\quad)$；　(2) $(\quad)\mathrm{d}x=\mathrm{d}(x^2)$；　(3) $3x^2\mathrm{d}x=\mathrm{d}(\quad)$；

(4) $(\quad)\mathrm{d}x=\mathrm{d}(\tan x)$；　(5) $\sin x\mathrm{d}x=\mathrm{d}(\quad)$；　(6) $(\quad)\mathrm{d}x=\mathrm{d}(\ln x)$；

(7) $\cos x\mathrm{d}x=\mathrm{d}(\quad)$；　(8) $\mathrm{e}^x\mathrm{d}x=\mathrm{d}(\quad)$；　(9) $-\frac{1}{x^2}\mathrm{d}x=\mathrm{d}(\quad)$.

2. 求不定积分.

(1) $\int(3x^2+2x+5)\mathrm{d}x$；　(2) $\int 2^x\mathrm{e}^x\mathrm{d}x$；　(3) $\int\left(1+\frac{2}{x}+\frac{3}{1+x^2}\right)\mathrm{d}x$；

(4) $\int(\tan^2 x+2\mathrm{e}^x)\mathrm{d}x$；　(5) $\int\frac{x^2}{1+x^2}\mathrm{d}x$；　(6) $\int\frac{\cos 2x}{\cos x-\sin x}\mathrm{d}x$.

3. 某工厂生产某商品，边际成本函数为 $c'(x)=3x^2-14x+100$，其中 x 是产量，固定成本 $c(0)=1\,000$，求成本函数.

4. 用第一类换元法求下列不定积分.

(1) $\int(1+3x)^8\mathrm{d}x$；　(2) $\int\frac{1}{1-2x}\mathrm{d}x$；　(3) $\int\sin 3x\mathrm{d}x$；

(4) $\int x\sqrt{4-x^2}\mathrm{d}x$；　(5) $\int\mathrm{e}^{-3x}\mathrm{d}x$；　(6) $\int\frac{\ln^2 x}{x}\mathrm{d}x$；

(7) $\int(2x-1)\cos(x^2-x+1)\mathrm{d}x$；　(8) $\int\frac{\sin x}{\cos^3 x}\mathrm{d}x$；　(9) $\int x\cos(x^2+1)\mathrm{d}x$；

(10) $\int\frac{\mathrm{e}^{\frac{1}{x}}}{x^2}\mathrm{d}x$；　(11) $\int\mathrm{e}^{\sin x}\cos x\mathrm{d}x$；　(12) $\int\sin^3 x\mathrm{d}x$.

5. 用第二类换元法求下列不定积分.

(1) $\int\frac{\mathrm{d}x}{1+\sqrt{x}}$；　(2) $\int\frac{\mathrm{d}x}{x\sqrt{1+x}}$；　(3) $\int\sqrt{4-x^2}\mathrm{d}x$；　(4) $\int\frac{\mathrm{d}x}{\sqrt{x^2+9}}$.

6. 用分部积分法求下列不定积分.

(1) $\int x\sin x\mathrm{d}x$；　(2) $\int x\mathrm{e}^{2x}\mathrm{d}x$；　(3) $\int x^2\ln x\mathrm{d}x$；　(4) $\int\mathrm{e}^{-x}\cos x\mathrm{d}x$.

7. 试比较下列各组中几个不定积分的积分方法.

(1) $\int\cos x\mathrm{d}x，\int\cos^2 x\mathrm{d}x，\int\cos^3 x\mathrm{d}x$；

(2) $\int \mathrm{e}^x \mathrm{d}x, \int x\mathrm{e}^x \mathrm{d}x, \int x\mathrm{e}^{x^2} \mathrm{d}x$;

(3) $\int \ln x \mathrm{d}x, \int x\ln x \mathrm{d}x, \int \frac{\ln x}{x} \mathrm{d}x, \int \frac{1}{x\ln x} \mathrm{d}x$;

(4) $\int \frac{1}{1+x^2} \mathrm{d}x, \int \frac{x}{1+x^2} \mathrm{d}x, \int \frac{x^2}{1+x^2} \mathrm{d}x, \int \frac{x^3}{1+x^2} \mathrm{d}x$.

第三节　定积分及其计算

定积分是积分学的又一个重要概念,它在几何、物理、力学、经济学等各学科中都有广泛的应用.我们先由典型实例中引入定积分的概念,然后讨论定积分的性质和计算方法,举例说明定积分在实际问题中的一些应用.

一、定积分的概念及其性质

定积分产生的实际背景

案例 1　曲边梯形的面积

在人类社会的生产活动中,人们经常遇到求不规则平面图形的面积问题,例如边界中含有曲线的平面图形.在牛顿和莱布尼茨创立微积分理论之前,该问题一直没能得到很好的解决.下面让我们来看看微积分思想又是如何来解决此难题的.

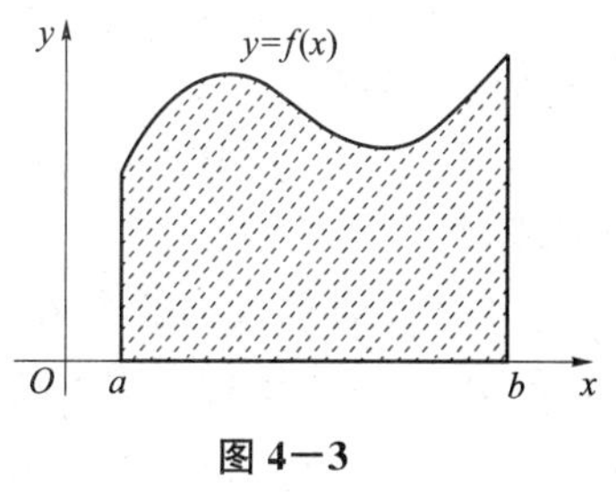

图 4—3

曲边梯形:在直角坐标系中,由闭区间$[a,b]$上的连续函数$y=f(x)(f(x)\geqslant 0)$、直线$x=a$,$x=b$及x轴所围成的平面图形称为**曲边梯形**(如图 4—3 所示).

曲边梯形面积如何计算?

设想:用矩形近似代替曲边梯形.为了减少误差,把曲边梯形分成许多小曲边梯形,并用小矩形的面积近似代替小曲边梯形的面积.这样我们就把所有这些小矩形的面积之和作为曲边梯形面积的近似值,当分割越细,所得的近似值越接近准确值,通过求小矩形面积之和的极限,就求得了曲边梯形的面积.

解决问题(思路)可分为以下四步(如图 4—4 所示):

(1)分割　在区间$[a,b]$中任意插入若干个分点

$$a = x_0 < x_1 < x_2 < \cdots < x_{n-1} < x_n = b.$$

把$[a,b]$分成n个小区间

$$[x_0,x_1],[x_1,x_2],[x_2,x_3],\cdots,[x_{n-1},x_n].$$

每个小区间的长度依次为$\Delta x_1=x_1-x_0$,$\Delta x_2=x_2-x_1$,$\cdots$,$\Delta x_i=x_i-x_{i-1}$,$\cdots$,$\Delta x_n=x_n-x_{n-1}(i=1,2,3,\cdots,n)$,经过每一个分点作平行于$y$轴的直线段,把曲边梯形分成$n$个窄曲边梯形.

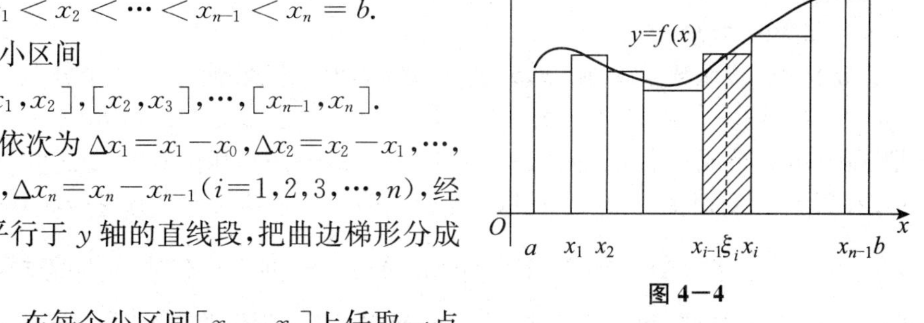

图 4—4

(2)近似替代　在每个小区间$[x_{i-1},x_i]$上任取一点ξ_i,以$[x_{i-1},x_i]$为底,$f(\xi_i)$为高的小矩形近似替代第i个窄曲边梯形$(i=1,2,\cdots,n)$,即$\Delta A_i\approx$

$f(\xi_i)\cdot\Delta x_i(i=1,2,\cdots,n)$.

(3)求和　把 n 个小矩形面积累加起来，得到的和式

$$f(\xi_1)\Delta x_1+f(\xi_2)\Delta x_2+\cdots+f(\xi_n)\Delta x_n=\sum_{i=1}^{n}f(\xi_i)\Delta x_i,$$

就是曲边梯形面积 A 的近似值，即 $A=\sum\limits_{i=1}^{n}\Delta A_i\approx\sum\limits_{i=1}^{n}f(\xi_i)\Delta x_i$.

(4)取极限　求曲边梯形的面积的精确值.

当分点个数无限增加($n\to+\infty$)，我们要求小区间长度中的最大值 $\lambda=\max\{\Delta x_1,\Delta x_2,\Delta x_3,\cdots,\Delta x_n\}\to 0$，这时和式 $\sum\limits_{i=1}^{n}f(\xi_i)\Delta x_i$ 的极限就是曲边梯形面积 A 的精确值，即

$$A=\lim_{\lambda\to 0}\sum_{i=1}^{n}f(\xi_i)\Delta x_i.$$

案例 2　变速直线运动的路程

设物体作变速直线运动，已知速度 $v=v(t)$ 是时间间隔 $[T_1,T_2]$ 上 t 的连续函数，且 $v(t)\geqslant 0$，计算在这段时间内物体所经过的路程 S.

如果质点做匀速直线运动，则路程 $S=v(T_2-T_1)$；质点作变速直线运动时，则须考虑以下方法求路程：

(1)分割　用分点 $T_1=t_0<t_1<t_2<\cdots<t_{n-1}<t_n=T_2$ 把时间间隔 $[T_1,T_2]$ 分成 n 个小时间段，每小段长为 $\Delta t_i=t_i-t_{i-1}(i=1,2,3,\cdots,n)$；

(2)近似替代　把每小段 $[t_{i-1},t_i]$ 上的运动视为匀速，任取时刻 $\xi_i\in[t_{i-1},t_i]$，作乘积 $v(\xi_i)\Delta t_i$，这小段时间所走路程 Δs_i 可以近似表示为：

$$\Delta s_i\approx v(\xi_i)\Delta t_i\quad(i=1,2,3,\cdots,n);$$

(3)求和　把 n 个小段时间上的路程相加，就得到总路程 S 的近似值，即

$$S\approx\sum_{i=1}^{n}v(\xi_i)\Delta t_i$$

(4)取极限　当 $\lambda=\max\{\Delta t_1,\Delta t_2,\cdots,\Delta t_n\}$ 趋向于零时，上述和式的极限就是 S 的精确值，即

$$S=\lim_{\lambda\to 0}\sum_{i=1}^{n}v(\xi_i)\Delta t_i.$$

从以上两个具体问题可以看到，虽然它们的实际意义不同，但所表达的数学问题却是一致的，解决问题的方法都归结为取这种特定和式的极限. 抛开这些问题的具体意义，由表达式在数量关系上的共同特性，就可以抽象出定积分的概念.

1. 定积分概念

定义 1　设函数 $f(x)$ 在 $[a,b]$ 连续，在 $[a,b]$ 中任意插入 $n-1$ 个分点

$$a=x_0<x_1<x_2<\cdots<x_{n-1}<x_n=b,$$

把区间 $[a,b]$ 分成 n 个小区间 $[x_{i-1},x_i](i=1,2,\cdots,n)$，其长度为 $\Delta x_i=x_i-x_{i-1}(i=1,2,\cdots,n)$. 在每个小区间 $[x_{i-1},x_i]$ 上任取一个点 $\xi_i(x_{i-1}<\xi_i<x_i)$ 作积 $f(\xi_i)\Delta x_i(i=1,2,3,\cdots,n)$，及和式 $S=\sum\limits_{i=1}^{n}f(\xi_i)\Delta x_i$. 如果当 $\lambda=\max\limits_{1\leqslant i\leqslant n}\{\Delta x_i\}\to 0$ 时，无论对 $[a,b]$ 怎样分法，也不论 $\xi_i\in[x_{i-1},x_i]$ 怎样选取，和式 S 总趋近一个确定的值，我们将该极限值叫做函数 $f(x)$ 在区间 $[a,b]$ 上的**定积分**，记作 $\int_a^b f(x)\mathrm{d}x$，即

$$\int_a^b f(x)\mathrm{d}x = \lim_{\lambda\to 0}\sum_{i=1}^{n} f(\xi_i)\Delta x_i,$$

其中，$f(x)$叫做被积函数，$f(x)\mathrm{d}x$ 叫做**被积表达式**，x 叫做**积分变量**，a 叫做**积分下限**，b 叫做**积分上限**，$[a,b]$叫做**积分区间**.

如果函数 $f(x)$在$[a,b]$上的定积分存在，我们就说 $f(x)$在区间$[a,b]$上可积，根据定积分的定义，上述两例分别为

曲边梯形的面积为　　$A = \int_a^b f(x)\mathrm{d}x.$

变速直线运动的路程为　　$S = \int_{T_1}^{T_2} v(t)\mathrm{d}t.$

说明：

(1) 定积分的值只与被积函数及积分区间有关，而与积分变量的记法无关，即

$$\int_a^b f(x)\mathrm{d}x = \int_a^b f(t)\mathrm{d}t = \int_a^b f(u)\mathrm{d}u.$$

(2)当函数 $f(x)$在区间$[a,b]$上满足下列条件之一时，$f(x)$在$[a,b]$上可积：

① 函数 $f(x)$在区间$[a,b]$上连续；

② 函数 $f(x)$在区间$[a,b]$上仅有有限个第一类间断点.

(3)两点补充规定：

① 积分上下限互换时，定积分变号，即

$$\int_a^b f(x)\mathrm{d}x = -\int_b^a f(x)\mathrm{d}x;$$

②
$$\int_a^a f(x)\mathrm{d}x = 0.$$

2. 定积分的几何意义

在区间$[a,b]$上，当 $f(x)\geqslant 0$ 时，定积分$\int_a^b f(x)\mathrm{d}x$ 在几何上表示由曲线 $y=f(x)$、两条直线 $x=a$，$x=b$ 与 x 轴所围成的曲边梯形的面积；当 $f(x)\leqslant 0$ 时，由曲线 $y=f(x)$、两条直线 $x=a$，$x=b$ 与 x 轴所围成的曲边梯形位于 x 轴的下方，定积分在几何上表示上述曲边梯形面积的相反数；当 $f(x)$既取得正值又取得负值时，如果我们对面积赋以正负号，在 x 轴上方的图形面积赋以正号，在 x 轴下方的图形面积赋以负号，则一般情形下，**定积分$\int_a^b f(x)\mathrm{d}x$ 就表示：它是介于 x 轴、函数 $f(x)$ 的图形及两条直线 $x=a$，$x=b$ 之间的各部分面积的代数和**(如图 4—5 所示).

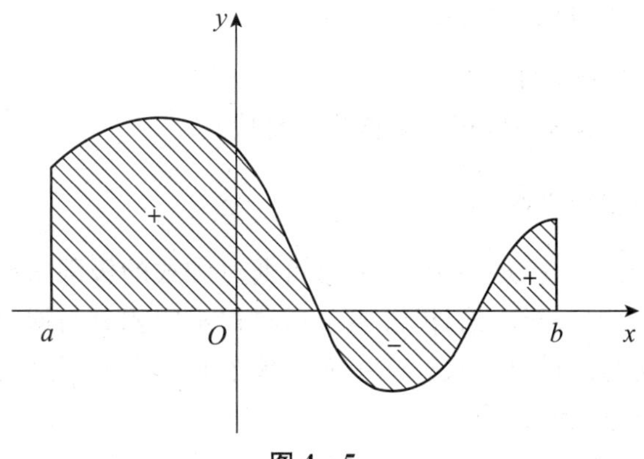

图 4—5

3. 定积分的性质

以下假设所给函数在所给出区间上都是可积的.

性质 1 被积函数的常数因子可以提到积分号外面，即

$$\int_a^b kf(x)\mathrm{d}x = k\int_a^b f(x)\mathrm{d}x \ (k \text{ 为常数}).$$

性质 2 函数的和(差)的定积分等于它们的定积分的和(差)，即

$$\int_a^b [f(x) \pm g(x)]\mathrm{d}x = \int_a^b f(x)\mathrm{d}x \pm \int_a^b g(x)\mathrm{d}x.$$

性质 1 和性质 2 可以合在一起称为线性性质.

性质 3 (定积分区间具有可加性) 如果 $a<c<b$，那么

$$\int_a^b f(x)\mathrm{d}x = \int_a^c f(x)\mathrm{d}x + \int_c^b f(x)\mathrm{d}x.$$

值得注意的是不论 a,b,c 的相对位置如何，总有等式

$$\int_a^b f(x)\mathrm{d}x = \int_a^c f(x)\mathrm{d}x + \int_c^b f(x)\mathrm{d}x \text{ 成立}.$$

性质 3 也可以推广到区间 $[a,b]$ 上有限个分点的情形.

性质 4 如果在区间 $[a,b]$ 上 $f(x)\equiv 1$，则

$$\int_a^b 1\mathrm{d}x = \int_a^b \mathrm{d}x = b-a.$$

性质 5 (保号性) 如果在区间 $[a,b]$ 上 $f(x)\leqslant g(x)$，则

$$\int_a^b f(x)\mathrm{d}x \leqslant \int_a^b g(x)\mathrm{d}x \ (a<b).$$

特别地，若 $f(x)\geqslant 0$，则

$$\int_a^b f(x)\mathrm{d}x \geqslant 0 \ (a<b).$$

性质 6 (定积分估值不等式) 设 M 及 m 分别是函数 $f(x)$ 在区间 $[a,b]$ 上的最大值最小值，则

$$m(b-a) \leqslant \int_a^b f(x)\mathrm{d}x \leqslant M(b-a) \ (a<b).$$

性质 7 (定积分中值定理) 如果函数 $f(x)$ 在闭区间 $[a,b]$ 上连续，则在积分区间 $[a,b]$ 上至少存在一个点 ξ，使下式成立：

$$\int_a^b f(x)\mathrm{d}x = f(\xi)(b-a).$$

这个公式叫做积分中值公式(如图 4—6 所示).

应注意：不论 $a<b$ 还是 $a>b$，积分中值公式都成立.

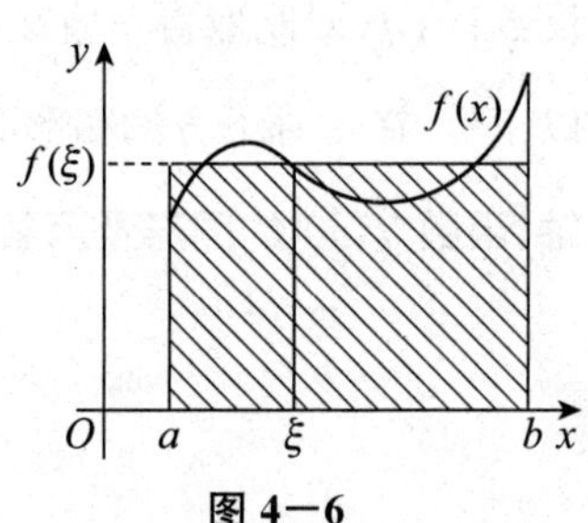

图 4—6

二、牛顿—莱布尼茨公式

前面介绍了定积分的概念，从理论上讲，总可通过和式的极限来确定定积分的值，但实际运算起来是很烦琐的，有时甚至无法计算. 本节通过揭示定积分与原函数的关系，将引出计算定积分的一个简便而可行的计算公式——牛顿—莱布尼茨公式. 为了解决这个问题，我们先来介绍积分上限函数的概念及其性质.

1. 积分上限函数及其导数

设 $f(x)$在区间$[a,b]$上连续，对任意 $x\in[a,b]$，函数 $f(x)$可积，即$\int_a^x f(x)\mathrm{d}x$ 存在. 对于$[a,b]$上的每一个值x，都有一个确定的积分值与之对应. 这里积分上限和积分变量都用 x 表示，为了便于区分，把积分变量换写为t，于是称$\Phi(x)=\int_a^x f(t)\mathrm{d}t(a\leqslant x<b)$为积分上限函数(如图 4－7 所示).

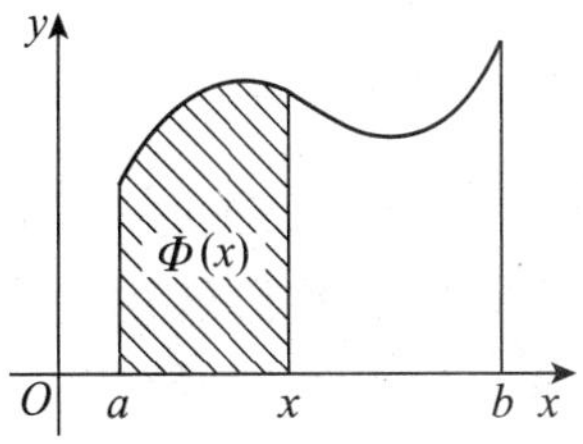

图 4—7

定理 1　如果函数 $f(x)$在区间$[a,b]$上连续，则函数 $\Phi(x)=\int_a^x f(x)\mathrm{d}x$，在$[a,b]$上可导，并且它的导数为$\Phi'(x)=\frac{\mathrm{d}}{\mathrm{d}x}\int_a^x f(t)\mathrm{d}t=f(x)(a\leqslant x<b)$. 证明略.

例 1　设 $\Phi(x)=\int_1^x \mathrm{e}^{t^2}\mathrm{d}t$，求 $\Phi'(x)$.

解　$\Phi'(x)=\frac{\mathrm{d}}{\mathrm{d}x}\int_1^x \mathrm{e}^{t^2}\mathrm{d}t=\mathrm{e}^{x^2}$.

例 2　设 $\Phi(x)=\int_{\frac{\pi}{2}}^x t\cos t\mathrm{d}t$，求 $\Phi'(x)$、$\Phi'(\pi)$.

解　$\Phi'(x)=\frac{\mathrm{d}}{\mathrm{d}x}\int_{\frac{\pi}{2}}^x t\cos t\mathrm{d}t=x\cos x$，

所以　$\Phi'(\pi)=\pi\cos\pi=-\pi$.

例 3　设 $f(t)$ 在区间$[0,+\infty)$内连续，且$\int_0^{x^2} f(t)\mathrm{d}t=x^2(1+x)$，求 $f(2)$.

解　因为　$\int_0^{x^2} f(t)\mathrm{d}t=x^2(1+x)$，

所以　$\frac{\mathrm{d}}{\mathrm{d}x}\int_0^{x^2} f(t)\mathrm{d}t=\frac{\mathrm{d}}{\mathrm{d}x}[x^2(1+x)]$，即 $f(x^2)\cdot 2x=2x+3x^2$.

令 $x=\sqrt{2}$　则 $f(2)\cdot 2\sqrt{2}=2\sqrt{2}+6$，所以 $f(2)=1+\frac{3}{2}\sqrt{2}$.

定理 2　如果函数 $f(x)$在区间$[a,b]$上连续，则函数

$$\Phi(x)=\int_a^x f(x)\mathrm{d}x$$

是 $f(x)$在$[a,b]$上的一个原函数.

定理的重要意义：一方面肯定了连续函数的原函数是存在的；另一方面初步地揭示了积分学中的定积分与原函数之间的联系.

2. 微积分基本公式

定理 3　如果函数 $F(x)$是连续函数 $f(x)$在区间$[a,b]$上的一个原函数，则

$$\int_a^b f(x)\mathrm{d}x=F(b)-F(a).$$

此公式称为**牛顿—莱布尼茨公式**.

这是因为 $F(x)$ 和 $\Phi(x)=\int_a^x f(t)\mathrm{d}t$ 都是 $f(x)$ 的原函数，所以存在常数 C，使

$$F(x)-\Phi(x)=C(C\text{ 为某一常数}).$$

由 $F(a)-\Phi(a)=C$ 及 $\Phi(a)=0$,得 $C=F(a)$,$F(x)-\Phi(x)=F(a)$.
由 $F(b)-\Phi(b)=F(a)$,得 $\Phi(b)=F(b)-F(a)$,即

$$\int_a^b f(x)\mathrm{d}x=F(b)-F(a).$$

牛顿—莱布尼茨公式揭示了定积分与不定积分之间的内在联系.为定积分的计算提供了简易方法,我们只需将上下限的值代入原函数中做差 $F(b)-F(a)$,即可得到定积分的值.为了书写方便,常用 $[F(x)]_a^b$ 或 $F(x)\big|_a^b$ 表示 $F(b)-F(a)$,该公式也叫**微积分基本公式**.

牛顿简介

例4 求 $\int_0^1 x^2\mathrm{d}x$.

解 由于 $\frac{1}{3}x^3$ 是 x^2 的一个原函数,所以

$$\int_0^1 x^2\mathrm{d}x=\left[\frac{1}{3}x^3\right]_0^1=\frac{1}{3}\cdot 1^3-\frac{1}{3}\cdot 0^3=\frac{1}{3}.$$

莱布尼茨简介

例5 求 $\int_0^1(2-3\cos x)\mathrm{d}x$.

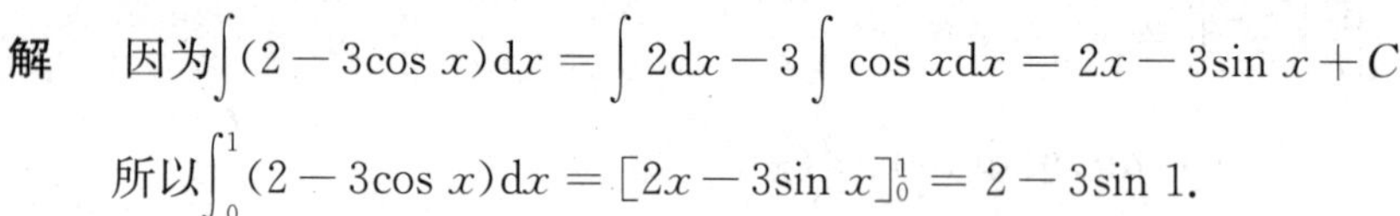

解 因为 $\int(2-3\cos x)\mathrm{d}x=\int 2\mathrm{d}x-3\int\cos x\mathrm{d}x=2x-3\sin x+C$,

所以 $\int_0^1(2-3\cos x)\mathrm{d}x=[2x-3\sin x]_0^1=2-3\sin 1$.

例6 求 $\int_{-1}^1\frac{1}{1+x^2}\mathrm{d}x$.

解 因为 $\int\frac{1}{1+x^2}\mathrm{d}x=\arctan x+C$,

所以 $\int_{-1}^1\frac{1}{1+x^2}\mathrm{d}x=[\arctan x]_{-1}^1==\frac{\pi}{4}-\left(-\frac{\pi}{4}\right)=\frac{\pi}{2}$.

注:在熟悉牛顿—莱布尼茨公式后,可简化书写过程.

例7 求 $\int_0^3|x-1|\mathrm{d}x$.

解 因为 $|x-1|=\begin{cases}1-x, & x<1\\ x-1 & x\geqslant 1,\end{cases}$,由积分区间可加性,有

$$\begin{aligned}\int_0^3|x-1|\mathrm{d}x&=\int_0^1(1-x)\mathrm{d}x+\int_1^3(x-1)\mathrm{d}x\\&=\left[x-\frac{x^2}{2}\right]\Bigg|_0^1+\left[\frac{x^2}{2}-x\right]\Bigg|_1^3=\frac{5}{2}.\end{aligned}$$

三、定积分的计算

牛顿—莱布尼茨公式把定积分的计算与原函数直接联系起来,因而它的计算方法基本上与不定积分的计算方法相同,但也有不同之处,在学习时一定要注意.

1. 凑微分法

例8 求 $\int_0^1(2x-1)^{100}\mathrm{d}x$.

解 $\int_0^1(2x-1)^{100}\mathrm{d}x=\frac{1}{2}\int_0^1(2x-1)^{100}\mathrm{d}(2x-1)$

$$=\left[\frac{1}{2}\frac{(2x-1)^{101}}{101}\right]\Big|_0^1=\frac{1}{202}[(2x-1)^{101}]\Big|_0^1=\frac{1}{101}.$$

这一解法没有引入新的积分变量，计算时，原积分的上、下限不要改变.

例 9　求$\int_1^e \frac{\ln x}{x}dx$.

解　$\int_1^e \frac{\ln x}{x}dx=\int_1^e \ln x d(\ln x)=\left[\frac{(\ln x)^2}{2}\right]_1^e=\frac{(\ln e)^2}{2}-\frac{(\ln 1)^2}{2}=\frac{1}{2}.$

例 10　求　$\int_{-1}^1 \frac{e^x}{1+e^x}dx$.

解　$\int_{-1}^1 \frac{e^x}{1+e^x}dx=\int_{-1}^1 \frac{1}{1+e^x}d(1+e^x)=[\ln(1+e^x)]_{-1}^1=\ln(1+e)-\ln\left(1+\frac{1}{e}\right)=1.$

2. 换元积分法

设函数 $f(x)$在区间$[a,b]$上连续，令 $x=\varphi(t)$，如果

(1)$\varphi(t)$在区间$[\alpha,\beta]$上单调且有连续的导数$\varphi'(t)$；

(2)当 t 在区间$[\alpha,\beta]$上变化时，x 在区间$[a,b]$上变化，且 $\varphi(\alpha)=a$，$\varphi(\beta)=b$，那么有**换元积分公式**

$$\int_a^b f(x)dx=\int_\alpha^\beta f[\varphi(t)]\varphi'(t)dt$$

例 11　求　$\int_0^4 \frac{1}{1+\sqrt{x}}dx$.

解　设 $t=\sqrt{x}$，得 $dx=2tdt$. 当 $x=0$ 时，$t=\sqrt{0}=0$，当 $x=4$ 时，$t=\sqrt{4}=2$.

因为积分变量 x 换为 t，所以积分上、下限也作了相应的变化.

所以　$\int_0^4 \frac{1}{1+\sqrt{x}}dx=\int_0^2 \frac{1}{1+t}\cdot 2tdt=2\int_0^2 \frac{t}{1+t}\cdot dt=2\int_0^2 \frac{(1+t)-1}{1+t}\cdot dt$

$$=2\int_0^2\left(1-\frac{1}{1+t}\right)\cdot dt=2(t-\ln|1+t|)\,\Big|_0^2$$

$$=4-2\ln 3.$$

定积分也可以像不定积分一样进行换元，所不同的是不定积分换元时要回代原积分变量，而对定积分则只需将其上、下限换成新变量的上、下限即可计算出定积分，而**不必回代**原积分变量.

例 12　$\int_{-a}^a \sqrt{a^2-x^2}dx(a>0)$.

解　令 $x=a\sin t$，则 $dx=\cos tdt$.

当 $x=-a$ 时，$t=-\frac{\pi}{2}$；当 $x=a$ 时，$t=\frac{\pi}{2}$则有

$$\int_{-a}^a \sqrt{a^2-x^2}dx=a^2\int_{-\frac{\pi}{2}}^{\frac{\pi}{2}}\cos^2 tdt$$

$$=\frac{a^2}{2}\int_{-\frac{\pi}{2}}^{\frac{\pi}{2}}(1+\cos 2t)dt=\frac{a^2}{2}\left[t+\frac{1}{2}\sin 2t\right]_{-\frac{\pi}{2}}^{\frac{\pi}{2}}=\frac{1}{2}\pi a^2.$$

想一想，还有其他方法吗？

对称区间上的定积分：

设 $f(x)$在关于原点对称的区间$[-a,a]$上可积，则：

(1)当 $f(x)$ 为奇函数时，$\int_{-a}^a f(x)dx=0$.

(2)当 $f(x)$ 为偶函数时，$\int_{-a}^{a} f(x)\mathrm{d}x = 2\int_{0}^{a} f(x)\mathrm{d}x$.

证明：因为$\int_{-a}^{a} f(x)\mathrm{d}x = \int_{-a}^{0} f(x)\mathrm{d}x + \int_{0}^{a} f(x)\mathrm{d}x$，

而$\int_{-a}^{0} f(x)\mathrm{d}x \xlongequal{\text{令} x=-t} -\int_{a}^{0} f(-t)\mathrm{d}t = \int_{0}^{a} f(-t)\mathrm{d}t = \int_{0}^{a} f(-x)\mathrm{d}x$；

当 $f(x)$ 为偶函数时，
$$\begin{aligned}\int_{-a}^{a} f(x)\mathrm{d}x &= \int_{0}^{a} f(-x)\mathrm{d}x + \int_{0}^{a} f(x)\mathrm{d}x \\ &= \int_{0}^{a}[f(-x)+f(x)]\mathrm{d}x \\ &= \int_{-a}^{a} 2f(x)\mathrm{d}x = 2\int_{0}^{a} f(x)\mathrm{d}x.\end{aligned}$$

讨论：若 $f(x)$为奇函数时，问$\int_{-a}^{a} f(x)\mathrm{d}x = ?$

提示：若 $f(x)$为奇函数，则 $f(-x)+f(x)=0$，从而
$$\int_{-a}^{a} f(x)\mathrm{d}x = \int_{0}^{a}[f(-x)+f(x)]\mathrm{d}x = 0.$$

上述结论从几何上来理解也是很容易的，因为奇函数的图像关于原点对称，偶函数的图像关于 y 轴对称. 利用这两个公式，可以简化计算，特别是奇函数在对称区间的积分不必经过计算就知其积分值为 0.

例 13 求 $\int_{-\pi}^{\pi} x^2\sin^3 x\mathrm{d}x$.

解 因为函数 $y=x^2\sin^3 x$ 在对称区间$[-\pi,\pi]$上是奇函数，
所以
$$\int_{-\pi}^{\pi} x^2\sin^3 x\mathrm{d}x = 0.$$

例 14 求 $\int_{-\frac{\pi}{2}}^{\frac{\pi}{2}} \frac{x+\cos x}{1+\sin^2 x}\mathrm{d}x$.

解 $\int_{-\frac{\pi}{2}}^{\frac{\pi}{2}} \frac{x+\cos x}{1+\sin^2 x}\mathrm{d}x = \int_{-\frac{\pi}{2}}^{\frac{\pi}{2}} \frac{x}{1+\sin^2 x}\mathrm{d}x + \int_{-\frac{\pi}{2}}^{\frac{\pi}{2}} \frac{\cos x}{1+\sin^2 x}\mathrm{d}x$

在$\left[-\frac{\pi}{2},\frac{\pi}{2}\right]$上，$y=\frac{x}{1+\sin^2 x}$ 为奇函数，$y=\frac{\cos x}{1+\sin^2 x}$ 为偶函数，

所以
$$\begin{aligned}\text{原式} &= 0 + 2\int_{0}^{\frac{\pi}{2}} \frac{\cos x}{1+\sin^2 x}\mathrm{d}x = 2\int_{0}^{\frac{\pi}{2}} \frac{1}{1+\sin^2 x}\mathrm{d}(\sin x) \\ &= 2\Big[\arctan(\sin x)\Big]_{0}^{\frac{\pi}{2}} = \frac{\pi}{2}.\end{aligned}$$

3. 分部积分法

在计算不定积分时有分部积分法，相应地，计算定积分也有分部积分法.

推导：因为$(uv)'=u'v+uv'$，所以 $uv'=(uv)'-u'v$，

所以
$$\int_{a}^{b} uv'\mathrm{d}x = \int_{a}^{b}(uv)'\mathrm{d}x - \int_{a}^{b} u'v\mathrm{d}x.$$

即 $\int_{a}^{b} u\mathrm{d}v = [uv]_{a}^{b} - \int_{a}^{b} v\mathrm{d}u$

为分部积分公式.

该公式与不定积分公式类似，计算方法也类似，但其结果不相同. 定积分是一个数值，而不

定积分是一类函数.

例 15　求$\int_0^{\pi} x\cos x\mathrm{d}x$.

解　设 $u=x$,所以 $\mathrm{d}v=\cos x\mathrm{d}x=\mathrm{d}(\sin x)$,所以 $v=\sin x$,

所以 $\int_0^{\pi} x\cos x\mathrm{d}x=\int_0^{\pi} x\mathrm{d}(\sin x)=[x\sin x]_0^{\pi}-\int_0^{\pi}\sin x\mathrm{d}x$

$$=-[-\cos x]_0^{\pi}=\cos\pi-\cos 0=-2.$$

例 16　求$\int_0^1 xe^x\mathrm{d}x$.

解　设 $u=x$,$\mathrm{d}v=e^x\mathrm{d}x=\mathrm{d}(e^x)$,

所以
$$\int_0^1 xe^x\mathrm{d}x=\int_0^1 x\mathrm{d}(e^x)=[xe^x]_0^1-\int_0^1 e^x\mathrm{d}x=e-[e^x]_0^1=1.$$

例 17　求$\int_1^e \ln x\mathrm{d}x$.

解　$\int_1^e \ln x\mathrm{d}x=[x\ln x]_1^e-\int_1^e x\cdot\frac{\mathrm{d}x}{x}=e-(e-1)=1.$

例 18　求$\int_0^1 x\arctan x\mathrm{d}x$.

解
$$\int_0^1 x\arctan x\mathrm{d}x=\left[\frac{x^2}{2}\arctan x\right]_0^1-\frac{1}{2}\int_0^1\frac{x^2}{1+x^2}\mathrm{d}x$$
$$=\frac{\pi}{8}-\frac{1}{2}\int_0^1\left(1-\frac{1}{1+x^2}\right)\mathrm{d}x=\frac{\pi}{8}-\frac{1}{2}[x-\arctan x]_0^1$$
$$=\frac{\pi}{4}-\frac{1}{2}.$$

使用定积分的分部积分法时,不要忘记对函数 $u\cdot v$ 代入上下限作差的计算.

4. 定积分的近似计算

我们知道,定积分$\int_a^b f(x)\mathrm{d}x(f(x)\geqslant 0)$不论在实际问题中的意义如何,在数值上都等于曲线 $v=f(x)$,直线 $x=a$,$x=b$ 与 x 轴所围成的曲边梯形的面积,不管 $f(x)$ 是以什么形式给出的,只要近似地算出相应的曲边梯形的面积,就得到所给积分的近似值,这就是所给的定积分近似计算法的基本思想.

(1)梯形法.

将区间$[a,b]$分成 n 等分,如图 4−8 所示,分点为

$$a=x_0<x_1<x_2<\cdots<x_n=b,$$

每个小区间的长度都等于 $\Delta x=\frac{b-a}{n}$,不妨设 $f(x)\geqslant 0$,则对应于各分点的被积函数值为 $y_0,y_1,y_2,\cdots,y_{n-1},y_n$.

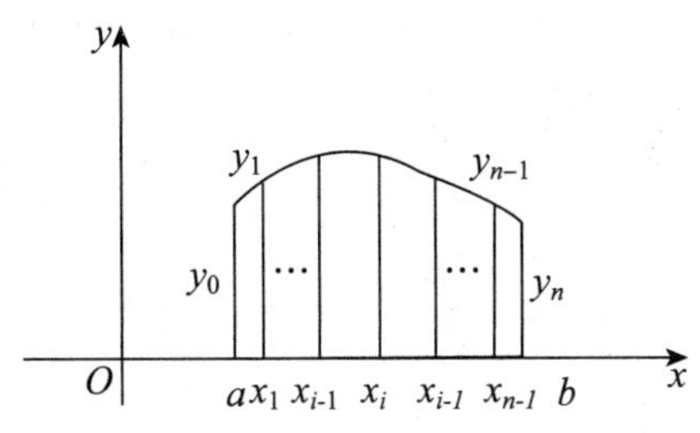

图 4−8

连接每相邻两个纵坐标线的端点，得到 n 个直角梯形，其面积分别为

$$\frac{y_0+y_1}{2}\Delta x,\ \frac{y_1+y_2}{2}\Delta x,\cdots,\frac{y_{n-1}+y_n}{2}\Delta x.$$

这 n 个直角梯形面积的和就可作为定积分 $\int_a^b f(x)\mathrm{d}x$ 的近似值，于是得到定积分的近似公式

$$\begin{aligned}\int_a^b f(x)\mathrm{d}x &\approx \frac{b-a}{n}\left(\frac{y_0+y_1}{2}+\frac{y_1+y_2}{2}+\cdots+\frac{y_{n-1}+y_n}{2}\right)\\ &= \frac{b-a}{n}\left(\frac{y_0}{2}+y_1+y_2+\cdots+y_{n-1}+\frac{y_n}{2}\right).\end{aligned}$$

这就是**梯形法的计算公式**.

（2）抛物线法.

抛物线法的基本思想是：用小段抛物线（它的表达式是二次函数 $y=Ax^2+Bx+C$）近似代替相应的小段曲线，即用小段抛物线下的面积近似代替窄曲边梯形的面积，这种方法又称为**辛普森方法**.

把积分区间 $[a,b]$ n 等分，n 为偶数，每个小区间的长度为 $\Delta x=\frac{b-a}{n}$，则有

$$\int_a^b f(x)\mathrm{d}x \approx \frac{b-a}{3n}[y_0+y_n+2(y_2+y_4+\cdots+y_{n-2})+4(y_1+y_2+\cdots+y_{n-1})].$$

该式称为**辛普森公式**.

例 19 在不少工业基础设备或工业厂房中，采用了椭圆薄壳基础技术. 根据设计和施工的要求，都需要计算椭圆钢筋的周长，而在计算的过程中，会遇到积分 $\int_0^{\frac{\pi}{2}}\sqrt{1-\frac{1}{2}\sin^2\theta\mathrm{d}\theta}$，因该积分的原函数很难用初等函数表示，所以只能用近似计算的方法来计算该积分的值.

解 将积分区间 $\left[-,\frac{\pi}{2}\right]$ 分成 6 等份（因用抛物线法必须分成偶数等份）.

$$\Delta\theta=\frac{\frac{\pi}{2}-0}{6}=\frac{\pi}{12}.$$

其分点坐标及相应的函数 $y=\sqrt{1-\frac{1}{2}\sin^2\theta}$ 的值为：

i	0	1	2	3	4	5	6
θ_i	0	$\frac{\pi}{12}$	$\frac{\pi}{6}$	$\frac{\pi}{4}$	$\frac{\pi}{3}$	$\frac{5\pi}{12}$	$\frac{\pi}{2}$
y_i	1	0.983 1	0.935 4	0.866 0	0.790 6	0.730 4	0.707 1

下面用抛物线法计算该定积分：

由辛普森公式，得

$$\int_0^{\frac{\pi}{2}}\sqrt{1-\frac{1}{2}\sin^2\theta}\mathrm{d}\theta \approx \frac{1}{3}\cdot\frac{\pi}{12}[y_0+y_6+2(y_2+y_4)+4(y_1+y_3+y_5)]$$

$$=\frac{1}{3}\cdot\frac{\pi}{12}[1+0.707\,1+2(0.935\,4+0.709\,6)+4(0.983\,1+0.866\,0+0.730\,4)]$$

$\approx \frac{1}{3} \times 0.2618 \times 15.4771 \approx 1.3506.$

请读者用梯形法求该定积分的近似值.

说明：一般地，n 取得越大，近似程度就越好，当然计算量也越大，n 的选取要根据精度要求来定，但具体做法，可参看有关数值计算方面的书籍. 一般情况下，抛物线法的近似程度要好些.

四、广义积分

在前面所讨论的定积分，都是连续函数在有限区间$[a,b]$上对有界函数进行积分. 在概率论和其他一些实际问题中，经常会遇到积分区间是无限区间或者被积函数是无界函数的情形，这样就需要将定积分的定义加以拓展. 上述两类积分都叫作广义积分. 在这里我们只介绍前一类，对于无界函数的广义积分请查阅有关书籍.

1. 无限区间的广义积分

【引例】

求曲线 $y=\frac{1}{x^2}$ 与直线 $y=0, x=1$ 所围成的向右无限伸展的"开口曲边梯形"的面积（如图 4—9所示）. 由于图形是"开口"的，所以不能直接用定积分计算其面积. 如果取 $b>1$，则在区间$[1,b]$的曲边梯形的面积为

$$\int_1^b \frac{1}{x^2}\mathrm{d}x = \left[-\frac{1}{x}\right]_1^b = 1-\frac{1}{b}.$$

显然，b 越大，这个曲边梯形的面积就越接近于所求的"开口曲边梯形"的面积. 因此，当 $b\to+\infty$ 时，曲边梯形面积的极限 $\lim\limits_{b\to+\infty}\int_1^b \frac{1}{x^2}\mathrm{d}x = \lim\limits_{b\to+\infty}\left(1-\frac{1}{b}\right)=1$，就表示了所要求的"开口曲边梯形"的面积.

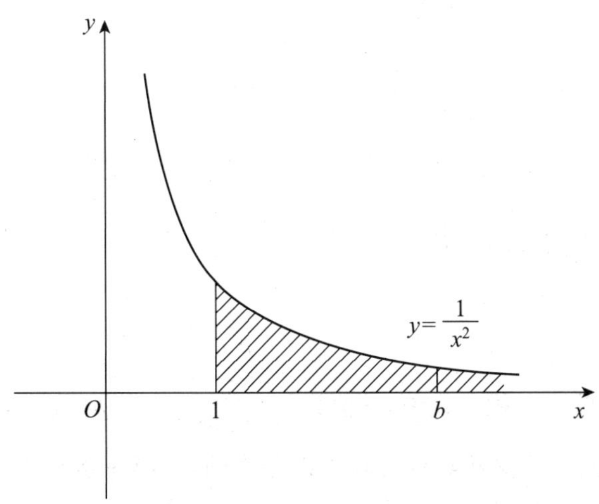

图 4—9

一般地，对于**无限区间的广义积分**，有如下定义：

定义 2　设函数 $f(x)$ 在区间$[a,+\infty)$上连续，极限 $\lim\limits_{b\to+\infty}\int_a^b f(x)\mathrm{d}x\,(a<b)$ 称为函数

$f(x)$ 在无穷区间$[a,+\infty)$上的**广义积分**,记作$\int_a^{+\infty} f(x)\mathrm{d}x$,即

$$\int_a^{+\infty} f(x)\mathrm{d}x = \lim_{b\to+\infty}\int_a^b f(x)\mathrm{d}x.$$

若极限存在,称广义积分$\int_a^{+\infty} f(x)\mathrm{d}x$ **收敛**;若极限不存在,称广义积分$\int_a^{+\infty} f(x)\mathrm{d}x$ **发散**.

类似地,设函数 $f(x)$ 在区间$(-\infty,b]$上的广义积分

$$\int_{-\infty}^b f(x)\mathrm{d}x = \lim_{a\to-\infty}\int_a^b f(x)\mathrm{d}x.$$

若极限存在,称广义积分$\int_{-\infty}^b f(x)\mathrm{d}x$ **收敛**;若极限不存在,则称广义积分$\int_{-\infty}^b f(x)\mathrm{d}x$ **发散**.

对于函数 $f(x)$在区间$(-\infty,+\infty)$上的广义积分,定义为

$$\int_{-\infty}^{+\infty} f(x)\mathrm{d}x = \int_{-\infty}^0 f(x)\mathrm{d}x + \int_0^{+\infty} f(x)\mathrm{d}x = \lim_{a\to-\infty}\int_a^0 f(x)\mathrm{d}x + \lim_{b\to+\infty}\int_0^b f(x)\mathrm{d}x.$$

当且仅当右端两极限都存在时,广义积分$\int_{-\infty}^{+\infty} f(x)\mathrm{d}x$ 才收敛.若右端有一个极限不存在便是发散的.

例 20 计算广义积分$\int_0^{+\infty} \mathrm{e}^{-x}\mathrm{d}x$.

解 $\int_0^{+\infty} \mathrm{e}^{-x}\mathrm{d}x = \lim_{b\to+\infty}\int_0^b \mathrm{e}^{-x}\mathrm{d}x = \lim_{b\to+\infty}[-\mathrm{e}^{-x}]_0^b = \lim_{b\to+\infty}(1-\mathrm{e}^{-b}) = 1.$

例 21 计算广义积分$\int_{-\infty}^{+\infty} \frac{1}{1+x^2}\mathrm{d}x$.

解
$$\begin{aligned}\int_{-\infty}^{+\infty} \frac{1}{1+x^2}\mathrm{d}x &= \lim_{a\to-\infty}\int_a^0 \frac{1}{1+x^2}\mathrm{d}x + \lim_{b\to+\infty}\int_0^b \frac{1}{1+x^2}\mathrm{d}x \\ &= \lim_{a\to-\infty}[\arctan x]_a^0 + \lim_{b\to+\infty}[\arctan x]_0^b \\ &= -\left(-\frac{\pi}{2}\right)+\frac{\pi}{2} = \pi.\end{aligned}$$

例 22 讨论广义积分$\int_a^{+\infty} \frac{1}{x^p}\mathrm{d}x(a>0)$ 的敛散性.

解 当 $p=1$ 时,$\int_a^{+\infty} \frac{1}{x^p}\mathrm{d}x = \int_a^{+\infty} \frac{1}{x}\mathrm{d}x = [\ln x]_a^{+\infty} =+\infty.$

当 $p<1$ 时,$\int_a^{+\infty} \frac{1}{x^p}\mathrm{d}x = \left(\frac{1}{1-p}x^{1-p}\right)_a^{+\infty} =+\infty.$

当 $p>1$ 时,$\int_a^{+\infty} \frac{1}{x^p}\mathrm{d}x = \left[\frac{1}{1-p}x^{1-p}\right]_a^{+\infty} = \frac{1}{(p-1)a^{p-1}}.$

因此,当 $p>1$ 时,此广义积分收敛,其值为$\frac{1}{(p-1)a^{p-1}}$;当 $p\leqslant 1$ 时,此广义积分发散.

由上面各例可以看出,广义积分的计算可以分为两步:第一步是求出相应的定积分,第二步是取极限.

2. 广义积分的应用举例

有些研究对象,如宇宙空间等,与通常的研究对象比,它们的范围相当广泛.我们可以相对地把它们看成是无穷远点的问题,研究时需要以广义积分为工具,现举例来说明其应用.

例 23 1999 年 11 月 20 日我国成功发射无人宇宙飞船神舟号.我们来计算飞船脱离地球

引力一去不复返所需要的速度——第二宇宙速度.

解　先计算发射宇宙飞船过程中飞船脱离地球引力所做的功.

设地球质量为 M,飞船的质量为 m,地球半径 $R=6\ 371$ km. 当飞船与地心的距离为 r 时,地球对飞船的引力为

$$F=G\frac{Mm}{r^2}\quad (G\text{ 为引力常数}).$$

于是将飞船从地球表面发射到距地心 A 点处所做的功为

$$W=\int_R^A G\frac{Mm}{r^2}\mathrm{d}r=GMm\left(\frac{1}{R}-\frac{1}{A}\right).$$

要使飞船脱离地球引力场,即当 $A\to+\infty$ 时,飞船所做的功

$$W=\int_R^{+\infty}G\frac{Mm}{r^2}\mathrm{d}r=\lim_{A\to+\infty}\int_R^A G\frac{Mm}{r^2}\mathrm{d}r=\lim_{A\to+\infty}GMm\left[-\frac{1}{r}\right]_R^A=\frac{GMm}{R}.$$

飞船在地球表面时,地球对它的引力 F 就是重力

$$mg=G\frac{Mm}{R^2}\quad 或\quad mgR=\frac{GMm}{R}.$$

因此,飞船克服地球引力场所做的功为 $W=mgR$.

由物理学中能量守恒定律,发射宇宙飞船所做的功刚好是飞船飞行时所具有的动能. 于是

$$mgR=\frac{1}{2}mv^2,$$

解出速度 $v=\sqrt{2gR}=\sqrt{2\times9.8\times6\ 371}\approx11.2$(km/s),
故第二宇宙速度是 11.2(km/s).

说明:(1)人造卫星发射的初速度为 7.9 km/s,它被称为第一宇宙速度,此时卫星刚摆脱地球的引力.

(2)飞船进入太阳系的初速度为 11.2 km/s,它被称为第二宇宙速度,即为宇宙飞船应有的发射初速度.

习题 4—3

1. 填空题.

(1) 定积分 $\int_1^2\frac{1}{x^3}\mathrm{d}x$ 中,积分上限是________;积分下限是________;积分区间是________;被积函数是________.

(2) 由曲线 $y=x^2+2$,直线 $x=-1$,$x=3$ 及 x 轴围成平面图形的面积用定积分表示为________.

(3) 由积分曲线 $y=\cos x$ 与直线 $x=0$,$x=\pi$ 及 x 轴所围成的曲边梯形的面积用定积分表示为________.

(4) 设一物体以速度 $v(t)$ 作直线运动,则在时间区间 $[T_1,T_2]$ 内,物体所经过的路程 $S=$________.

2. 用定积分的几何意义,判断定积分值的符号.

(1) $\int_{-1}^2 x^2\mathrm{d}x$;　　(2) $\int_0^{\frac{\pi}{2}}\sin x\mathrm{d}x$;　　(3) $\int_{\frac{\pi}{2}}^{\pi}\cos x\mathrm{d}x$.

3. 已知$\int_0^1 x^2\mathrm{d}x=\frac{1}{3}$，$\int_0^1 x\mathrm{d}x=\frac{1}{2}$，$\int_0^{\frac{\pi}{2}}\cos x\mathrm{d}x=1$，$\int_0^{\frac{\pi}{2}}\sin x\mathrm{d}x=1$，求下列定积分值.

(1) $\int_0^1(3x^2+2x+1)\mathrm{d}x$；(2) $\int_0^1(x+3)^2\mathrm{d}x$；(3) $\int_0^{\frac{\pi}{2}}(3\sin x+2\cos x)\mathrm{d}x$.

4. 利用定积分的几何意义说明下列各式成立.

(1) $\int_{-\frac{\pi}{2}}^{\frac{\pi}{2}}\sin x\mathrm{d}x=0$；(2) $\int_{-\frac{\pi}{2}}^{\frac{\pi}{2}}\cos x\mathrm{d}x=2\int_0^{\frac{\pi}{2}}\cos x\mathrm{d}x$；

(3) $\int_0^{2\pi}\sin x\mathrm{d}x=0$；(4) $\int_0^{\pi}\sin x\mathrm{d}x=2\int_0^{\frac{\pi}{2}}\sin x\mathrm{d}x$.

5. 根据定积分的几何意义，求下列各式的值.

(1) $\int_{-5}^1 3\mathrm{d}x$；(2) $\int_0^3(x-2)\mathrm{d}x$；(3) $\int_{-1}^1\frac{x}{2}\mathrm{d}x$；(4) $\int_0^1\sqrt{1-x^2}\mathrm{d}x$.

6. 求下列定积分.

(1) $\int_0^1(x^2-3x+1)\mathrm{d}x$；(2) $\int_0^{\frac{\pi}{4}}(\cos x+\sin x)\mathrm{d}x$；

(3) $\int_1^2\left(x+\frac{1}{x}\right)\mathrm{d}x$；(4) $\int_0^{\frac{1}{2}}\frac{1}{\sqrt{1-x^2}}\mathrm{d}x$.

7. 求下列定积分.

(1) $\int_0^5|x-2|\mathrm{d}x$；(2) $\int_0^{2\pi}|\sin x|\mathrm{d}x$；(3) $\int_{-2}^1 x^2|x|\mathrm{d}x$；(4) $\int_{-\frac{\pi}{2}}^{\frac{\pi}{2}}\sqrt{1-\cos 2x}\mathrm{d}x$.

8. 用换元法计算下列定积分.

(1) $\int_0^{\frac{1}{3}}(3x-1)^{10}\mathrm{d}x$；(2) $\int_0^1\frac{x}{1+x^2}\mathrm{d}x$；(3) $\int_0^3\mathrm{e}^{\frac{x}{3}}\mathrm{d}x$；(4) $\int_0^2\frac{\mathrm{d}x}{4+x^2}$；

(5) $\int_{-1}^1\frac{\mathrm{e}^x}{\mathrm{e}^x+1}\mathrm{d}x$；(6) $\int_1^{\mathrm{e}}\frac{1+\ln x}{x}\mathrm{d}x$；(7) $\int_1^4\frac{1}{\sqrt{x}+1}\mathrm{d}x$；(8) $\int_0^1\frac{\sqrt{x}}{\sqrt{x}+1}\mathrm{d}x$；

(9) $\int_1^{\sqrt{3}}\frac{1}{\sqrt{4-x^2}}\mathrm{d}x$；(10) $\int_0^2\sqrt{4-x^2}\mathrm{d}x$.

9. 用分部积分法计算下列定积分.

(1) $\int_0^{\pi}x\sin x\mathrm{d}x$；(2) $\int_1^{\mathrm{e}-1}\ln(x+1)\mathrm{d}x$；(3) $\int_0^1 x\mathrm{e}^{-x}\mathrm{d}x$；

(4) $\int_1^{\mathrm{e}}x\ln x\mathrm{d}x$；(5) $\int_0^{\frac{\pi}{2}}\mathrm{e}^x\cos x\mathrm{d}x$；(6) $\int_0^1 x^2\mathrm{e}^x\mathrm{d}x$.

10. 求下列函数的定积分.

(1) $\int_{-\frac{\pi}{3}}^{\frac{\pi}{3}}\frac{x\sin^2 x}{1+\cos x}\mathrm{d}x$；(2) $\int_{-\frac{1}{2}}^{\frac{1}{2}}\frac{x^3}{\sqrt{1-x^4}}\mathrm{d}x$；(3) $\int_{-1}^1(1-x^2)^5\sin^7 x\mathrm{d}x$；

(4) $\int_{-\pi}^{\pi}x^4\sin x\mathrm{d}x$；(5) $\int_{-\frac{\pi}{2}}^{\frac{\pi}{2}}x^3\cos x\mathrm{d}x$；(6) $\int_{-1}^1(4x^3-6x^2+5)\mathrm{d}x$.

11. 求下列函数的广义积分.

(1) $\int_1^{+\infty}\frac{1}{x^2}\mathrm{d}x$；(2) $\int_0^{+\infty}\mathrm{e}^{-\frac{x}{3}}\mathrm{d}x$；(3) $\int_{-\infty}^0\mathrm{e}^{2x}\mathrm{d}x$；(4) $\int_0^{+\infty}\sin x\mathrm{d}x$；

(5) $\int_1^{+\infty}\frac{\mathrm{d}x}{\sqrt{x}}$；(6) $\int_{-\infty}^{+\infty}\frac{2x}{x^2+1}\mathrm{d}x$；(7) $\int_0^{+\infty}x\mathrm{e}^{-x^2}\mathrm{d}x$；(8) $\int_{-\infty}^{+\infty}\frac{\mathrm{d}x}{x^2+2x+2}$.

第四节　定积分的元素法及其在几何中的应用

前面已经系统地介绍了定积分的基本理论和计算方法，本节将利用这些知识来分析解决一些实际问题.

一、定积分的微元法

回顾　求曲边梯形面积的问题

由曲线 $y=f(x)$ 及直线 $x=a,x=b$ 和 x 轴围成的曲边梯形的面积为 A. 若在区间 $[a,b]$ 上 $y=f(x)\geqslant 0$，则

$$\int_a^b f(x)\mathrm{d}x = A$$

表示曲边梯形的面积.

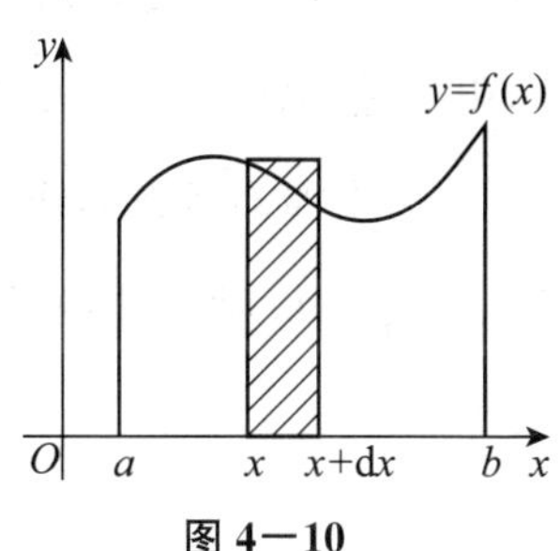

图 4—10

面积表示为定积分的思路如下："分割、近似替代、求和、取极限"(如图 4—10 所示).

(1)分割　把区间 $[a,b]$ 分成 n 个长度为 Δx_i 的小区间，相应的曲边梯形被分为 n 个小窄曲边梯形，第 i 个小窄曲边梯形的面积为 ΔA_i，

则
$$A=\sum_{i=1}^{n}\Delta A_i.$$

(2)近似替代　计算 ΔA_i 的近似值 $\Delta A_i\approx f(\xi_i)\Delta x_i$　$(\xi_i\in\Delta A_i)$.

(3)求和　得 A 的近似值. $A\approx\sum\limits_{i=1}^{n}f(\xi_i)\Delta x_i$.

(4)取极限　得 A 的精确值

$$A=\lim_{\lambda\to 0}\sum_{i=1}^{n}\Delta A_i=\lim_{\lambda\to 0}\sum_{i=1}^{n}f(\xi_i)\Delta x_i=\int_a^b f(x)\mathrm{d}x.$$

观察以上四步可以看出，第二步是关键，因为积分的被积表达式的形式就是在这一步被确定的，只要把近似式 $f(\xi_i)\Delta x_i$ 中的变量记号改变一下即可，即把 ξ_i 换成 x，Δx_i 换成 $\mathrm{d}x$. 第三、四步可以合成一步：在区间 $[a,b]$ 上无限累加，即在 $[a,b]$ 上积分. 至于第一步，只是指所求量具有可加性，这是 A 能用定积分计算的前提.

上述问题抽去其几何意义，它具有积分就是微分的无限累加这一特性. 因此所求量就是在区间 $[a,b]$ 上抽取一个小元素(微元)$f(x)\mathrm{d}x$，然后进行定积分. 所以，这种方法通常称为**元素法(或微元法)**.

一般地，如果某个欲求的非均匀量 A 在区间 $[a,b]$ 上满足两个条件：

(1)A 在区间上与一个连续函数 $f(x)$ 有关；

(2)具有可加性. 这时该非均匀量就可利用元素法建立定积分模型来求得.

微元法的一般步骤：

(1) 按实际问题要求，选取一个变量，例如为 x 积分变量，然后确定它的变化区间 $[a,b]$；

(2) 在区间 $[a,b]$ 上选取元素 $\mathrm{d}A=f(x)\mathrm{d}x$；

(3) 写出积分表达式 $A=\int_a^b f(x)\mathrm{d}x$.

下面利用这种方法讨论定积分在几何、工程技术及经济中的一些应用.

二、定积分求平面图形的面积（平面直角坐标系情况下）

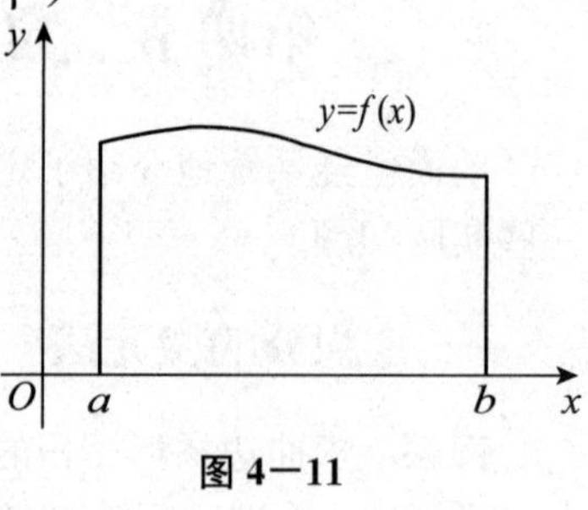

图 4—11

利用微元法将下面图形面积表示为定积分.

(1)由曲线 $y=f(x)(f(x)\geqslant 0)$、直线 $x=a,x=b$ 及 x 轴所围成图形(如图 4—11 所示).

面积微元 $dA=f(x)dx$，面积为 $A=\int_a^b f(x)dx$.

(2)由上下两条曲线 $y=f(x),y=g(x)(f(x)\geqslant g(x))$、直线 $x=a,x=b$ 及 x 轴所围成图形(如图 4—12 所示).

面积微元 $dA=[f(x)-g(x)]dx$，面积为 $A=\int_a^b[f(x)-g(x)]dx$.

(3)由左右两条曲线 $x=\varphi(y),x=\psi(y)$ 及直线 $y=c,y=d$ 围成，并且在区间$[c,d]$上有 $\varphi(y)\geqslant\psi(y)$，则面积微元 $dA=[\varphi(y)-\psi(y)]dx$，面积为 $A=\int_c^d[\varphi(y)-\psi(y)]dy$(如图 4－13 所示).

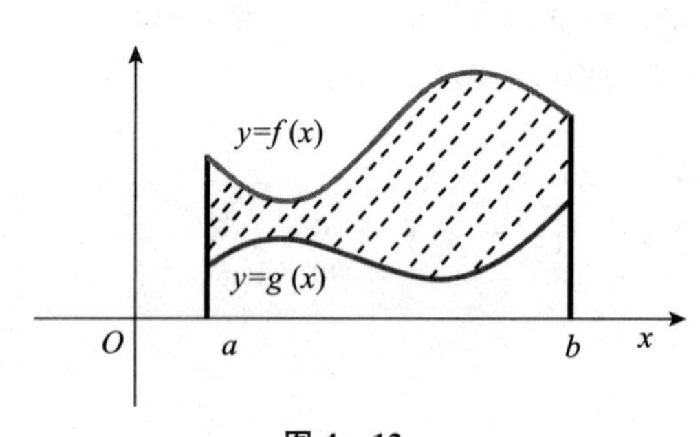

图 4—12

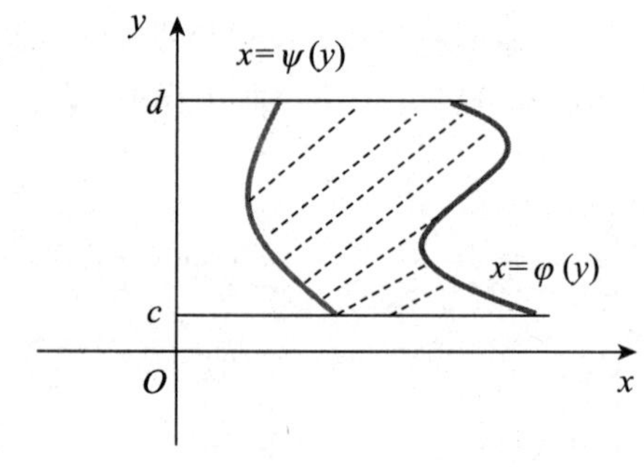

图 4—13

利用微元法求平面图形面积步骤如下：

(1)先画出图形的简图，求出曲线交点的坐标；

(2)根据图形的特点，确定积分变量与积分区间；

(3)写出面积微元；

(4)把面积表示成定积分并计算，即得所求面积.

例 1 求 $y=x^3$ 与直线 $x=-1,x=2$ 及 x 轴所围成的平面图形的面积.

解 所围成的图形如图 4—14 所示：

$$S=-\int_{-1}^0 x^3dx+\int_0^2 x^3dx=\frac{17}{4}.$$

例 2 求由抛物线 $y^2=x$ 与直线 $y=x$ 所围成图形面积(如图 4—15 所示).

解 $\begin{cases}y^2=x\\ y=x\end{cases}$的解为(0,0),(1,1).

选取横坐标 x 为积分变量，积分区间为[0,1].

面积微元为 $dA=(\sqrt{x}-x)dx$.

所以 $A=\int_0^1(\sqrt{x}-x)dx=\left[\frac{2}{3}x^{\frac{3}{2}}-\frac{1}{2}x^2\right]_0^1=\frac{1}{6}$.

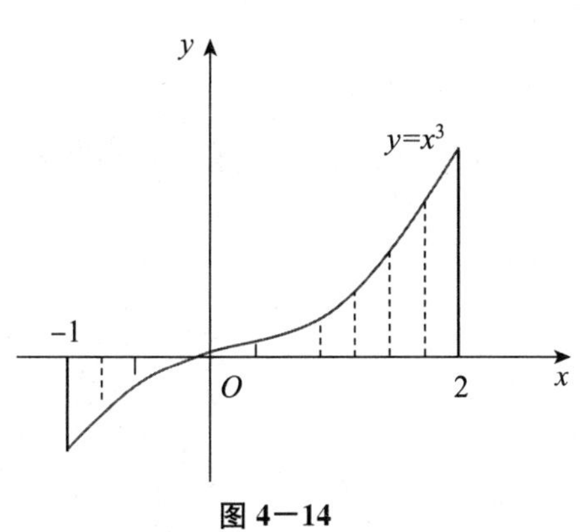

图 4—14

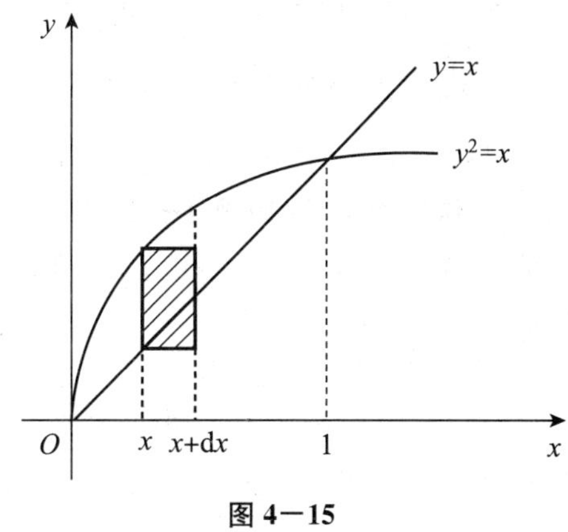

图 4—15

例 3　计算抛物线 $y^2=2x$ 与直线 $y=x-4$ 所围成的图形的面积(如图 4—16 所示).

解　解方程组 $\begin{cases}y^2=2x\\y=x-4\end{cases}$,得交点 $(2,-2)$ 和 $(8,4)$,如图所示,选取纵坐标 y 为积分变量,$[-2,4]$ 为积分区间,面积元素为

$$dA=\left(y+4-\frac{1}{2}y^2\right)dy,$$

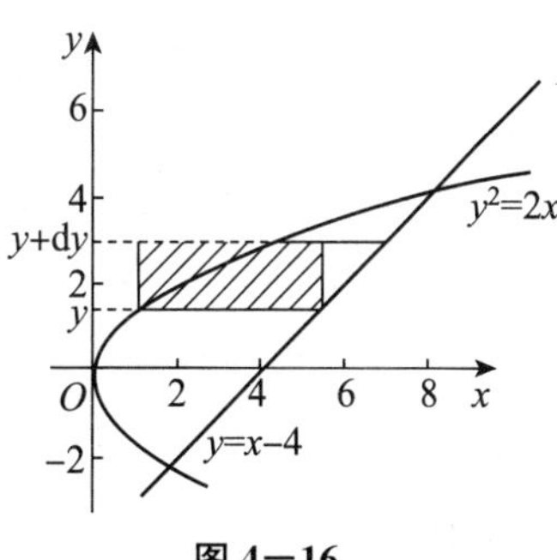

图 4—16

于是所求面积为

$$S=\int_{-2}^{4}\left(y+4-\frac{1}{2}y^2\right)dy$$
$$=\left[\frac{1}{2}y^2+4y-\frac{1}{6}y^3\right]_{-2}^{4}=18.$$

此题选取 y 为积分变量,而没有选取 x 为积分变量,请思考为什么?若选取 x 为积分变量能否得到这个问题的结果?

注:对于同一问题,有时可选取不同的积分变量进行计算,计算的难易程度往往不同,因此在实际计算时,应选取合适的积分变量,使计算简化.

例 4　求椭圆 $\frac{x^2}{a^2}+\frac{y^2}{b^2}=1$ 的面积(如图 4—17 所示).

解　由椭圆的对称性知,椭圆的面积 A 为它在第一象限面积 A_0 的 4 倍

考察第一象限:

因为　$\frac{x^2}{a^2}+\frac{y^2}{b^2}=1$,所以 $y=\frac{b}{a}\sqrt{a^2-x^2}$.

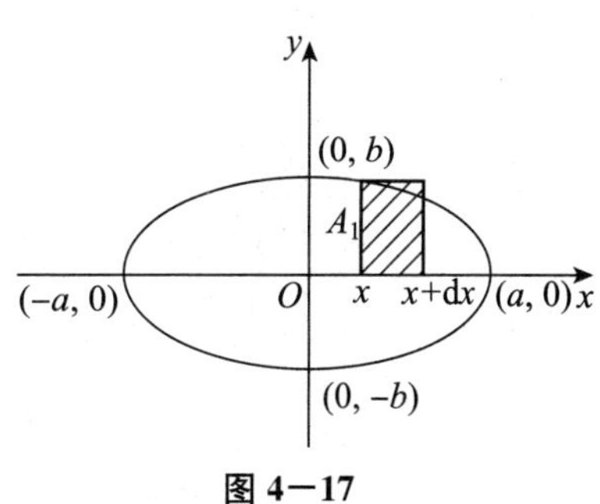

图 4—17

如图,面积元素为 $dA=\frac{b}{a}\sqrt{a^2-x^2}\,dx$.

所以　$A_0=\int_0^a\frac{b}{a}\sqrt{a^2-x^2}\,dx$,

所以　$A=4A_0=4\frac{b}{a}\int_0^a\sqrt{a^2-x^2}\,dx=4\cdot\frac{b}{a}\cdot\frac{\pi}{4}\cdot a^2$

$=\pi ab.$

若 $a=b$，椭圆则成为圆，即圆的面积为 πR^2.

三、定积分求旋转体体积

旋转体是由一个平面图形绕平面内一条直线旋转一周而成的立体. 这直线叫做旋转轴.

1. 旋转轴为 x 轴（如图 4—18 所示）

曲边梯形 $a\leqslant x\leqslant b, 0\leqslant y\leqslant f(x)$ 绕 x 轴旋转一周而成的立体体积.

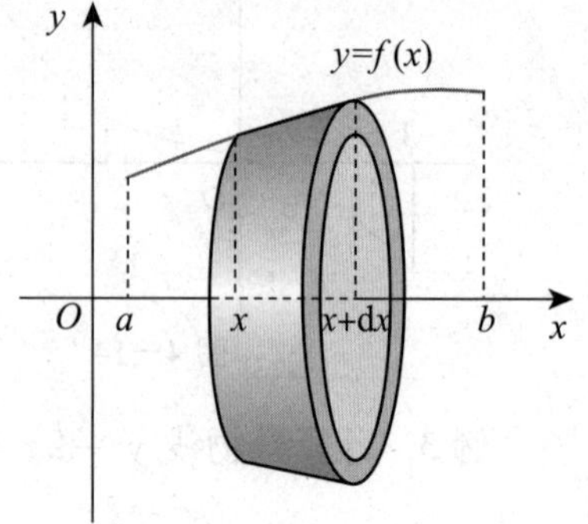

图 4—18

(1)取 x 为积分变量，则 $x\in[a,b]$；

(2)相应于 $[a,b]$ 上任一小区间 $[x,x+\mathrm{d}x]$ 的小旋转体体积的近似值，即体积元素 $\mathrm{d}V=\pi[f(x)]^2\mathrm{d}x$；

(3) 所求体积为 $V=\int_a^b \pi[f(x)]^2\mathrm{d}x$.

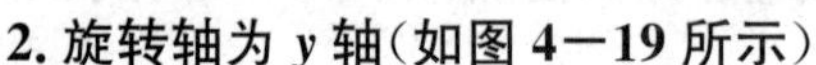

2. 旋转轴为 y 轴（如图 4—19 所示）

曲边梯形 $c\leqslant y\leqslant d, 0\leqslant x\leqslant g(y)$ 绕 y 轴旋转一周而成的立体体积.

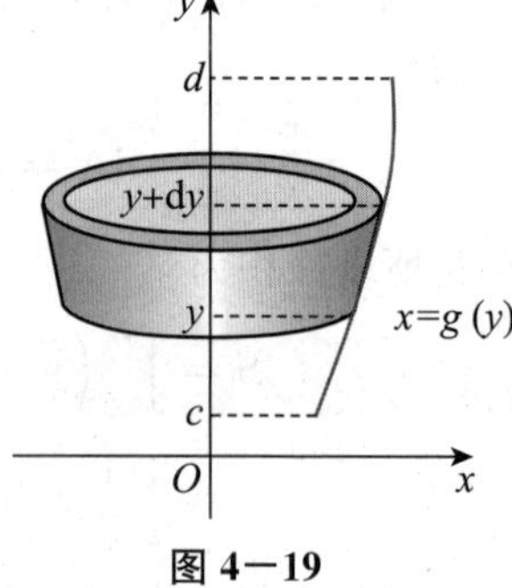

图 4—19

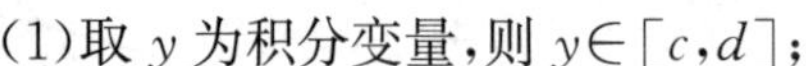

(1)取 y 为积分变量，则 $y\in[c,d]$；

(2)相应于 $[c,d]$ 上任一小区间 $[y,y+\mathrm{d}y]$ 的小旋转体体积的近似值，即体积元素 $\mathrm{d}V=\pi[g(y)]^2\mathrm{d}y$；

(3) 所求体积为 $V=\int_c^d \pi[g(y)]^2\mathrm{d}x$.

例 5 求由曲线 $y^2=2x$ 和 $x=2$ 所围成平面图形绕 x 轴旋转而成几何体的体积（如图 4—20 所示）.

解 取 x 为积分变量，积分区间为 $[0,2]$. 在 $[0,2]$ 内取体积元素为

$$\mathrm{d}V=\pi y^2\mathrm{d}x=2\pi x\mathrm{d}x,$$

所以

$$V=\pi\int_0^2 2x\mathrm{d}x=\pi[x^2]_0^2=4\pi.$$

例 6 求椭圆 $\frac{x^2}{a^2}+\frac{y^2}{b^2}=1$ 分别绕 x 轴与 y 轴旋转而成的旋转体的体积（如图 4—21 所示）.

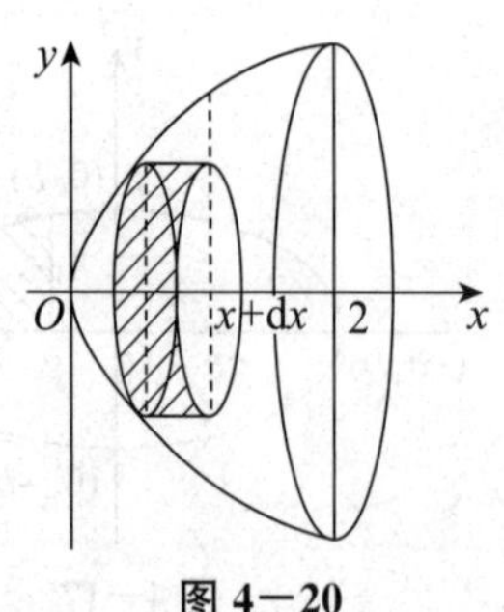

图 4—20

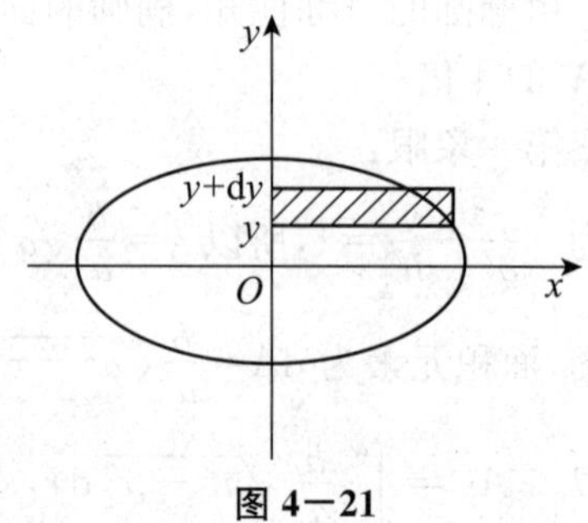

图 4—21

解 由于图形关于坐标轴对称，故只需考虑其第一象限内的曲边梯形绕坐标轴旋转而成的旋转体的体积.

(1)绕 x 轴旋转而成的旋转体的体积为

$$V_x = 2\pi\int_0^a y^2\mathrm{d}x = 2\pi\int_0^a \frac{b^2}{a^2}(a^2-x^2)\mathrm{d}x$$

$$= 2\pi\frac{b^2}{a^2}\left[a^2x-\frac{1}{3}x^3\right]_0^a = \frac{4}{3}\pi ab^2.$$

(2)绕 y 轴旋转而成的旋转体的体积为

$$V_y = 2\pi\int_0^b x^2\mathrm{d}y = 2\pi\int_0^b \frac{a^2}{b^2}(b^2-y^2)\mathrm{d}y$$

$$= 2\pi\frac{a^2}{b^2}\left[b^2y-\frac{1}{3}y^3\right]_0^b = \frac{4}{3}\pi a^2b.$$

特别地，当 $a=b$ 时得，半径为 a 的球体积为 $V=\frac{4}{3}\pi a^3$.

例 7 计算由两条抛物线 $y=x^2$ 和 $y^2=x$ 所围成图形绕 x 轴旋转而成旋转体的体积(如图 4—22所示).

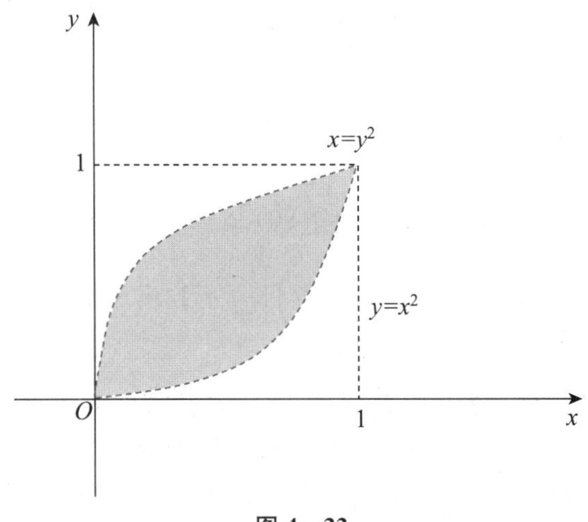

图 4—22

解 联立方程组 $\begin{cases} y=x^2, \\ y^2=x \end{cases}$ 得交点(0,0)和(1,1).

设由曲线 $x=y^2$，直线 $x=1$，$y=0$ 所围成的曲边梯形绕 x 轴旋转而成的体积为 V_1.

设由曲线 $y=x^2$，直线 $x=1$，$y=0$ 所围成的曲边梯形绕 x 轴旋转而成的体积为 V_2.

则所求旋转体的体积为

$$V = V_1 - V_2 = \pi\int_0^1 x\mathrm{d}x - \pi\int_0^1 (x^2)^2\mathrm{d}x = \pi\left[\frac{x^2}{2}\right]_0^1 - \pi\left[\frac{x^5}{5}\right]_0^1 = \frac{3}{10}\pi.$$

定积分在几何上还可以求曲线的弧长，平行截面为已知的立体的体积等，感兴趣的同学请参阅其他参考书.

四、定积分在物理等方面的应用

定积分的应用非常广泛，在自然科学、工程技术、经济等领域的许多实际问题都可化为定积分这种数学模型来求解. 下面我们列举一些实例，目的在于加强读者运用微元法建立积分表达式的能力.

例 8 **【电能问题】**在电力需求的高峰时期，消耗电能的速度 r 可以近似地表示为 $r=te^{-t}$

（t 的单位：h）. 求在前两个小时内消耗的总电能 E（单位：J）.

解 此题是由变化率求总改变量的问题.

$$E=\int_0^2 r\mathrm{d}t=\int_0^2 t\mathrm{e}^{-t}\mathrm{d}t=\int_0^2 -(-t)\mathrm{d}\mathrm{e}^{-t}=[-t\mathrm{e}^{-t}]_0^2-\int_0^2 \mathrm{e}^{-t}\mathrm{d}(-t)$$
$$=-2\mathrm{e}^{-2}-0-[\mathrm{e}^{-t}]_0^2$$
$$\approx 0.594(\mathrm{J})$$

例 9 【变速直线运动的路程】一辆汽车的速度—时间曲线如图所示. 求汽车在这 1 min 行驶的路程（如图 4—23 所示）.

我们知道，作变速直线运动的物体所经过的路程 s，等于其速度函数 $v=v(t)(v(t)\geqslant 0)$ 在时间区间 $[a,b]$ 上的定积分，即 $s=\int_a^b v(t)\mathrm{d}t$.

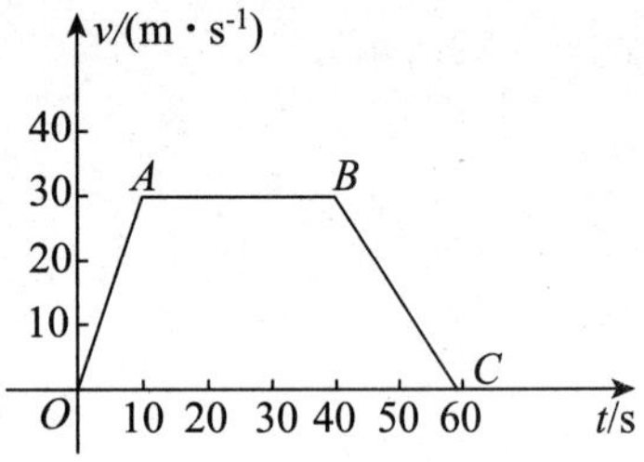

解 由速度—时间曲线可知：

$$v(t)=\begin{cases}3t, & 0\leqslant t\leqslant 10,\\ 30, & 10\leqslant t\leqslant 40,\\ -1.5t+90, & 40\leqslant t\leqslant 60.\end{cases}$$

图 4—23

因此汽车在这 1 min 行驶的路程是：

$$S=\int_0^{10} 3t\mathrm{d}t+\int_{10}^{40} 30\mathrm{d}t+\int_{40}^{60}(-1.5t+90)\mathrm{d}t$$
$$=\frac{3}{2}t^2\Big|_0^{10}+30t\Big|_{10}^{40}+\left(-\frac{3}{4}t^2+90t\right)\Big|_{40}^{60}=1\ 350(\mathrm{m}).$$

答：汽车在这 1 min 行驶的路程是 1 350 m.

例 10 【变力沿直线段做功】在原点 O 处一个带电量为 $+q$ 的点电荷，它所产生的电场对周围的电荷有作用力，现有一单位正电荷从距原点 a 处沿射线方向移至距 O 点为 $b(a<b)$ 的地方，计算电场力对它所做的功？又如果把该单位正电荷在电场中从原点移到无穷远处，电场力又做了多少功（如图 4—24 所示）？

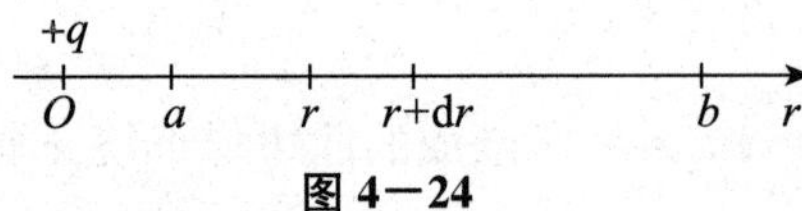

图 4—24

解 取电荷移动的射线方向为 x 轴正向，由物理学可知，单位正电荷放在该电场中，电场对它的作用力是 $F=k\dfrac{q}{x^2}$（k 为常数），这是一个变力，在微小区间 $[x,x+\mathrm{d}x]$ 上，得功微元为

$\mathrm{d}W=\dfrac{kq}{x^2}\mathrm{d}x$，

于是可得电场力所做的功为

$$W=\int_a^b \frac{kq}{x^2}\mathrm{d}x=kq\left[-\frac{1}{x}\right]_a^b=kq\left(\frac{1}{a}-\frac{1}{b}\right).$$

若移至无穷远处，则做功为

$$W=\int_a^{+\infty}\frac{kq}{x^2}\mathrm{d}x=-kq\left[\frac{1}{x}\right]_a^{+\infty}=\frac{kq}{a}.$$

在物理学中，把上述移至无穷远处所做的功叫做电场在 a 处的电位，于是知电场在 a 处的

电位为 $V=\frac{kq}{a}$.

例 11　【在动力学中的应用】某种空心圆柱形导线载有电流 I,电流均匀分布在导线横截面上,试计算离轴线距离为 R(导线的内径为 a,外径为 b,$a<R<b$)的截面 S(S 为一圆环面)的电流.

解　通过导线截面的电流为

$$I_R=\int_a^R i\,\mathrm{d}S=\int_a^R\frac{I}{\pi(b^2-a^2)}\mathrm{d}S=\frac{I(R^2-a^2)}{b^2-a^2}.$$

例 12　【交流电的有效值】

由电工学可知,如果交流电流 $i(t)$ 在三个周期内消耗在电阻 R 上的平均功率 $\overline{P}$ 与直流 I 消耗在电阻 R 上的功率相等时,那么这个直流电流的数值 I 就叫做交流电流 $i(t)$ 的有效值.

计算纯电阻电路中正弦交流电 $i=I_m\sin\omega t$ 的有效值 I.

解　设电阻为 R,R 两端的电压为 $u=Ri=RI_m\sin\omega t$,$P=ui=Ri^2=RI_m{}^2\sin^2\omega t$,由于交流电 $i=I_m\sin\omega t$ 的周期为 $T=\frac{2\pi}{\omega}$,因此在一个周期 $\left[0,\frac{2\pi}{\omega}\right]$ 上,P 的平均值为

$$\overline{P}=\frac{1}{\frac{2\pi}{\omega}}\int_0^{\frac{2\pi}{\omega}}RI_m{}^2\sin^2\omega t\,\mathrm{d}t=\frac{\omega}{2\pi}\cdot RI_m{}^2\cdot\frac{\pi}{\omega}=\frac{RI_m{}^2}{2}.$$

由电工学知,直流电流 I 消耗在电阻 R 上的功率为 I^2R. 由 $I^2R=\frac{RI_m^2}{2}$ 得到交流电流 $i=I_m\sin\omega t$ 的有效值为 $I=\frac{I_m}{\sqrt{2}}$.

五、定积分在经济方面的应用

定积分除了能解决几何、物理上的问题之外,在经济管理中的应用也较为广泛. 主要可以解决下述问题:

1. 由边际函数求原函数

边际变量(边际成本、边际收入、边际利润)是指对经济变量的变化率. 如果已知边际成本求总成本,已知边际收入求总收入,已知边际利润求总利润,就要用到定积分方法.

例 13　已知生产某产品 x 单位(百台)的边际成本和边际收入分别为

$$C'(x)=3+\frac{1}{3}x(\text{万元}/\text{百台}),R'(x)=7-x(\text{万元}/\text{百台}),$$

其中 $C(x)$,$R(x)$ 分别为总成本函数和总收入函数.

(1)若固定成本 $C(0)=1$ 万元,求总成本函数、总收入函数和总利润函数;

(2)产量为多少时,总利润最大? 最大总利润是多少?

解　(1)总成本为固定成本与可变成本之和,即

$$C(x)=C(0)+\int_0^x\left(3+\frac{x}{3}\right)\mathrm{d}x=C(0)+\int_0^x\left(3+\frac{t}{3}\right)\mathrm{d}t=1+3x+\frac{1}{6}x^2.$$

总收入函数为 $R(x)=R(0)+\int_0^x(7-t)\mathrm{d}t=7x-\frac{1}{2}x^2$. (因为产量为 0 时,没有收入,所以 $R(0)=0$)

总利润为总收入与总成本之差,故总利润 L 为

$$L(x)=R(x)-C(x)=\left(7x-\frac{1}{2}x^2\right)-\left(1+3x+\frac{1}{6}x^2\right)=-1+4x-\frac{2}{3}x^2.$$

(2)由于 $L'(x)=4-\frac{4}{3}x$，令 $L'(x)=0$，得唯一驻点 $x=3$. 根据问题的实际意义可知，利润的最大值一定存在. 故 $x=3$ 百台时，$L(x)$ 有最大值，最大利润为 $L(3)=5$(万元).

2. 由变化率求总量

例 14 在某地区当消费者个人收入为 x 时，消费支出 $W(x)$ 的变化率 $W'(x)=\frac{15}{\sqrt{x}}$，当个人收入由 900 增加到 1 600 时，消费支出增加多少？

解 消费支出增加

$$W=\int_{900}^{1\,600}W'(x)\mathrm{d}x=\int_{900}^{1\,600}\frac{15}{\sqrt{x}}\mathrm{d}x=\left[30\sqrt{x}\right]_{900}^{1\,600}=300.$$

例 15 某产品的需求量 Q 与产品价格 P 的关系为 $Q=Q(P)$. 若已知需求量对价格的边际需求函数为 $f(P)=-3\,000P^{-2.5}+36P^{0.2}$(单位:元)，试求产品价格由 1.2 元浮动到 1.5 元时，对市场需求量的影响.

解 已知 $Q'(P)=f(P)$，即 $\mathrm{d}Q=f(P)\mathrm{d}P$.
所以，价格由 1.2 元浮动到 1.5 元时，总需求量为

$$\begin{aligned}Q&=\int_{1.2}^{1.5}f(P)\mathrm{d}P=\int_{1.2}^{1.5}(-3\,000P^{-2.5}+36P^{0.2})\mathrm{d}P\\&=[2\,000P^{-1.5}+30p^{1.2}]_{1.2}^{1.5}\approx 1\,137.5-1\,558.8\\&=-421.3(\text{单位}).\end{aligned}$$

即当价格由 1.2 元浮动到 1.5 元时，该产品的市场需求量减少了 421.3 单位.

习题 4—4

1. 求下列各曲线所围成的图形的面积.

(1) $y=3-2x-x^2$ 与 x 轴；

(2) $y=x^2$，$y=\sqrt{x}$；

(3) $y=\frac{1}{x}$ 与 $y=x$ 及 $x=2$；

(4) $y=x^2$ 与 $y=x$；

(5) $y=x^2$ 与 $y=2-x^2$；

(6) $y=x^2-2x$，$y=x$；

(7) $y=\sin x$ 在一个周期内与 x 轴.

2. 求下列曲线所围成的图像，按指定的轴旋转产生的旋转体的体积.

(1) $y=x^2$，$y=0$，$x=2$，绕 x 轴；

(2) $y=x$，$x=1$，$y=0$，绕 x 轴；

(3) $y=x^2$，$x=4$，$x=0$，绕 y 轴；

(4) $y=x^3$，$y=1$，$x=0$，绕 y 轴.

3. 某工厂生产某商品在时刻 t 的总产量变化率为 $x'(t)=100+12t$(单位:小时)，求由 $t=2$ 到 $t=4$ 这两小时总产量.

4. 已知某产品的总产量的变化率为 $f(t)=40+12t-\frac{3}{2}t^2$，求从第 2 天到第 10 天该产品的总产量.

5. 交流电压 $u(t)=U_m\sin\omega t$ 经半波整流后为 $u(t)=\begin{cases}U_m\sin\omega t, & 0\leqslant t\leqslant\frac{\pi}{\omega},\\ 0, & \frac{\pi}{\omega}<t\leqslant\frac{2\pi}{\omega},\end{cases}$

求在一周期内电压的平均值与有效值.

6. 某商品每周生产 x 个单位时，总费用 $F(x)$ 的变化率 $f(x)=0.4x-12$（单位：元），且已知 $F(0)=80$ 元，求：(1)总费用函数 $F(x)$；(2)如果该商品的销售单价为 20 元，求总利润函数 $L(x)$；(3)每周生产多少单位时，利润达到最大？

※ 第五节　应用与实践四

一、应用

在研究物理、几何以及其他许多实际问题时，常常需要寻求变量之间的函数关系，这种函数关系有时可通过不定积分的知识来确立.

例 1　【电路中的电量】设导线在时刻 t（单位 s）的电流为 $i(t)=0.006t\sqrt{t^2+1}$，如果在时间 $t=0$ 时，流过导线横截面的电量 $Q(t)=0$（单位：A），求电量 $Q(t)$ 与 t 的关系式.

解　由电流与电量的关系 $i=\frac{dQ}{dt}$，得

$$Q(t)=\int i dt = 0.006t\sqrt{t^2+1}dt$$
$$=\int 0.003\sqrt{t^2+1}d(t^2+1)=0.002(t^2+1)^{\frac{3}{2}}+C.$$

将已知 $t=0$ 时，$Q(t)=0$ 代入上式，$C=-0.002$，所以 $Q(t)=0.002(t^2+1)^{\frac{3}{2}}-0.002$.

例 2　【自由落体运动】一物体在地球引力的作用下开始作自由落体运动，重力加速度为 g.

(1)求物体运动的速度方程和运动方程.

(2)如果一个物体从一建筑物的顶层落下，30 s 落地，求此建筑物的高度.

解　(1)由于物体只受地球引力的作用，由加速度与速度的关系，有

$$a=\frac{dv}{dt}=g,\text{且 } t=0 \text{ 时 } v=0,\text{积分后得 } v=\int g dt = gt+C,$$

将 $v(0)=0$ 代入上式，得 $C=0$，故作自由落体运动的速度方程为 $v=gt$.

又由 $v=\frac{dS}{dt}=gt$，积分得 $S=\int gt\,dt=\frac{1}{2}gt^2+C$，

将 $s(0)=0$ 代入上式，得 $C=0$，即自由落体的运动方程为 $S=\frac{1}{2}gt^2$.

(2)因物体做的是自由落体运动，所以它满足运动方程 $S=\frac{1}{2}gt^2$，将时间 $t=30(\text{s})$ 代入上式，得到建筑物的高度

$$h=\frac{1}{2}g\times30^2=450g=450\times9.8=4\ 410(\text{m})$$

其中重力加速度 $g=9.8\ \text{m/s}^2$.

例 3 【石油的消耗量】 近年来，世界范围内每年的石油消耗率呈指数增长，增长指数大约为 0.07. 1970 年年初，石油的消耗率大约为每年 161 亿桶. 设 $R(t)$ 表示从 1970 年起第 t 年的石油消耗率，则 $R(t)=161e^{0.07t}$（亿桶）. 试用此式估算从 1970 年到 1990 年间石油消耗总量.

解 设 $T(t)$ 表示从 1970 年起($t=0$)直到第 t 年的石油消耗总量，我们要求从 1970 年到 1990 年间的石油消耗总量，即求 $T(20)$. 由于 $T(t)$ 是石油消耗的总量，所以 $T'(t)$ 就是石油消耗率 $R(t)$，即 $T'(t)=R(t)$. 则 $T(t)$ 就是 $R(t)$ 的一个原函数.

$$T(t)=\int R(t)\mathrm{d}t=\int 161e^{0.07t}\mathrm{d}t=\frac{161}{0.07}e^{0.07t}+C=2\ 300e^{0.07t}+C.$$

因为 $T(0)=0$，所以 $C=-2\ 300$，$T(t)=2\ 300(e^{0.07t}-1)$.

从 1970 年到 1990 年间石油消耗的总量 $T(20)=2\ 300(e^{0.07\times 20}-1)\approx 7\ 027$（亿桶）.

例 4 【电流函数】 一电路中电流关于时间的变化率为 $\frac{\mathrm{d}i}{\mathrm{d}t}=0.9t^2-2t$，若 $t=0$ 时，$i=3A$，求电流 i 关于时间 t 的函数.

解 由 $\frac{\mathrm{d}i}{\mathrm{d}t}=0.9t^2-2t$，求不定积分得

$$i(t)=\int(0.9t^2-2t)\mathrm{d}t=0.3t^3-t^2+C,$$

将 $i(0)=3$ 代入上式，得 $C=3$，

所以
$$i(t)=0.3t^3-t^2+3.$$

例 5 【太阳能能量】 某一太阳能能量 f 相对于太阳能接触的表面面积 x 的变化率为 $\frac{\mathrm{d}f}{\mathrm{d}x}=\frac{0.03}{\sqrt{0.02x+1}}$，如果当 $x=0$ 时，$f=3$. 求太阳能能量 f 的表达式.

解 对 $\frac{\mathrm{d}f}{\mathrm{d}x}=\frac{0.03}{\sqrt{0.02x+1}}$ 积分得

$$\begin{aligned}f&=\int\frac{0.03}{\sqrt{0.02x+1}}\mathrm{d}x=\int\frac{0.03}{\sqrt{0.02x+1}}\times\frac{1}{0.02}\mathrm{d}(0.02x+1)\\&=\frac{3}{2}\int\frac{1}{\sqrt{0.02x+1}}\mathrm{d}(0.02x+1)=\frac{3}{2}\times 2\sqrt{0.02x+1}+C\\&=3\sqrt{0.02x+1}+C,\end{aligned}$$

将 $x=0$，$f=3$ 代入上式，得 $C=0$. 故 $f=3\sqrt{0.02x+1}$.

二、实践——用 MATLAB 计算积分

MATLAB 积分命令如表 4−1 所示

表 4−1

命　令	功　能
Int(f)或 Int(f,x)	计算不定积分 $\int f(x)\mathrm{d}x$
Int(f,a,b)或 Int(f,x,a,b)	计算定积分 $\int_a^b f(x)\mathrm{d}x$

计算结果中没有包含常数 C.

例 6　求下列不定积分.

(1) $\int \frac{3+x^2}{x^2\sqrt{x}}\mathrm{d}x$；　　(2) $\int_0^5 |x-2|\mathrm{d}x$；　　(3) $\int_{-\infty}^{+\infty}\frac{1}{1+x^2}\mathrm{d}x$.

(1)**解**

```
>> symsx
>> int(3 + x^2)/(x^2 * sprt(x))
Ans = 2 * x^(1/2) - 2/x^(3/2)
```

(2)**解**

```
>> clear
>> symsx
>> int(abs(x - 2),x,0,5)
Ans = 13/2
```

(3)**解**

```
>>clear
>>symsx
>>int(1/(1 + x^2),x, - inf, + inf)
Ans = pi
```

例 7　已知某商品的边际成本和边际收入分别为 $C'(x)=x^2-4x+6$，$R'(x)=105-2x$，其中 x 为销售量.求销售量为多少时有最大利润？最大利润是多少？

解　利润函数为 $L(x)=R(x)-C(x)$，令 $L'(x)=R'(x)-C'(x)=0$，在 MATLAB 窗口中输入：

```
>>clear
>>symsxdRdCdL
>>dR = 102 - 2 * x;dC = x^2 - 4 * x + 6;dL = dR - dC
  dL =
  99 + 2 * x - x^2
  >>x0 =
  - 9
  11
  >>d2L = diff(99 + 2 * x - x^2,x)
  d2L =
  2 - 2 * x
  >>subs(d2L,11)
  Ans =
  - 20
```

解得驻点

$x_0=11$，即销售量为 11 时利润最大，最大利润为 $L=\int_0^{11}L'(x)\mathrm{d}x$

在 MATLAB 窗口中输入：

```
>>L = int(dL,x,0,11)
L = 2299/3
```

所以最大利润为 766.3.

应用与实践四　习题

1. 已知一物体作直线运动，其加速度为 $a=12t^2-3\sin t$，且当 $t=0$ 时，$v=5$，$S=3$.

(1)求速度 v 与时间 t 的函数关系；

(2)求路程 S 与时间 t 的函数关系.

2. 池塘结冰的速度由 $\frac{\mathrm{d}y}{\mathrm{d}t}=k\sqrt{t}$ 给出，其中 y 是结冰起到时刻 t（单位：h）冰的厚度（单位：cm），k 是正常数，求结冰厚度 y 关于时间 t 的函数.

3. 设导线在时刻 t（单位：s）的电流为 $i(t)=2\sin\omega t$，如果在时间 $t=0$ 时，流过导线横截面的电量 $Q(t)=0$（单位：A），求电量 $Q(t)$ 与 t 的关系式.

4. 一电场中质子运动的加速度为 $a=-20(1+2t)^{-2}$（单位：$\mathrm{m/s^2}$）. 如果在 $t=0$ 时，$v=0.3\ \mathrm{m/s}$. 求质子的运动速度与时间的函数关系.

5. 用 MATLAB 软件计算下列不定积分.

(1)$\int\frac{x^2+1}{x\sqrt{x}}\mathrm{d}x$；　　(2)$\int(2\sec x-\tan x)\tan x\mathrm{d}x$；

(3)$\int\frac{1+\tan x}{\sin x}\mathrm{d}x$；　　(4)$\int\frac{2x+3}{1+x^2}\mathrm{d}x$.

6. 用 MATLAB 软件计算下列定积分.

(1) $\int_{-\frac{\pi}{2}}^{\frac{\pi}{2}}\sqrt{1-\cos 2x}\,\mathrm{d}x$；　　(2) $\int_1^2\frac{\sqrt{x^2-1}}{x^4}\mathrm{d}x$；

(3) $\int_0^{+\infty}x\mathrm{e}^{-x}\mathrm{d}x$；　　(4) $\int_{\frac{\pi}{2}}^{+\infty}\frac{1}{x^2}\sin\frac{1}{x}\mathrm{d}x$；

(5) $\int_1^{+\infty}\frac{\arctan x}{x^2}\mathrm{d}x$；　　(6) $\int_0^{+\infty}\frac{1}{(a^2+x^2)^{\frac{3}{2}}}\mathrm{d}x$.

小　结

一、主要内容

本模块的主要内容是：积分的概念、性质、求积分的方法及积分的应用.

（一）不定积分

1. 原函数与不定积分的概念；不定积分的简单性质；
2. 基本积分公式；
3. 三种积分方法（直接法、换元法、分部积分法）.

（二）定积分

1. 定积分的概念、性质；
2. 计算方法（换元法、分部积分法）；
3. 定积分的计算是通过牛顿—莱布尼茨公式，将定积分转化为不定积分来计算的；
4. 用定积分的微元法（元素法）去解决各种领域中的一些实际问题；运用微元法将一个量表达为定积分的分析方法.

微元法的一般步骤：

(1) 按实际问题要求，选取一个变量例如 x 为积分变量，并确定它的变化区间 $[a,b]$；

(2) 在区间 $[a,b]$ 上选取元素 $\mathrm{d}A=f(x)\mathrm{d}x$；

(3) 写出积分表达式 $A=\int_a^b f(x)\mathrm{d}x$.

5. 利用微元法求平面图形面积步骤如下：

(1)先画出图形的简图，求出曲线交点的坐标；

(2)根据图形的特点，确定积分变量与积分区间；

(3)写出面积微元；

(4)把面积表示成定积分并计算，即得所求面积.

6. 在直角坐标系下计算平面图形的面积：

(1)上下型；

(2)左右型.

7. 求旋转体体积

(1)旋转轴为 x 轴；

(2)旋转轴为 y 轴.

8. 定积分在物理等方面的应用举例：变力做功、引力、液体侧压力、电学方面等及经济学领域的一些简单应用.

二、应注意的问题

(一)关于原函数与不定积分的概念

1. 原函数与不定积分是两个不同的概念，它们又是紧密相连的. 若 $F'(x)=f(x)$ 成立，则称 $F(x)$ 是 $f(x)$ 的一个原函数；而 $F(x)+C$(C 为任意常数)称为 $f(x)$ 的不定积分.

2. 求 $f(x)$ 的不定积分是求其全体原函数，而只要求出一个原函数 $F(x)$，再加上任意常数 C 即可. 因此原函数与不定积分是个体与全体的关系.

(二)关于不定积分的性质

求导数与求不定积分互为逆运算，对一个函数若先求导数(或微分)再求积分等于该函数加上任意常数 C；若先求积分再求导数(微分)，则两种运算相互抵消，结果等于被积函数.

比如　$\frac{\mathrm{d}}{\mathrm{d}x}\int\frac{\sin x}{x}\mathrm{d}x=\frac{\sin x}{x}$，　$\int\mathrm{d}\left(\frac{\sin x}{x}\right)=\frac{\sin x}{x}+C$.

(三)关于不定积分的几何意义

$\int f(x)\mathrm{d}x=F(x)+C$ 代表的是 $f(x)$ 的一族积分曲线，这族积分曲线在横坐标相同的点 x 处的斜率是相同的.

(四)关于不定积分的计算

第一类换元积分法关键是“凑”，即将 $\int f(x)\mathrm{d}x$ 凑成 $\int f_1[\varphi(x)]\varphi'(x)\mathrm{d}x=\int f_1[\varphi(x)]\mathrm{d}\varphi(x)$(其中一个是关于 $\varphi(x)$ 的函数，另一个是关于 $\varphi(x)$ 的微分)，方可使用第一类换元积分法. 凑微分须记住常用公式.

第二类换元积分法其实是第一类换元公式的反方向的运用. 但必须注意的是 $x=\varphi(t)$ 的反函数必须存在，能够解出 $t=\varphi^{-1}(x)$.

分部积分法主要解决两类不同函数乘积的积分问题,其关键是根据被积表达式的形式来选取 u 和 $\mathrm{d}v$,注意其选取原则. 连续两次(或两次以上)应用分部积分公式时,对 u 和 $\mathrm{d}v$ 的再次选取应是与前一次相同类型的函数.

(五)关于定积分

1. 定积分的概念

定积分不同于不定积分,不定积分 $\int f(x)\mathrm{d}x$ 表示 $f(x)$ 的全体原函数,是一簇函数;定积分 $\int_a^b f(x)\mathrm{d}x$ 所表示的不是一个函数,而是一个确定的数值;这个数值只与积分区间、被积函数、积分变量有关,而与积分变量选取什么字母无关.

2. 定积分的计算

定积分在计算上是完全依赖于不定积分的,与不定积分中换元积分法和分部积分法的区别在于:(1)在使用定积分的换元积分法时,换元一定要换限,计算时不必回代.(2)定积分的分部积分法所处理的函数类型与 u 和 $\mathrm{d}v$ 的选择与不定积分完全相同,只是在定积分中每一项都必须带积分上下限.

3. 广义积分

广义积分的处理方法是将其转化为有限区间积分的极限问题.

4. 定积分应用

(1)如何用微元法解决实际问题,所求的量 A 必须满足条件:

①在 $[a,b]$ 上与一个连续函数 $f(x)$ 有关;

②具有可加性.

(2)用微元法解决实际问题的关键是如何定出部分量的近似表达式,即微元. 如面积微元、体积微元、功微元等.

(3)计算平面图形面积时应注意:

①要充分利用平面图形的对称性;

②要根据图形的边界曲线情况,选择适当的坐标系;

③要注意积分变量的选取,以便简化计算.

(4)计算旋转体体积时应注意:

①要画出平面图形,对旋转体要有一个直观想象;

②要明确平面图形围绕哪个轴或直线旋转,正确写出所用的公式,如果没有现成的公式,可利用坐标平移、坐标旋转将其转成标准形式;

③选取适当的积分变量,尽可能简化其计算过程.

(5)求某些物理量时应注意:

①一般,采取元素法易于理解,利用公式计算易出现错误;

②建立适当的坐标系非常关键,注意从做过的题目中总结经验.

复习题四

1. 填空题.

(1) 在区间 (a,b) 内,若 $f'(x)=g'(x)$,则一定有 $f(x)=$ ________.

(2) $\mathrm{d}\int \mathrm{d}F(x)=$ ________ ; $\int f'(x)\mathrm{d}x=$ ________ .

(3) 如果 $f(x)=\cos x$，则 $\int f'(x)\mathrm{d}x=$ ________ .

(4) $\int f'(3x)\mathrm{d}x=$ ________ ; $\int \frac{f'(x)}{1+f^2(x)}\mathrm{d}x=$ ________ ; $\int f^2(x)\mathrm{d}[f(x)]=$ ________ .

(5) 函数 $f(x)=x^2$ 的积分曲线过点 $(-1,2)$，则这条积分曲线是 ________ .

(6) $\int_{-\pi}^{\pi}\frac{\sin x}{1+\sin^2 x}\mathrm{d}x=$ ________ ; $\frac{\mathrm{d}}{\mathrm{d}x}\int_a^b f(x)\mathrm{d}x=$ ________ .

(7) 在 $\int_1^9 \frac{\mathrm{d}x}{1+\sqrt{x}}\mathrm{d}x$ 中，做换元 $x=t^2$，则新的积分上限应取 ________ ；下限应取 ________ .

(8) 设 $\sin x$ 是 $f(x)$ 的一个原函数，则 $\int xf(x)\mathrm{d}x=$ ________ .

(9) $\int_0^1 \frac{x^2}{1+x^2}\mathrm{d}x=$ ________ ; $\int_{-\frac{1}{2}}^{0}(2x+1)^{99}\mathrm{d}x=$ ________ ; $\int_{\frac{1}{2}}^{1}\frac{1}{x^2}\mathrm{e}^{\frac{1}{x}}\mathrm{d}x=$ ________ .

(10) 设 $f(x)$ 有连续的导数，$f(b)=5$，$f(a)=3$，则 $\int_a^b f'(x)\mathrm{d}x=$ ________ .

2. 选择题.

(1) 设 $f(x)$ 是可导函数，则 $\left(\int f(x)\mathrm{d}x\right)'$ 为(　　).

A. $f(x)$　　B. $f(x)+C$

C. $f'(x)$　　D. $f'(x)+C$

(2) 若 $f(x)$ 的一个原函数是 $\frac{1}{x}$，则 $f'(x)=$ (　　).

A. $\ln|x|$　　B. $\frac{1}{x}$　　C. $-\frac{1}{x^2}$　　D. $\frac{2}{x^3}$

(3) $y=\cos\frac{x}{3}$ 的一个原函数是(　　).

A. $3\sin\frac{x}{3}$　　B. $\frac{1}{3}\sin\frac{x}{3}$　　C. $-3\sin\frac{x}{3}$　　D. $-\frac{1}{3}\sin\frac{x}{3}$

(4) $\int\left(\frac{1}{\sin^2 x}+1\right)\mathrm{d}(\sin x)=$ (　　).

A. $-\cot x+x+C$　　B. $-\cot x+\sin x+C$

C. $\frac{1}{-\sin x}+\sin x+C$　　D. $\frac{1}{-\sin x}+x+C$

(5) 定积分 $\int_a^b f(x)\mathrm{d}x$ 是(　　).

A. $f(x)$ 的一个原函数　　B. $f(x)$ 的全体原函数

C. 任意常数　　D. 确定常数

(6) 由定积分的几何意义知，定积分 $\int_{-1}^{1}\sqrt{1-x^2}\,\mathrm{d}x=$ (　　).

A. 0　　B. π　　C. 1　　D. $\frac{\pi}{2}$

(7) 若 $\int f(x)\mathrm{d}x=x^2\mathrm{e}^{2x}+C$，则 $f(x)=$ (　　).

A. $2xe^{2x}$　　B. $2x^2e^{2x}$　　C. $2xe^{2x}(1+x)$　　D. xe^{2x}

(8) 定积分$\int_{-\pi}^{\pi}\frac{x^2\sin x}{1+x^2}\mathrm{d}x$ 等于（　　）.

A. 2　　B. -1　　C. 1　　D. 0

(9) 设函数 $f(x)=x^3+x$，则$\int_{-2}^{2}f(x)\mathrm{d}x$ 等于（　　）.

A. 0　　B. 8　　C. $\int_0^2 f(x)\mathrm{d}x$　　D. $2\int_0^2 f(x)\mathrm{d}x$

(10) 设函数在闭区间$[a,b]$上连续，则$\int_a^b f(x)\mathrm{d}x-\int_a^b f(t)\mathrm{d}t$（　　）.

A. 小于零　　B. 等于零　　C. 大于零　　D. 不确定

(11) 曲线 $y=\ln x, y=\ln a, y=\ln b(0<a<b)$ 及 y 轴所围成的平面图形面积为 $A=$（　　）.

A. $\int_{\ln a}^{\ln b}\ln x\mathrm{d}x$　　B. $\int_{\ln a}^{\ln b}e^y\mathrm{d}y$

C. $\int_{e^a}^{e^b}e^x\mathrm{d}x$　　D. $\int_{e^b}^{e^a}\ln x\mathrm{d}x$

(12) 曲线 $y=\frac{1}{x}, y=x, x=2$ 所围成的平面图形面积为 $A=$（　　）.

A. $\int_1^2\left(\frac{1}{x}-x\right)\mathrm{d}x$　　B. $\int_1^2\left(x-\frac{1}{x}\right)\mathrm{d}x$

C. $\int_1^2\left(2-\frac{1}{y}\right)\mathrm{d}y+\int_1^2(2-y)\mathrm{d}y$　　D. $\int_1^2\left(2-\frac{1}{x}\right)\mathrm{d}x+\int_1^2(2-x)\mathrm{d}x$

(13) 曲线 $y=3x, y=4-x^2$ 所围成的平面图形面积为 $A=$（　　）.

A. $\int_{-4}^{1}(4-x^2-3x)\mathrm{d}x$　　B. $\int_{-12}^{3}\left(\frac{y}{3}-\sqrt{4-y}\right)\mathrm{d}y$

C. $\int_{-1}^{4}(4-x^2-3x)\mathrm{d}x$　　D. $\int_{-4}^{1}\left(\frac{y}{3}-\sqrt{4-y}\right)\mathrm{d}y$

(14) 曲边梯形 $0\leqslant y\leqslant f(x), 0\leqslant a\leqslant x\leqslant b$ 绕 y 轴旋转得到的旋转体的体积为（　　）.

A. $\pi\int_a^b f^2(x)\mathrm{d}x$　　B. $\int_a^b f^2(x)\mathrm{d}x$

C. $2\pi\int_a^b xf(x)\mathrm{d}x$　　D. $\int_a^b xf(x)\mathrm{d}x$

3. 求下列函数的不定积分.

(1) $\int\left(\sqrt[5]{x}+\frac{3}{x}+2^x\right)\mathrm{d}x$；　(2) $\int\frac{3x^4+3x^2+1}{x^2+1}\mathrm{d}x$；　(3) $\int\sin^2 x\mathrm{d}x$；

(4) $\int\cos^3 x\mathrm{d}x$；　(5) $\int\frac{\mathrm{d}x}{x^2+2x+2}$；　(6) $\int\frac{3x^3}{1-x^4}\mathrm{d}x$；

(7) $\int\frac{1}{1+\sqrt{2x}}\mathrm{d}x$；　(8) $\int x^2\cos x\mathrm{d}x$；　(9) $\int\frac{\mathrm{d}x}{16-x^2}$.

4. 求下列函数的定积分.

(1) $\int_0^1(1-2x)^{10}\mathrm{d}x$；　(2) $\int_0^{\frac{\pi}{2}}\sin^2\frac{x}{2}\mathrm{d}x$；　(3) $\int_0^{\frac{\pi}{2}}\sin^3 x\mathrm{d}x$；

(4) $\int_1^e\frac{\ln^2 x}{x}\mathrm{d}x$；　(5) $\int_1^e\frac{1+5\ln x}{x}\mathrm{d}x$；　(6) $\int_0^{2\pi}|\sin x|\mathrm{d}x$；

(7) $\int_0^{\frac{\pi}{2}} x\sin 2x\mathrm{d}x$；　(8) $\int_0^1 \frac{x}{1+x^2}\mathrm{d}x$；　(9) $\int_0^1 \frac{\sqrt{x}}{1-\sqrt{x}}\mathrm{d}x$.

5. 已知函数 $f(x)$ 满足 $f'(x)=3x^2+bx+c$，且当 $x=1$ 时有极小值，当 $x=-1$ 时有极大值 $f(-1)=4$，求该函数.

6. 计算下列广义积分.

(1) $\int_1^{+\infty} \frac{1}{(x+1)^3}\mathrm{d}x$；　(2) $\int_{-\infty}^0 xe^{x^2}\mathrm{d}x$；　(3) $\int_0^1 \frac{x}{\sqrt{1-x^2}}\mathrm{d}x$；

(4) 判别广义积分 $\int_0^{+\infty} \frac{\arctan x}{1+x^2}\mathrm{d}x$ 是否收敛?若收敛，求其值.

7. 求下列各曲线所围成的图形的面积.

(1) 求由曲线 $y^2=x, y=x^2$ 所围成图形的面积；

(2) 求由曲线 $y=x^2, x+y=2$ 所围成图形的面积；

(3) 求由曲线 $y=\ln x, y=\ln 3, y=\ln 7, x=0$ 所围成图形的面积；

(4) 求由曲线 $y=x^2, y=2-x^2$ 所围成图形的面积；

(5) 求由曲线 $y^2=4+x, x+2y=4$ 所围成图形的面积.

8. A，B 两站相距 7.2 km，一辆电车从 A 站开往 B 站，电车开出 t s后到达途中 C 点这一段的速度为 $1.2t$(m/s)，到 C 点的速度为 24(m/s)，从 C 点到 B 点前的 D 点以等速行驶，从 D 点开始刹车，经 t s后，速度为 $(24-1.2t)$(m/s)，在 B 点恰好停车，试求 (1)A、C 间的距离；(2)B、D 间的距离；(3) 电车从 A 站到 B 站所需时间.

9. 一物体按规律 $x=ct^2$ 直线运动，所受的阻力与速度的平方成正比，计算物体从 $x=0$ 运动到 $x=a$ 时克服力所做的功.

10. 某产品边际成本为 $C'(x)=150-0.2x$，当产量由 200 增加 300 时，需增加成本多少?

11. 设某产品的总产量变化率 $f(t)=100+10t-0.45t^2$ (t/h)，求(1) 总产品函数 $Q(t)$；(2) 从 $t_0=4$ 到 $t_1=8$ 这段时间内的产量.

12. 设交流电 $i(t)=I_m\sin\omega t$，其中 I_m 是交流最大值(峰值)，ω 为角频率，而周期 $T=\frac{2\pi}{\omega}$，若电流通过纯电阻电路，设电阻 R 为常数，求平均功率.

微分几何之父陈省身

陈省身　是 20 世纪重要的微分几何学家，被誉为“微分几何之父”。早在 40 年代，陈省身结合微分几何与拓扑学的方法，完成了两项划时代的重要工作:黎曼流形的高斯—博内一般形式和埃尔米特流形的示性类论。他首次应用纤维丛概念于微分几何的研究，引进了后来通称的陈氏示性类(简称陈类)。为大范围微分几何提供了不可缺少的工具。他引进的一些概念、方法和工具，已远远超过微分几何与拓扑学的范围，成为整个现代数学中的重要组成部分。

陈省身的卓越贡献

1911 年 10 月 28 日陈省身生于浙江嘉兴秀水县，美籍华裔数学大师、20 世纪最伟大的几何学家之一，曾长期任教于美国加州大学伯克利分校、芝加哥大学，并在伯克利建立了美国国家数学科学研究所。

1926年，陈省身进入南开大学数学系，该系的姜立夫教授对陈省身影响很大。在南开大学学习期间，他还为姜立夫当助教。

1931年考入清华大学研究院，成为中国国内最早的数学研究生之一。1932年在孙光远博士指导下，他在《清华大学理科报告》发表了第一篇数学论文：关于射影微分几何的《具有一一对应的平面曲线对》。

1934年夏，他毕业于清华大学研究院，获硕士学位，成为中国自己培养的第一名数学研究生。赴布拉希克所在的汉堡大学数学系留学。

1935年10月完成博士论文《关于网的计算》和《$2n$维空间中n维流形三重网的不变理论》，在汉堡大学数学讨论会论文集上发表。

1936年2月获科学博士学位；毕业时奖学金还有剩余，同年得到中华文化基金会资助，1937年起先后在清华大学、西南联合大学、美国普林斯顿高等研究院、中国中央研究院数学研究所、美国芝加哥大学与加州大学伯克利分校任职教授等职，1981年创办美国国家数学研究所并任所长，1985年创办南开数学研究所并任所长。他在微积分和拓扑学、特别是在整体微分几何研究中的开创性贡献对数学乃至物理学等学科的发展产生了巨大影响。他被公认为二十世纪最伟大的数学家之一。

当时的中国数学，还处在恢复和发展的起步阶段。报效祖国，着眼于中国本土的数学发展，用陈先生自己的话说就是：为数学我要鞠躬尽瘁，死而后已。这是他的肺腑之言，也是他多年来的行动。陈先生把他获得沃尔夫数学奖的5万美金奖全数交给了数学所；1988年陈省身到美国休斯顿授课和研究，所得酬金两万美金也捐给了数学所；还捐了汽车5辆。在给胡国定的信中说：我的遗嘱，会有一笔钱给南开数学所。到了21世纪，他为南开数学所设立了上百万美金的基金，其中半数是他自己多年的积蓄。至于图书、杂志以及其他的零星捐助，已无法精确统计。他自己说，除了儿子、女儿之外，南开数学所是我的第三个孩子。

陈省身先生是美国科学院院士，中国、法国、意大利、俄罗斯、英国等国科学院或皇家学会外籍院士与会员。先后获美国国家科学奖章、以色列沃尔夫奖、中国国际科技合作奖及首届邵逸夫数学科学奖等多项荣誉。

2002年被推选为在北京召开的国际数学家大会名誉主席。2004年11月2日，经国际天文学联合会下属的小天体命名委员会讨论通过，将中国国家天文台施密特*CCD*小行星项目组所发现的永久编号为1998*CS*2号的小行星命名为“陈省身星”，以表彰他的贡献。

数学家陈省身的坚持不懈、勇于探索、自强不息、勤耕不辍、献身科学事业的大无畏精神值得我们去学习。

主要著作

1.《微分几何的若干论题》，美国普林斯顿高级研究院1951年油印本

2.《微分流形》，美国芝加哥大学1953年油印本

3.《复流形》，美国芝加哥大学1956年版；巴西累西腓大学1959年版，俄译本1961年版

4.《整体几何和分析的研究》（编辑），美国数学协会1967年版

5.《不具位势原理的复流形》，凡·诺斯特兰德1968年版；斯普林格出版社第二版

6.《黎曼流形中的极小子流形》，美国堪萨斯大学1968年油印本

7.《微分几何讲义》（合著），北京大学出版社1983年出版

8.《陈省身论文选集》（1—4卷），斯普林格出版社1978年、1989年出版

9.《整体微分几何的研究》（编辑），美国数学协会1988年版

10.《陈省身文选——传记、通俗演讲及其他》，科学出版社1989年出版

模块五　多元函数微积分学

【学习目标】

☆ 理解多元函数的极限、偏导数、全微分、二重积分的概念、性质与几何意义.
☆ 理解掌握偏导数的运算法则、复合函数的求偏导数法则、多元函数的最值以及高阶偏导数的概念与计算.
☆ 理解掌握二重积分的计算方法,能在直角坐标系下和极坐标系下计算二重积分.
☆ 能用多元函数微分学、二重积分解决一些常见的问题.
☆ 会用 MATLAB 计算多元函数的偏导数、全微分.

第一节　多元函数微分学

【引例】某公司在生产中使用 A 和 B 两种进口原料,已知 A 和 B 两种原料分别使用 x 单位和 y 单位可生产 U 单位的产品,这里 $U(x,y)=8xy+32x+40y-4x^2-6y^2$,并且 A 原料每单位的价值为 10 美元,B 原料每单位的价值为 4 美元,产品每单位的售价为 40 美元,求公司的最大利润 .

在这个问题中,涉及两个变量 x 和 y,恰当选取 x 和 y 的值,就会求出最大利润. 这个问题体现在数学上就是求多元函数的微分问题. 本节将在一元函数微分学的基础上学习多元函数微分学.

一、多元函数的概念

为了确定平面上任意一点的位置,我们曾经建立了平面直角坐标系. 为了确定空间上任意一点的位置,相应地就要引进空间直角坐标系. 通过空间直角坐标系,可以把一些空间的几何图形与方程联系起来.

1. 空间直角坐标系

(1)空间直角坐标系

在空间取一平面,并建立平面直角坐标系 Oxy,在原点 O 作一条与 x 轴、y 轴有相同长度单位且垂直于 xOy 平面的数轴(z 轴),称为竖轴. x 轴、y 轴仍分别称为横轴、纵轴,三条数轴统称为坐标轴. 它们的方向由以下右手法则确定:右手握住 z 轴,并拢的四指从 x 轴的正向指向 y 轴的正向,这时大拇指的指向是 z 轴的正向,如图 5－1 所示,则称这三条坐标轴组成一个空间直角坐标系,称 O 为坐标原点(简称原点).

在空间直角坐标系中,每两条坐标轴确定的平面称为坐标平面(简称坐标面),由 x 轴与 y 轴确定的平面称为 xOy 平面. 类似的,有 yOz 坐标面、zOx 坐标面. 如图 5－2 所示,三个两两相互垂直的坐标面把空间分成八个部分,每一部分称为一个卦限,八个卦限分别用Ⅰ,Ⅱ,…,Ⅷ表示.

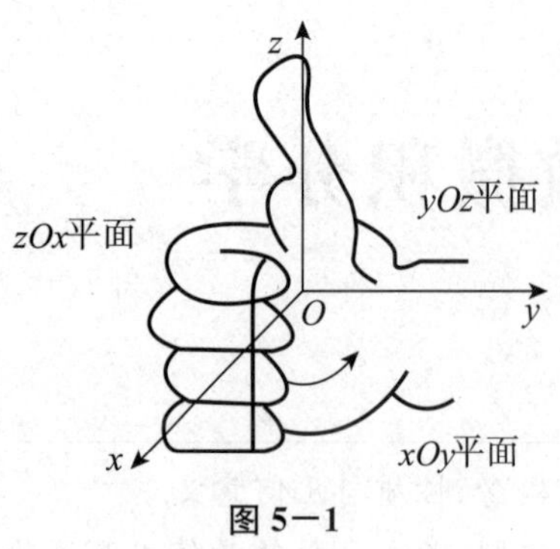

图 5－1

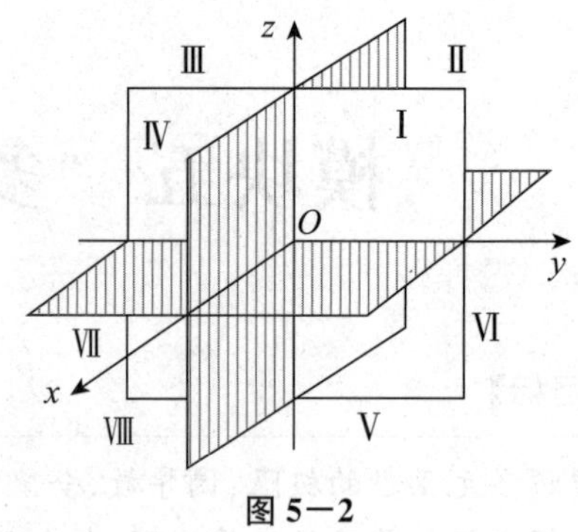

图 5－2

(2)空间点的位置表示法

给定空间一点 M，过 M 分别作垂直于 x 轴、y 轴、z 轴的平面，分别交三个轴于 P、Q、R 三点，若这三个点在三个数轴上的坐标分别为 x_0、y_0、z_0，这样就由点 M 唯一确定了三元有序数组 (x_0, y_0, z_0). 反之对任意给定的三元有序数组 (x_0, y_0, z_0)，我们可以在 x 轴、y 轴、z 轴上分别取三个点 P、Q、R，使它们在这三个坐标轴上的坐标分别为 x_0、y_0、z_0，过 P、Q、R 作三个平面分别垂直于 x 轴、y 轴与 z 轴，这三个平面交于一点 M，则由一个三元有序数组 (x_0, y_0, z_0) 唯一确定了空间一点 M(图 5－3). 于是空间点 M 与三元有序数组 (x_0, y_0, z_0) 建立了一一对应关系，(x_0, y_0, z_0) 称为点 M 在空间直角坐标系下的坐标，而 x_0、y_0、z_0 为点 M 分别在 x 轴、y 轴、z 轴上的坐标分量，并记为 $M(x_0, y_0, z_0)$.

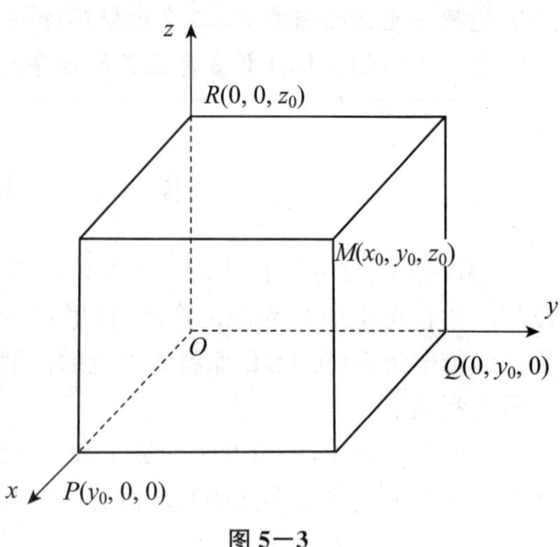

图 5－3

显然，坐标原点 O 的坐标为(0,0,0)；x 轴、y 轴和 z 轴上任意一点的坐标分别为 $(x,0,0)$、$(0,y,0)$、$(0,0,z)$；xOy 平面、yOz 平面和 zOx 平面上任意一点的坐标分别为 $(x,y,0)$、$(0,y,z)$ 和 $(x,0,z)$.

(3) 空间任意两点间的距离

空间任意两点 $A(x_1, y_1, z_1)$、$B(x_2, y_2, z_2)$ 的距离用 $|AB|$ 表示，下面给出它的计算公式.

$$|AB| = \sqrt{(x_2-x_1)^2+(y_2-y_1)^2+(z_2-z_1)^2}. \tag{5－1}$$

例 1 在 z 轴上求一点，使这点到 $A(3,2,6)$ 点和 $B(1,-2,4)$ 点的距离相等.

解 设所求点为 $M(0,0,z)$，根据题意有

$$|MA| = |MB|,$$

由公式(5－1)，有

$$\sqrt{(0-3)^2+(0-2)^2+(z-6)^2} = \sqrt{(0-1)^2+(0+2)^2+(z-4)^2}.$$

解得 $z=7$，因此所求点的坐标为 $M(0,0,7)$.

2. 曲面与方程

(1)曲面与方程

在平面解析几何中，坐标平面上的一条曲线与方程 $F(x,y)=0$ 相对应. 类似地，在空间直

角坐标系中，可以建立空间曲面与含有三个变量的方程 $F(x,y,z)=0$ 的对应关系.

定义 1　如果曲面 S 上任意一点的坐标都满足方程 $F(x,y,z)=0$，而不在曲面 S 上的点的坐标都不满足方程 $F(x,y,z)=0$，则方程 $F(x,y,z)=0$ 称为**曲面 S 的方程**，而曲面 S 称为方程 $F(x,y,z)=0$ 所对应的图形(图 5—4).

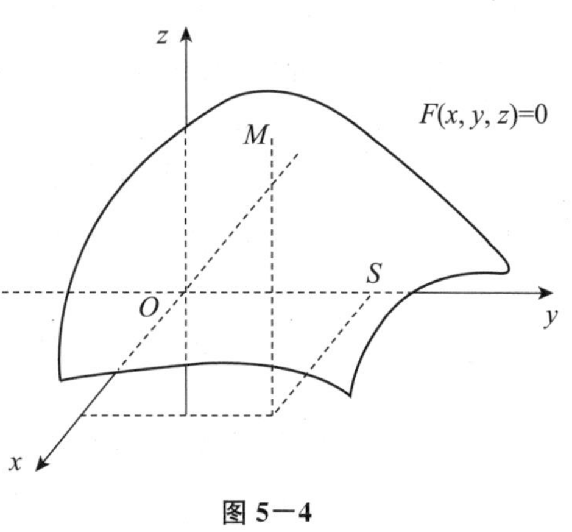

图 5—4

(2)球面方程

空间中与一定点的距离为定长的点的轨迹称为**球面**，定点称为**球心**，定长称为**半径**. 设球心坐标为 (a,b,c)，半径为 R 的球面方程标准形式为

$$(x-a)^2+(y-b)^2+(z-c)^2=R^2.$$

特别地，球心为原点，半径为 R 的球面方程为

$$x^2+y^2+z^2=R^2.$$

注：空间中的球面方程是平面上圆的方程的推广.

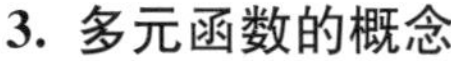

3. 多元函数的概念

例 2　圆柱体的体积 V 与底面半径 r、高 h 的关系是

$$V=\pi r^2 h.$$

r、h 皆在正实数范围内取值，r、h 任取一组具体数值，根据上面的依赖关系，就得到一个确定的 V 值与之对应.

例 3　由物理学知道，一定量的理想气体的压强 P、体积 V 和绝对温度 T 之间有如下关系：

$$P=\frac{nRT}{V},$$

其中 n、R 是常数，如果在观察的过程中，T 和 V 是变化的，那么此关系式反映了三个变量 T、V 和 P 之间的一种依赖关系. 当 T、V 在一定范围($V>0$，$T>0$)内任取定一对数值时，通过关系式 $P=\frac{nRT}{V}$，压强 P 有唯一确定的值与之对应.

上述两例虽具体意义不同，但它们在数量关系上有着共同的属性，即一个变量依赖于另两个变量. 据此概括出二元函数的定义.

(1)二元函数的定义

设在某一变化过程中有三个变量 x，y 和 z，如果对于变量 x，y 在其变化范围内所取的每一对数值，变量 z 按照某一法则 f，都有唯一确定的数值与之对应，则称 z 是 x，y 的**二元函数**，记作

$$z=f(x,y),$$

其中 x，y 称为自变量，z 称为因变量. 自变量 x，y 的取值范围称为函数的定义域，通常记为 D. 二元函数在 (x_0,y_0) 所取得的函数值，记为

$$f(x_0,y_0),\ z\Big|_{\substack{x=x_0\\y=y_0}} \text{或}\ z\Big|_{(x_0,y_0)}.$$

类似地可定义三元函数 $u=f(x,y,z)$ 以及三元以上的函数.

二元及二元以上的函数统称为**多元函数**.

对于一元函数 $y=f(x)$，数值 x 对应着 x 轴上一点 P，则一元函数可以表示为 $y=f(P)$；而数组 (x,y) 对应平面上的一点 P，那么二元函数也可表示为 $z=f(P)$.

(2)二元函数的定义域

对于由实际问题得到的二元函数，其定义域由实际意义而定；对于由解析式所表示的二元函数，其定义域就是使函数表达式有意义的自变量取值范围.

二元函数的定义域往往是由 xOy 平面上的一条或几条光滑曲线(包括直线)所围成的一部分平面或整个平面，称为**区域**，即二元函数的定义域通常为平面区域. 围成区域的曲线称为**区域的边界**，边界上的点称为**边界点**，包括边界在内的区域称为**闭区域**，不包括边界在内的区域称为**开区域**.

若一个区域 D 内任意两点之间的距离都不超过一个常数 M，则称 D 为**有界区域**，否则称 D 为**无界区域**.

平面上以定点 P_0 为圆心，正数 δ 为半径的圆的内部是一个开区域 $U(P_0,\delta)=\{(x,y)\mid(x-x_0)^2+(y-y_0)^2<\delta^2\}$，称为点 $P_0(x_0,y_0)$ 的 **δ 邻域**. 若将圆心 P_0 去掉，剩下的部分 $\mathring{U}(P_0,\delta)=\{(x,y)\mid 0<(x-x_0)^2+(y-y_0)^2<\delta^2\}$ 称为点 $P_0(x_0,y_0)$ 的**去心 δ 邻域**.

类似地，可定义三元函数 $u=f(x,y,z)$ 以及三元以上的函数.

例 4 求函数 $z=\arcsin(x^2+y^2)$ 的定义域.

解 要使函数 $z=\arcsin(x^2+y^2)$ 有意义，必须有 $x^2+y^2\leqslant 1$，因此所求定义域为

$$D=\{(x,y)\mid x^2+y^2\leqslant 1\}.$$

用图形表示为 xOy 平面上由圆 $x^2+y^2=1$ 围成的**有界闭区域**(图 5－5).

例 5 求函数 $z=\ln(x+y)$ 的定义域.

解 要使函数 $z=\ln(x+y)$ 有意义，必须有 $x+y>0$，因此所求定义域为

$$D=\{(x,y)\mid x+y>0\}.$$

用图形表示为 xOy 平面上不包含直线 $x+y=0$ 的阴影一侧区域(图 5－6).

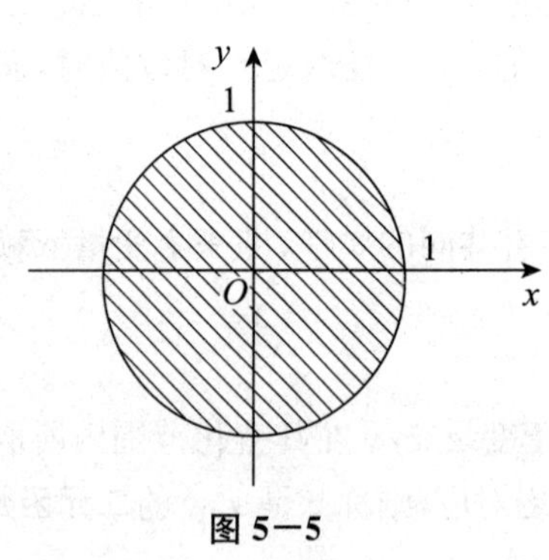

图 5－5

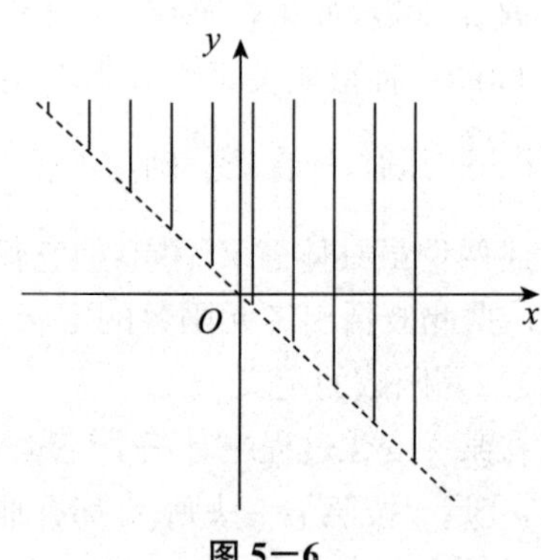

图 5－6

(3)二元函数的几何意义

设函数 $z=f(x,y)$ 的定义域为 D，对于任意点 $P(x,y)\in D$，相应有函数值 $z=f(x,y)$，有序数组 (x,y,z) 确定空间一点 $M(x,y,z)$，当点 P 在 D 内变动时，对应点 M 就在变动，一般形成一张曲面 Σ，称它为函数 $z=f(x,y)$ 的图形. 定义域 D 就是曲面 Σ 在 xOy 平面上的投影区域，如图 5－7 所示.

例如，函数 $z=\sqrt{a-x^2-y^2}$ 的图形是 xOy 面上方的以原点为球心、半径为 a 的半球面，见图 5－8.

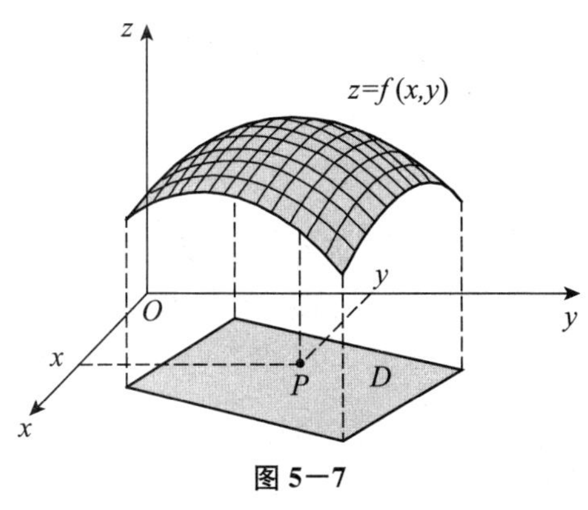

图 5—7

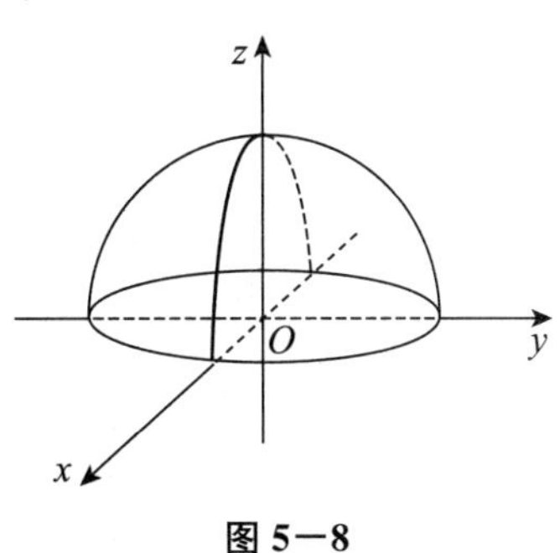

图 5—8

4. 二元函数的极限和连续

(1)二元函数的极限

设函数 $z=f(x,y)$ 在点 $P_0(x_0,y_0)$ 的某邻域内有定义(点 P_0 可除外),A 是一个常数,若点 $P(x,y)$ 以任意方式趋近于 $P_0(x_0,y_0)$ 时,$f(x,y)$ 总是无限接近于 A,则称 A 是二元函数 $f(x,y)$ 当 (x,y) 趋于 (x_0,y_0) 时的**极限**. 记为

$$\lim_{\substack{x\to x_0\\ y\to y_0}} f(x,y)=A \quad 或 \quad \lim_{P\to P_0} f(P)=A.$$

注:二元函数的极限是一元函数极限的推广,有关一元函数极限的运算法则和定理,都可以推广到二元函数的极限,下面举例说明.

例 6 求极限 $\lim\limits_{\substack{x\to 0\\ y\to 1}}\dfrac{\sin(xy)}{x}$.

解 $\lim\limits_{\substack{x\to 0\\ y\to 1}}\dfrac{\sin(xy)}{x}=\lim\limits_{\substack{x\to 0\\ y\to 1}}\dfrac{\sin(xy)}{xy}\cdot y=\lim\limits_{\substack{x\to 0\\ y\to 1}}\dfrac{\sin(xy)}{xy}\cdot\lim\limits_{\substack{x\to 0\\ y\to 1}}y=1\times 1=1.$

例 7 求极限 $\lim\limits_{\substack{x\to 0\\ y\to 0}}\dfrac{xy}{\sqrt{xy+1}-1}$.

解 $\lim\limits_{\substack{x\to 0\\ y\to 0}}\dfrac{xy}{\sqrt{xy+1}-1}=\lim\limits_{\substack{x\to 0\\ y\to 0}}\dfrac{xy(\sqrt{xy+1}+1)}{xy}=\lim\limits_{\substack{x\to 0\\ y\to 0}}(\sqrt{xy+1}+1)=2.$

(2)二元函数的连续性

定义 2 设函数 $z=f(x,y)$ 在点 $P_0(x_0,y_0)$ 的某邻域内有定义,若

$$\lim_{\substack{x\to x_0\\ y\to y_0}} f(x,y)=f(x_0,y_0),$$

则称二元函数 $z=f(x,y)$ 在点 $P_0(x_0,y_0)$ **连续**.

定义 3 设函数 $z=f(x,y)$ 在点 $P_0(x_0,y_0)$ 的某邻域内有定义,若

$$\lim_{\substack{\Delta x\to 0\\ \Delta y\to 0}}\Delta z=\lim_{\substack{\Delta x\to 0\\ \Delta y\to 0}}\Big[f(x_0+\Delta x,y_0+\Delta y)-f(x_0,y_0)\Big]=0,$$

则称 $z=f(x,y)$ 在点 (x_0,y_0) **连续**.

根据极限四则运算法则及有关复合函数的极限定理,可以证明二元连续函数具有如下性质:

① **二元连续函数的和、差、积、商(分母不为零)仍为连续函数.**

②(最大值、最小值定理)有界闭区域上的二元连续函数 $f(x,y)$ 存在最大值和最小值.

二、偏导数与全微分

1. 偏导数的定义

多元函数中,当某一自变量在变化,而其他自变量不变化(视为常数)时,函数关于这个自变量的变化率叫做多元函数对这个自变量的偏导数.这里只介绍二元函数偏导数的定义.

定义4 设函数 $z=f(x,y)$ 在点 (x_0,y_0) 的某一邻域 D 内有定义.当自变量 y 保持定值 y_0,而自变量 x 在 x_0 处有增量 Δx 时,函数 $z=f(x,y)$ 相应地有增量

$$\Delta z_x = f(x_0+\Delta x,y_0)-f(x_0,y_0).$$

(又称为关于自变量 x 的偏增量).

如果极限

$$\lim_{\Delta x\to 0}\frac{\Delta z_x}{\Delta x}=\lim_{\Delta x\to 0}\frac{f(x_0+\Delta x,y_0)-f(x_0,y_0)}{\Delta x}$$

存在,则称函数 $z=f(x,y)$ 在点 (x_0,y_0) 处对 x **可导**,称此极限为函数 $z=f(x,y)$ 在点 (x_0,y_0) 处对 x 的**偏导数**,记作

$$\left.\frac{\partial z}{\partial x}\right|_{\substack{x=x_0\\y=y_0}},\left.\frac{\partial f}{\partial x}\right|_{\substack{x=x_0\\y=y_0}},\left.z'_x\right|_{\substack{x=x_0\\y=y_0}}\text{ 或 }f_x'(x_0,y_0).$$

类似地,当 x 保持定值 x_0,

如果极限

$$\lim_{\Delta y\to 0}\frac{f(x_0,y_0+\Delta y)-f(x_0,y_0)}{\Delta y}$$

存在,则称函数 $z=f(x,y)$ 在点 (x_0,y_0) 处对 y **可导**,称此极限为函数 $z=f(x,y)$ 在点 (x_0,y_0) 处对 y **的偏导数**,记作

$$\left.\frac{\partial z}{\partial y}\right|_{\substack{x=x_0\\y=y_0}},\left.\frac{\partial f}{\partial y}\right|_{\substack{x=x_0\\y=y_0}},\left.z_y'\right|_{\substack{x=x_0\\y=y_0}},f_y'(x_0,y_0).$$

如果函数 $z=f(x,y)$ 在区域 D 内每一点处对 x 的偏导数都存在,那么这个偏导数是 x,y 的函数,称为函数 $z=f(x,y)$ 对自变量 x 的偏导函数,简称为偏导数,记作

$$\frac{\partial z}{\partial x},\frac{\partial f}{\partial x},z'_x\text{ 或 }f'_x(x,y).$$

同样,函数 $z=f(x,y)$ 对自变量 y 的偏导数记作

$$\frac{\partial z}{\partial y},\frac{\partial f}{\partial y},z'_y\text{ 或 }f'_y(x,y).$$

二元函数偏导数的定义可以类推到三元及三元以上的函数.

从偏导数的定义可以看出,求 $\frac{\partial z}{\partial y}$ 时,把 x 视为常数对 y 求导数即可.因此,求二元函数的偏导数可以按照一元函数求导公式进行.

注:(1)偏导数记号 $\frac{\partial z}{\partial x}$ 是一个整体,不能单独使用.

(2)若 $z=f(x,y)$ 的偏导数存在,求 $\frac{\partial z}{\partial x}\left(\text{或}\frac{\partial z}{\partial y}\right)$ 时,把 y(或 x)视为常数,只对 x(或 y)求导

数即可.

(3)求二元函数的偏导数按照一元函数求导公式进行.

例 8　求 $z=x^3+3xy^2+y^3-2$ 在(1,1)处的偏导数.

解　将 y 看成常数,对 x 求导,得

$$\frac{\partial z}{\partial x}=3x^2+3y^2,$$

将 x 看成常数,对 y 求导,得

$$\frac{\partial z}{\partial y}=6xy+3y^2,$$

所以

$$\left.\frac{\partial z}{\partial x}\right|_{\substack{x=1\\y=1}}=3\times1^2+3\times1^2=6,\ \left.\frac{\partial z}{\partial y}\right|_{\substack{x=1\\y=1}}=6\times1\times1+3\times1^2=9.$$

例 9　设 $z=x^y$,求$\frac{\partial z}{\partial x}$,$\frac{\partial z}{\partial y}$.

解　将 y 看成常数,则

$$\frac{\partial z}{\partial x}=yx^{y-1},$$

将 x 看成常数,则

$$\frac{\partial z}{\partial y}=x^y\ln x.$$

例 10　设 $z=x\ln(x^2+y^2)$,求$\left.\frac{\partial z}{\partial x}\right|_{\substack{x=1\\y=-1}}$,$\left.\frac{\partial z}{\partial y}\right|_{\substack{x=1\\y=-1}}$.

解

$$\begin{aligned}\frac{\partial z}{\partial x}&=(x)'_x\ln(x^2+y^2)+x[\ln(x^2+y^2)]'_x\\&=1\cdot\ln(x^2+y^2)+x\cdot\frac{2x}{x^2+y^2}=\ln(x^2+y^2)+\frac{2x^2}{x^2+y^2}.\end{aligned}$$

所以,

$$\left.\frac{\partial z}{\partial x}\right|_{\substack{x=1\\y=-1}}=\ln(1^2+(-1)^2)+\frac{2\times1^2}{1^2+(-1)^2}=1+\ln 2,$$

$$\frac{\partial z}{\partial y}=x\cdot\frac{2y}{x^2+y^2}=\frac{2xy}{x^2+y^2}.$$

所以,

$$\left.\frac{\partial z}{\partial y}\right|_{\substack{x=1\\y=-1}}=\frac{2\times1\times(-1)}{1^2+(-1)^2}=-1.$$

偏导数的几何意义

二元函数 $z=f(x,y)$的图形一般是一张曲面,它在点(x_0,y_0)处对 x 的偏导数相当于一元函数 $z=f(x,y_0)$在点 x_0处的导数. 几何上,函数 $z=f(x,y_0)$的图形可看成在平面 $y=y_0$上的曲线,即曲面 $z=f(x,y)$和平面 $y=y_0$的交线. 因此,根据一元函数导数的几何意义可知,偏导数 $f'_x(x_0,y_0)$表示曲线

$$\begin{cases}z=f(x,y),\\y=y_0.\end{cases}$$

在点 $M(x_0,y_0,(x_0,y_0))$处的切线关于 x 轴的斜率(图 5－9). 同样,偏导数 $f'_y(x_0,y_0)$表示曲线

$$\begin{cases} z = f(x,y), \\ x = x_0. \end{cases}$$

在点 $M(x_0, y_0, (x_0, y_0))$处的切线关于 y 轴的斜率(图 5—10).

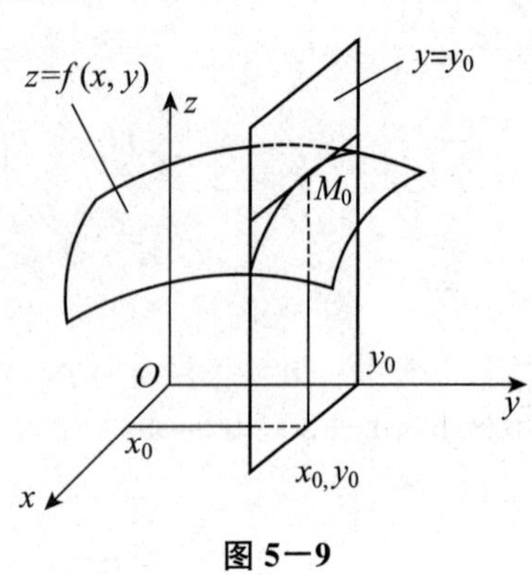

图 5—9

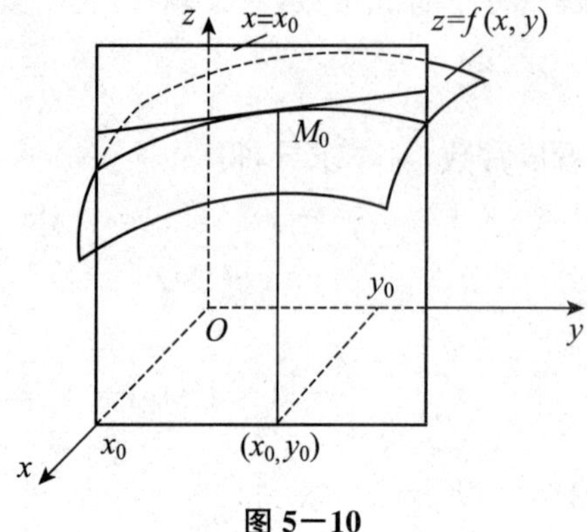

图 5—10

2. 高阶偏导数

设函数 $z=f(x,y)$在区域 D 内每一点处都存在偏导数 $f_x(x,y)$和 $f_y(x,y)$，如果偏导函数 $f'_x(x,y)$和 $f'_y(x,y)$对 x 和对 y 偏导数也存在，那么称这些偏导数是函数 $z=f(x,y)$的**二阶偏导数**. 按照求偏导数的不同顺序，其二阶偏导数分别为

$$\frac{\partial^2 z}{\partial x^2} = \frac{\partial^2 f}{\partial x^2} = z''_{xx} = f''_{xx}(x,y), \tag{1}$$

$$\frac{\partial^2 z}{\partial y^2} = \frac{\partial^2 f}{\partial y^2} = z''_{yy} = f''_{yy}(x,y), \tag{2}$$

$$\frac{\partial^2 z}{\partial x \partial y} = \frac{\partial^2 f}{\partial x \partial y} = z''_{xy} = f''_{xy}(x,y), \tag{3}$$

$$\frac{\partial^2 z}{\partial y \partial x} = \frac{\partial^2 f}{\partial y \partial x} = z''_{yx} = f''_{yx}(x,y). \tag{4}$$

类型(3)和(4)也称为**二阶混合偏导数**.

类似地，可给出更高阶偏导数的概念和记号，二阶及二阶以上的偏导数统称为**高阶偏导数**.

例 11 已知 $z=xy^2-2x^3-3x^2y^3$，求$\frac{\partial^2 z}{\partial x^2}$，$\frac{\partial^2 z}{\partial x \partial y}$，$\frac{\partial^2 z}{\partial y \partial x}$，$\frac{\partial^2 z}{\partial y^2}$.

解 由于

$$\frac{\partial z}{\partial x} = y^2 - 6x^2 - 6xy^3, \quad \frac{\partial z}{\partial y} = 2xy - 9x^2y^2,$$

所以

$$\frac{\partial^2 z}{\partial x^2} = -12x - 6y^3, \quad \frac{\partial^2 z}{\partial x \partial y} = 2y - 18xy^2,$$

$$\frac{\partial^2 z}{\partial y \partial x} = 2y - 18xy^2, \quad \frac{\partial^2 z}{\partial y^2} = 2x - 18x^2y.$$

在本例中，$\frac{\partial^2 z}{\partial x \partial y}$和$\frac{\partial^2 z}{\partial y \partial x}$是相等的. 这不是偶然. 一般地，有下面的定理：

定理 1 如果函数 $z=f(x,y)$的两个混合偏导数$\frac{\partial^2 z}{\partial x \partial y}$和$\frac{\partial^2 z}{\partial y \partial x}$在区域 D 内连续，则在该区

域内必有

$$\frac{\partial^2 z}{\partial x\partial y}=\frac{\partial^2 z}{\partial y\partial x}.$$

定理说明，只要两个二阶混合偏导数在区域内连续，那么求二阶混合偏导数时，与求导的次序无关.

3. 全微分

(1)定义

二元函数 $z=f(x,y)$，当自变量在点 (x_0,y_0) 处的增量为 Δx、Δy 时，函数有相应的增量

$$\Delta z=f(x_0+\Delta x,y_0+\Delta y)-f(x_0,y_0),$$

可表示为

$$\Delta z=\left.\frac{\partial z}{\partial x}\right|_{(x_0,y_0)}\Delta x+\left.\frac{\partial z}{\partial y}\right|_{(x_0,y_0)}\Delta y+o(\rho),$$

其中 $\rho=\sqrt{(\Delta x)^2+(\Delta y)^2}$，$o(\rho)$ 是当 $\rho\to 0$ 时比 ρ 高阶的无穷小.

则称

$$\left.\frac{\partial z}{\partial x}\right|_{(x_0,y_0)}\Delta x+\left.\frac{\partial z}{\partial y}\right|_{(x_0,y_0)}\Delta y,$$

是二元函数 $z=f(x,y)$ 在点 (x_0,y_0) 处的**全微分**. 记作 $\mathrm{d}z|_{(x_0,y_0)}$，即

$$\mathrm{d}z|_{(x_0,y_0)}=\left.\frac{\partial z}{\partial x}\right|_{(x_0,y_0)}\Delta x+\left.\frac{\partial z}{\partial y}\right|_{(x_0,y_0)}\Delta y.$$

这时也称函数 $z=f(x,y)$ 在点 (x_0,y_0) 处**可微**.

若函数 $z=f(x,y)$ 在区域 D 内每一点都可微，则称它在 D 内可微，在 D 内每一点的微分可以写成 $\mathrm{d}z=\frac{\partial z}{\partial x}\Delta x+\frac{\partial z}{\partial y}\Delta y$，将 Δx、Δy 用 $\mathrm{d}x$、$\mathrm{d}y$ 代替，则有

$$\mathrm{d}z=\frac{\partial z}{\partial x}\mathrm{d}x+\frac{\partial z}{\partial y}\mathrm{d}y.$$

函数在一点可微、可导、连续、偏导连续，它们之间的关系是什么？

定理 2　如果函数 $z=f(x,y)$ 在点 (x,y) 可微，则在点 (x,y) 处连续.

证明从略.

定理 3　如果函数 $z=f(x,y)$ 在点 (x,y) 可微，则在点 (x,y) 处偏导数一定存在.

证明从略.

定理 4　如果函数 $z=f(x,y)$ 的两个偏导数 $\frac{\partial z}{\partial x}$ 和 $\frac{\partial z}{\partial y}$ 在点 (x,y) 都存在且连续，则函数 $z=f(x,y)$ 在该点可微.

证明从略.

例 12　求函数 $z=x^2+y$ 在点 $(1,1)$ 处，当 $\Delta x=0.1$，$\Delta y=-0.1$ 时的全微分.

解　因为

$$\left.\frac{\partial z}{\partial x}\right|_{\substack{x=1\\y=1}}=2x\Big|_{\substack{x=1\\y=1}}=2,\quad \left.\frac{\partial z}{\partial y}\right|_{\substack{x=1\\y=1}}=1\Big|_{\substack{x=1\\y=1}}=1,$$

所以，全微分

$$\mathrm{d}z|_{\substack{x=1\\y=1}}=\left.\frac{\partial z}{\partial x}\right|_{\substack{x=1\\y=1}}\Delta x+\left.\frac{\partial z}{\partial y}\right|_{\substack{x=1\\y=1}}\Delta y=2\times 0.1-1\times 0.1=0.1.$$

例 13　求函数 $z=x^2+\tan(x+y)$ 的全微分.

解　因为

$$\frac{\partial z}{\partial x}=2x+\sec^2(x+y),$$

$$\frac{\partial z}{\partial y}=\sec^2(x+y),$$

所以
$$\mathrm{d}z=\left[2x+\sec^2(x+y)\right]\mathrm{d}x+\sec^2(x+y)\mathrm{d}y.$$

(2)在近似计算中的应用

由二元函数的全微分的定义可知,若函数 $z=f(x,y)$ 在点 (x,y) 可微,且 $|\Delta x|$、$|\Delta y|$ 很小时,则

$$\Delta z=f(x_0+\Delta x,y+\Delta y)-f(x_0,y_0)\approx \mathrm{d}z=f'_x(x_0,y_0)\Delta x+f'_y(x_0,y_0)\Delta y,\text{或}$$

$$f(x_0+\Delta x,y_0+\Delta y)\approx f(x_0,y_0)+f'_x(x_0,y_0)\Delta x+f'_y(x_0,y_0)\Delta y.$$

用这个公式可以计算二元函数的近似值.

例 14　计算 $(1.02)^{0.96}$ 的近似值.

解　设函数 $z=f(x,y)=x^y$, $(1.02)^{0.96}=f(1.02,0.96)$,取 $x_0=1$, $y_0=1$, $\Delta x=0.02$, $\Delta y=-0.04$,

由

$$f'_x(1,1)=yx^{y-1}\Big|_{\substack{x=1\\y=1}}=1,\ f'_y(1,1)=x^y\ln x\Big|_{\substack{x=1\\y=1}}=0,$$

$$\mathrm{d}z\Big|_{\substack{x=1\\y=1}}=f'_x(1,1)\Delta x+f'_y(1,1)\Delta y,$$

得
$$\mathrm{d}z\Big|_{\substack{x=1\\y=1}}=1\times 0.02+0\times(-0.04)=0.02,$$

于是
$$\begin{aligned}(1.02)^{0.96}&=f(1.02,0.96)\approx f(1,1)+\mathrm{d}z\\&=1+0.02\approx 1.02.\end{aligned}$$

三、复合函数与隐函数微分法

1. 多元复合函数的求导法则

设函数 $z=f(u,v)$, $u=\varphi(x,y)$, $v=\psi(x,y)$,则称 $z=f[\varphi(x,y),\psi(x,y)]$ 是 x,y 的复合函数.

若函数 $z=f(u,v)$ 在点 (u,v) 处可导,而 $u=\varphi(x,y)$, $v=\psi(x,y)$ 在点 (x,y) 处都存在偏导数 $\frac{\partial u}{\partial x}$, $\frac{\partial u}{\partial y}$ 及 $\frac{\partial v}{\partial x}$, $\frac{\partial v}{\partial y}$,则复合函数 $z=f[\varphi(x,y),\psi(x,y)]$ 在点 (x,y) 处的两个偏导数存在,并有求导公式

$$\frac{\partial z}{\partial x}=\frac{\partial z}{\partial u}\frac{\partial u}{\partial x}+\frac{\partial z}{\partial v}\frac{\partial v}{\partial x},$$

$$\frac{\partial z}{\partial y}=\frac{\partial z}{\partial u}\frac{\partial u}{\partial y}+\frac{\partial z}{\partial v}\frac{\partial v}{\partial y}.$$

证明(略).

注:上述法则可以推广到有限个变量.

如设 $z=f(u,v)$, $u=\varphi(t)$, $v=\psi(t)$,则**全导数**

$$\frac{\mathrm{d}z}{\mathrm{d}t}=\frac{\partial z}{\partial u}\frac{\mathrm{d}u}{\mathrm{d}t}+\frac{\partial z}{\partial v}\frac{\mathrm{d}v}{\mathrm{d}t}.$$

例 15　设 $z=u^2\ln v$, $u=\frac{x}{y}$, $v=x+2y$,求 $\frac{\partial z}{\partial x}$, $\frac{\partial z}{\partial y}$.

解　由定理得

$$\frac{\partial z}{\partial x}=\frac{\partial z}{\partial u}\frac{\partial u}{\partial x}+\frac{\partial z}{\partial v}\frac{\partial v}{\partial x}=2u\ln v\,\frac{1}{y}+\frac{u^2}{v}$$

$$=\frac{2x}{y^2}\ln(x+2y)+\frac{x^2}{y^2(x+2y)},$$

$$\frac{\partial z}{\partial y}=\frac{\partial z}{\partial u}\frac{\partial u}{\partial y}+\frac{\partial z}{\partial v}\frac{\partial v}{\partial y}=2u\ln v\left(-\frac{x}{y^2}\right)+\frac{u^2}{v}\cdot 2$$

$$=-\frac{2x^2}{y^3}\ln(x+2y)+\frac{2x^2}{y^2(x+2y)}.$$

例 16　设 $z=f(x^2+y^2,\mathrm{e}^{xy})$，求$\frac{\partial z}{\partial y}$.

解　设 $u=x^2+y^2$，$v=\mathrm{e}^{xy}$，则 $z=f(u,v)$，用 $f'(u)$，$f'(v)$表示对中间变量的导数，所以

$$\frac{\partial z}{\partial y}=\frac{\partial z}{\partial u}\frac{\partial u}{\partial y}+\frac{\partial z}{\partial v}\frac{\partial v}{\partial y}=f'_u\cdot 2y+f'_v\cdot \mathrm{e}^{xy}\cdot x=2yf'_u+x\mathrm{e}^{xy}f'_v.$$

2. 隐函数的求导法

下面讨论由方程 $F(x,y)=0$ 所确定的隐函数 $y=f(x)$的求导公式.

$$F(x,y)=0.$$

两边对 x 求全导数，得

$$F'_x+F'_y\cdot\frac{\mathrm{d}y}{\mathrm{d}x}=0.$$

若 $F'_y\neq 0$，由上式解出　　$\frac{\mathrm{d}y}{\mathrm{d}x}=-\frac{F'_x}{F'_y}.$

推广：设 $F(x,y,z)=0$ 确定了 $z=z(x,y)$. 若 F'_x，F'_y，F'_z连续，且 $F'_z\neq 0$，

$$\frac{\partial z}{\partial x}=-\frac{F'_x}{F'_z},\frac{\partial z}{\partial y}=-\frac{F'_y}{F'_z}.$$

例 17　设方程 $x^2+y^2=5x$ 确定隐函数 $y=f(x)$，求$\frac{\mathrm{d}y}{\mathrm{d}x}$.

解　设 $F(x,y)=x^2+y^2-5x$，由于

$$F'_x=2x-5,F'_y=2y,$$

所以，

$$\frac{\mathrm{d}y}{\mathrm{d}x}=-\frac{F'_x}{F'_y}=-\frac{2x-5}{2y}=\frac{5-2x}{2y}.$$

例 18　设方程 $x+y=\sin y$ 确定隐函数 $y=f(x)$，求$\frac{\mathrm{d}y}{\mathrm{d}x}$.

解　设 $F(x,y)=x+y-\sin y$，由于

$$F'_x=-1,F'_y=1-\cos y,$$

所以，

$$\frac{\mathrm{d}y}{\mathrm{d}x}=-\frac{F'_x}{F'_y}=-\frac{-1}{1-\cos y}=\frac{1}{1-\cos y}.$$

四、多元函数的极值

1. 多元函数极值

在一元函数中，可以用函数的导数求得函数的极值. 现以二元函数为例，讨论如何利用偏导数来求多元函数的极值.

(1)二元函数的极值概念

设函数 $z=f(x,y)$ 在点 $P_0(x_0,y_0)$ 的某一邻域内有定义. 如果对于该邻域内任一异于 P_0 的点 $P(x,y)$，都有

$$f(x,y)<f(x_0,y_0),$$

则称函数 $z=f(x,y)$ 在点 $P_0(x_0,y_0)$ 处有**极大值** $f(x_0,y_0)$，若

$$f(x,y)>f(x_0,y_0),$$

则称函数 $z=f(x,y)$ 在点 $P_0(x_0,y_0)$ 处有**极小值** $f(x_0,y_0)$. 函数的极大值和极小值统称为**极值**，使函数取得极值的点叫做**极值点**.

例 19 函数 $z=\sqrt{x^2+y^2}$ 在点 $(0,0)$ 处有极小值 $f(0,0)=0$，这是因为在点 $P_0(0,0)$ 的任一邻域内异于点 $P_0(0,0)$ 的一切点 $P(x,y)$，都有 $f(x,y)=\sqrt{x^2+y^2}>0$，即 $f(x,y)>f(0,0)$，因此 $f(0,0)=0$ 为极小值，且点 $P_0(0,0)$ 为 $f(x,y)$ 的极小值点. 如图 5—11 所示.

例 20 函数 $z=\sqrt{4-x^2-y^2}$ 在点 $(0,0)$ 处有极大值 $f(0,0)=2$，这是因为在点 $(0,0)$ 处的某一邻域内异于点 $(0,0)$ 的一切点 (x,y)，均有 $f(x,y)=\sqrt{x^2+y^2}<2$，即 $f(x,y)<f(0,0)$，因此 $f(0,0)=2$ 为 $f(x,y)$ 的极大值，且点 $(0,0)$ 为 $f(x,y)$ 的极大值点，如图 5—12 所示.

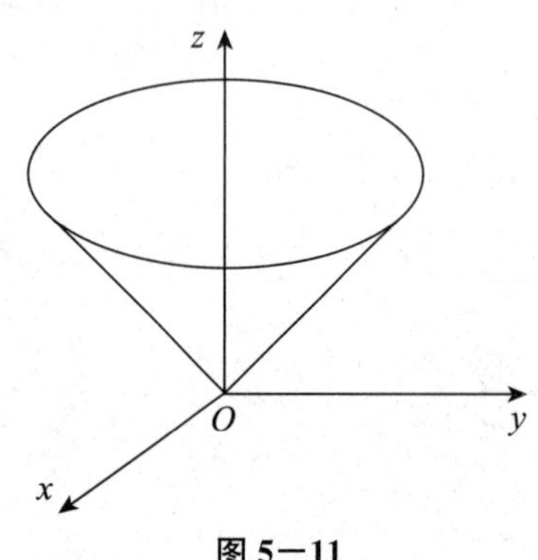

图 5—11

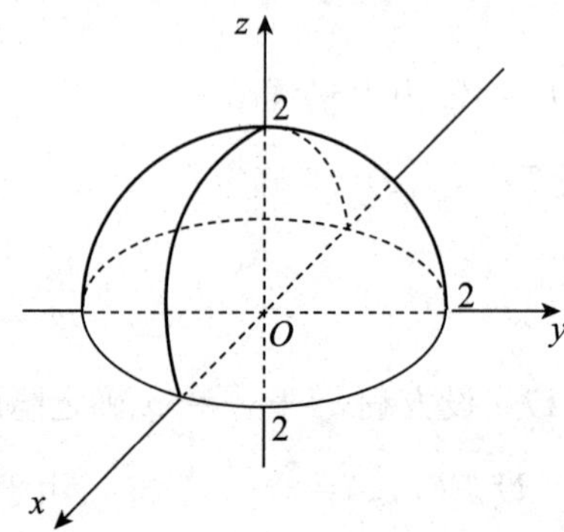

图 5—12

定理 5(极值的必要条件) 设函数 $z=f(x,y)$ 在点 $P_0(x_0,y_0)$ 处有极值，且在点 $P_0(x_0,y_0)$ 处的两个偏导数 $f_x'(x_0,y_0)$，$f_y'(x_0,y_0)$ 存在，则必有

$$\begin{cases} f'_x(x_0,y_0)=0, \\ f'_y(x_0,y_0)=0. \end{cases}$$

满足上列方程组 $\begin{cases} f'_x(x,y)=0 \\ f'_y(x,y)=0 \end{cases}$ 的点 $P_0(x_0,y_0)$ 称为**驻点**.

注：驻点不一定是极值点.

定理 6(极值的充分条件) 设点 $P_0(x_0,y_0)$ 是函数 $z=f(x,y)$ 的驻点，且函数 $z=f(x,y)$ 在点 $P_0(x_0,y_0)$ 的某一邻域内二阶偏导数连续，令

$$A = f''_{xx}(x_0, y_0), B = f''_{xy}(x_0, y_0), C = f''_{yy}(x_0, y_0),$$

$$\Delta = B^2 - AC,$$

则

①当 $\Delta<0$ 时，点 $P_0(x_0, y_0)$ 为函数的极值点，$f(x_0, y_0)$ 为函数的极值. 当 $A<0$ 时，$P_0(x_0, y_0)$是极大值点，$f(x_0, y_0)$为极大值；当 $A>0$ 时，$P_0(x_0, y_0)$是极小值点，$f(x_0, y_0)$为极小值.

②当 $\Delta>0$ 时，函数 $z=f(x,y)$在点 $P_0(x_0, y_0)$处没有极值.

③当 $\Delta=0$ 时，函数 $z=f(x,y)$在点 $P_0(x_0, y_0)$处可能有也可能没有极值.

证明略.

(2)求函数极值的步骤

①求一阶偏导数 f_x', f_y'；

②令$\begin{cases} f'_x(x,y)=0, \\ f'_y(x,y)=0. \end{cases}$求出驻点；

③求二阶偏导数 $f''_{xx}, f''_{xy}, f''_{yy}$.

④由 $\Delta=B^2-AC$ 的符号判定驻点是否为极值点，并求出极值.

例 21　求函数 $z=x^3-4x^2+2xy-y^2$的极值.

解　由方程组

$\begin{cases} f'_x(x,y)=3x^2-8x+2y=0 \\ f'_y(x,y)=2x-2y=0 \end{cases}$求得驻点为点(0,0)和(2,2).

而 $z=f(x,y)$的二阶偏导数分别为

$f''_{xx}=6x-8$, $f''_{xy}=2$, $f''_{yy}=-2$,

在点(0,0)处有

$$A=-8, B=2, C=-2, B^2-AC=-12<0,$$

所以$f(0,0)=0$ 为函数的极大值.

在点(2,2)处有

$$A=4, B=2, C=-2, B^2-AC=12>0.$$

所以(2,2)不是极值点.

2. 最大值和最小值

在前文已指出，如果函数 $z=f(x,y)$在闭区域 D 上连续，那么它在 D 上一定有最大(小)值. 函数最大(小)值的求法，与一元函数的最值求法类似，可利用函数的极值来求.

在实际问题中，若知道函数在区域 D 内一定有最大值或最小值，函数在 D 内可微，且只有唯一的驻点，则该点的函数值一般就是所求函数的最大值或最小值.

例 22　做一个容积为 8 m^3的长方体箱子，问长、宽、高各为多少时，才能用料最省？

解　设长方体箱子长、宽分别为 x m、y m，则根据已知条件，高为$\frac{8}{xy}$ m. 箱子所用材料的面积为

$$A= 2xy + 2y\frac{8}{xy} + 2x\frac{8}{xy}$$

$$= 2\left(xy + \frac{8}{x} + \frac{8}{y}\right)(x > 0, y > 0),$$

解方程组

$$\begin{cases} A'_x = 2\left(y - \dfrac{8}{x^2}\right) = 0, \\ A'_y = 2\left(x - \dfrac{8}{y^2}\right) = 0, \end{cases}$$

得唯一驻点为(2,2).

由题意知，所用材料面积的最小值是 A 存在的，且在区域 $D=\{(x,y)\mid x>0,y>0\}$ 内取得，又在 D 内有唯一驻点(2,2)，所以它就是函数 A 取得极小值的点，又是函数 A 取得最小值的点，即当 $x=2,y=2$ 时，面积 A 最小. 此时，高为 $\frac{32}{4\times4}=2$. 因此，箱子的长、宽、高分别为2 m，2 m和 2 m时，用料最省.

3. 条件极值

在实际问题中，求多元函数的极值时，自变量往往受到一些条件的限制，把这类极值问题称为**条件极值**. 若自变量在函数的定义域范围内可任意取值，没有其他附加条件的限制，称为**无条件极值**.

(1)当条件简单时，条件极值可以转化为无条件极值来处理

例如，例 4 中的问题，实际上是求长方体的表面积 $A=2xy+2yz+2xz$(设高为 z)在条件 $xyz=8$ 下的极值. 在解的过程中，我们是利用条件 $z=\frac{8}{xy}$，消去 A 中的变量 z 后，转化为求二元函数 $A=2\left(xy+\frac{8}{x}+\frac{8}{y}\right)$的极值，这时自变量 x,y 不再有附加条件的限制，因此就转化为无条件极值问题.

(2)拉格朗日乘数法——直接求条件极值的方法

以二元函数为例，求函数 $z=f(x,y)$在条件 $\varphi(x,y)=0$ 下的极值. 其步骤为：

①构成辅助函数

$$F(x,y) = f(x,y) + \lambda\varphi(x,y),$$

其中 λ 是待定常数(λ 也称为拉格朗日乘数).

②解方程组

$$\begin{cases} F'_x(x,y) = f'_x(x,y) + \lambda\varphi'_x(x,y) = 0, \\ F'_y(x,y) = f'_y(x,y) + \lambda\varphi'_y(x,y) = 0, \\ \varphi(x,y) = 0. \end{cases}$$

得方程组的解$\begin{cases} x=x_0, \\ y=y_0, \end{cases}$(解可能多于一组)，则点$(x_0,y_0)$就是函数 $z=f(x,y)$在条件 $\varphi(x,y)=0$ 下的可能极值点.

注：上述方法可以推广到自变量多于两个或附加条件多于一个的情形.

例 23 利用拉格朗日乘数法求解例 4.

解 设长方体箱子的表面积为 A ，长、宽、高分别为 x、y、z，则所需要解决的问题就是求函数

$$A = 2xy + 2yz + 2xz$$

在条件

$$xyz = 8$$

下的最小值.

设

$$F(x,y,z) = 2xy + 2yz + 2xz + \lambda(xyz - 8),$$

其中 λ 是常数. 组成方程组

$$\begin{cases} F_x(x,y,z) = 2y + 2z + \lambda yz = 0, \\ F_y(x,y,z) = 2x + 2z + \lambda xz = 0, \\ F_z(x,y,z) = 2y + 2x + \lambda xy = 0, \\ xyz = 8. \end{cases}$$

从前三个方程中解出,得

$$-\frac{y + 2z}{yz} = -\frac{x + 2z}{xz} = -\frac{2y + 2x}{xy} = \lambda.$$

由第一个等式,得 $x=y$,由第二个等式,得 $y=z$,将 $x=y=z$ 代入方程组的最后一个方程中,解得 $x=2,y=2,z=2$. 因为点(2,2,2)是唯一的可能极值点,而已知 A 有最小值,因此它也是 A 取得最小值的点. 所以,当长、宽、高分别为 2 m、2 m、2 m 时,所用的材料最省.

习题 5—1

1. 求点 $M(x,y,z)$关于 xOy 平面及原点的对称点的坐标.

2. 设 $f(x,y)=x^2-2xy+y^2$,求 $f(2,-1)$.

3. 求极限.

(1) $\lim\limits_{\substack{x\to 1\\ y\to -1}}\dfrac{x^2-y^2}{x+y}$;　　(2) $\lim\limits_{\substack{x\to 0\\ y\to 0}}\dfrac{x^2+y^2}{\sqrt{1+x^2+y^2}-1}$.

4. 求函数 $z=\sqrt{4-x^2-y^2}+\ln(x^2+y^2-1)$的定义域,并画出定义域的图形.

5. 求下列函数的偏导数.

(1) $z=x^2-3y$;　　(2) $z=y^x$;　　(3) $z=\ln(x+y)$;

(4) $u=xy+yz+zx$;　　(5) $z=\dfrac{x}{y}+\dfrac{y}{x}$;　　(6) $z=x\sin(x+y)$.

6. 求下列函数在指定点处的偏导数.

(1) $f(x,y)=2x^3+xy+2y^2$,求 $f'_x(1,3)$,$f'_y(1,3)$;

(2) $z=e^x\sin y$,求$\left.\dfrac{\partial z}{\partial x}\right|_{(0,1)}$,$\left.\dfrac{\partial z}{\partial y}\right|_{(1,0)}$;

(3) $f(x,y)=x+(y-1)\ln\sin\dfrac{x}{y}$,求 $f'_x(\pi,2)$.

7. 求下列函数的二阶偏导数.

(1) $z=x^4e^y$;　　(2) $z=\cos(2x+3y)$.

8. 求下列函数的全微分.

(1) $z=x^3y^4$;　　(2) $z=e^{2x}\sin y$;　　(3) $z=e^{xy}$.

9. 计算$(1.04)^{2.02}$的近似值.

10. 求$\dfrac{\partial z}{\partial x}$,$\dfrac{\partial z}{\partial y}$.

(1)$z=uv,u=x+y,v=x-y$；(2)$z=u^v,u=x+y,v=xy$；

(3)$z=e^u\cos v,u=xy,v=x^2+y^2$；(4)$z=x^2+u^2,u=\sin(x+y)$.

11. 已知(1)$z=x^2-y^2,x=\sin t,y=\cos t$；(2)$z=e^{x-2y},x=\sin t,y=t^3$. 求$\frac{dz}{dt}$.

12. 设方程(1)$x^3+y^3=16x$；(2)$x^2+y^2+z^2=4z$. 确定隐函数 $y=f(x)$，求$\frac{dy}{dx}$.

13. 求下列各函数的极值：

(1)$z=3xy-x^3-y^3$；(2)$z=y^3-x^2+6x-12y+5$；(3)$z=x^3-2x^2+2xy+y^2$.

14. 某工厂生产 A、B 两种产品，其销售单价分别为 $p_A=12$ 元，$p_B=18$ 元. 总成本 C(单位：万元)是两种产品产量 x 和 y(单位：千件)的函数，$C(x,y)=2x^2+xy+2y^2$.

问两种产品产量为多少时，可获利润最大？最大利润是多少？

15. 求内接于半径为 R 的球且有最大体积的长方体.

第二节　多元函数积分学

【引例】某公司销售甲、乙两种商品分别为 x,y 个单位，销售利润由下式给出：

$$L(x,y)=-(x-200)^2-(y-100)^2+5\,000.$$

现已知一周内，商品甲的销售量在 150～200 之间变化，商品乙的销售量在 80～100 之间变化. 试求销售这两种商品一周的平均利润.

这是一个多元函数积分学的典型问题. 多元函数积分学是一元函数积分学的推广，在一元函数积分学中，被积函数是一元函数，积分范围是 x 轴上的一个区间. 而在多元函数积分学中，被积函数是多元函数，积分范围是平面上的一个区域. 本节主要介绍二重积分的概念、性质、计算及其应用.

一、二重积分的概念

1. 引例

引例 1　曲顶柱体的体积

曲顶柱体：设一柱体(如图 5－13 所示)，它的底面是 xOy 平面上的一个有界闭区域 D，它的侧面是以 D 的边界为准线、以平行于 z 轴的直线为母线的柱面，它的顶面是曲面 $z=f(xy)(z\geqslant 0)$，由于这个柱体的顶是曲面，我们叫它**曲顶柱体**.

下面仿照求曲边梯形面积的方法：分割、近似替代、求和、取极限，来求曲顶柱体的体积.

第一步，分割.

将 D 任意分割为 n 个小区域 $\Delta\sigma_1,\Delta\sigma_2,\cdots,\Delta\sigma_n$，其中 $\Delta\sigma_i$ 表示第 i 个小闭区域，也表示它的面积. 把原来整个的曲顶柱体分成分别以 $\Delta\sigma_1,\Delta\sigma_2,\cdots,\Delta\sigma_n$ 为底的 n 个小曲顶柱体.

第二步，近似替代.

对于每一个小曲顶柱体，在底面 $\Delta\sigma_i$ 上任取一点(ξ_i,η_i)，用此点处的函数值 $f(\xi_i,\eta_i)$为高作一个平顶柱体，我们可以

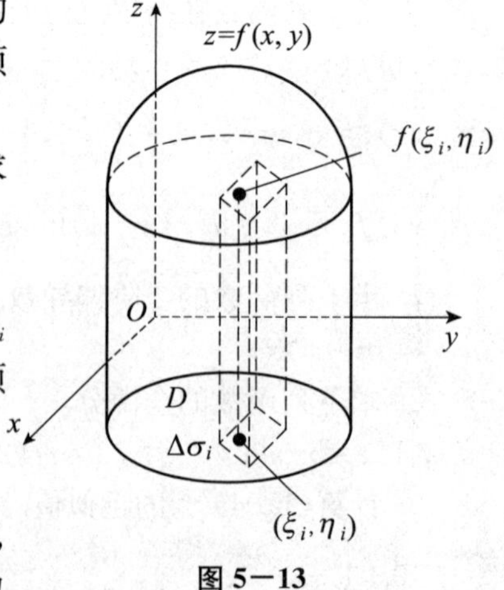

图 5－13

将小曲顶柱体近似地看作此平顶柱体，体积为 $f(\xi_i,\eta_i)\Delta\sigma_i(i=1,2,3,\cdots)$.

第三步，求和.

把上述 n 个小平顶柱体体积加起来，便得整个曲顶柱体体积 V 的近似值，即

$$V\approx\sum_{i=1}^{n}f(\xi_i,\eta_i)\Delta\sigma_i.$$

第四步，取极限.

当 n 无限增大且每一个小区域 $\Delta\sigma_i(i=1,2,3,\cdots)$ 的直径（区域的直径是指这个区域中任意两点的距离最大值）都趋向于 0 时，上式和式的值就可与曲顶柱体的精确值 V 无限接近. 记 λ 为 n 个小区域 $\Delta\sigma_i(i=1,2,3,\cdots)$ 的直径最大者，则当 $\lambda\to0$ 时，上述和式的极限值就是曲顶柱体体积的精确值，即

$$V=\lim_{\lambda\to0}\sum_{i=1}^{n}f(\xi_i,\eta_i)\Delta\sigma_i.$$

引例 2　求质量非均匀分布的平面薄片的质量.

设在 xOy 平面上有一平面薄片 D，它在点 (x,y) 处的面密度为 $\rho(x,y)$，则整个薄片 D 的质量 M 也是通过分割、近似替代、求和、取极限的方法得到的，即

$$M=\lim_{\lambda\to0}\sum_{i=1}^{n}\rho(\xi_i,\eta_i)\Delta\sigma_i.$$

虽然上述两个例子的意义不同，但是解决问题的数学方法是相同的，都是求和式的极限，于是我们引出二重积分的定义.

2. 二重积分定义

设 $f(x,y)$ 是有界闭区域 D 上的有界函数，将闭区域 D 任意分成 n 个小闭区域 $\Delta\sigma_1,\Delta\sigma_2,\cdots,\Delta\sigma_n$，其中 $\Delta\sigma_i$ 表示第 i 个小闭区域，也表示它的面积，在每个小区域 $\Delta\sigma_i$ 上任取一点 (ξ_i,η_i)，作乘积 $f(\xi_i,\eta_i)\Delta\sigma_i$，$(i=1,2,\cdots,n)$，并作和式 $\sum\limits_{i=1}^{n}f(\xi_i,\eta_i)\Delta\sigma_i$，如果当各小闭区域的直径中的最大值 λ 趋近于零时，该和式的极限存在，则称此极限为**函数 $f(x,y)$ 在闭区域 D 上的二重积分**，记为 $\iint\limits_D f(x,y)\mathrm{d}\sigma$，即

$$\iint\limits_D f(x,y)\mathrm{d}\sigma=\lim_{\lambda\to0}\sum_{i=1}^{n}f(\xi_i,\eta_i)\Delta\sigma_i.$$

这时称 $f(x,y)$ 在 D 上可积. 其中 $f(x,y)$ 称为**被积函数**，$f(x,y)\mathrm{d}\sigma$ 称为**被积表达式**，x 与 y 称为**积分变量**，$\mathrm{d}\sigma$ 称为**面积元素**，D 称为**积分域**，$\iint$ 称为**二重积分号**.

注：在直角坐标系中，面积元素 $\mathrm{d}\sigma=\mathrm{d}x\mathrm{d}y$，从而有

$$\iint\limits_D f(x,y)\mathrm{d}\sigma=\iint\limits_D f(x,y)\mathrm{d}x\mathrm{d}y,$$

其中 $\mathrm{d}x\mathrm{d}y$ 称为直角坐标系中的**面积元素**.

由二重积分的定义知，引例 1 中的曲顶柱体的体积为

$$V=\iint\limits_D f(x,y)\mathrm{d}\sigma,$$

引例 2 中的质量非均匀分布的平面薄片的质量为

$$M=\iint\limits_D \rho(x,y)\mathrm{d}\sigma.$$

3. 二重积分的几何意义

当被积函数 $f(x,y)\geqslant 0$ 时，二重积分 $\iint\limits_D f(x,y)\mathrm{d}\sigma$ 表示的是以 D 为底、以 $f(x,y)$ 为曲顶的曲顶柱体的体积. 当被积函数 $f(x,y)\leqslant 0$ 时，二重积分 $\iint\limits_D f(x,y)\mathrm{d}\sigma$ 表示的是以 D 为底、以 $f(x,y)$ 为曲顶的曲顶柱体的体积的负值.

因此，$f(x,y)$ 在 D 上的**二重积分的几何意义是** $z=f(x,y)$ 在 xOy 平面上的各个部分区域上围成的曲顶柱体的体积的代数和.

二、二重积分的性质

可积函数的二重积分具有如下主要性质：

性质 1　被积函数中的常数可以提到二重积分号的外面，即

$$\iint\limits_D kf(x,y)\mathrm{d}\sigma=k\iint\limits_D f(x,y)\mathrm{d}\sigma (k\text{ 为常数}).$$

性质 2　有限个函数的代数和的二重积分等于各个函数的二重积分的代数和. 如

$$\iint\limits_D \left[f(x,y)\pm g(x,y)\right]\mathrm{d}\sigma=\iint\limits_D f(x,y)\mathrm{d}\sigma\pm\iint\limits_D g(x,y)\mathrm{d}\sigma.$$

性质 3　如果将区域 D 分成两个区域 D_1 和 D_2，则函数在 D 上的二重积分等于函数在子区域 D_1 和 D_2 上的二重积分之和，即

$$\iint\limits_D f(x,y)\mathrm{d}\sigma=\iint\limits_{D_1} f(x,y)\mathrm{d}\sigma+\iint\limits_{D_2} f(x,y)\mathrm{d}\sigma.$$

性质 4　如果在 D 上，$f(x,y)\equiv 1$，σ 为 D 的面积，则 $\iint\limits_D \mathrm{d}\sigma=\sigma$.

性质 5　如果在 D 上，$f(x,y)\leqslant g(x,y)$，则 $\iint\limits_D f(x,y)\mathrm{d}\sigma\leqslant\iint\limits_D g(x,y)\mathrm{d}\sigma$.

性质 6　设 M,m 分别是 $f(x,y)$ 在区域 D 上的最大值和最小值，则有

$$m\sigma\leqslant\iint\limits_D f(x,y)\mathrm{d}\sigma\leqslant M\sigma.$$

性质 7　(**二重积分中值定理**)若 $f(x,y)$ 在有界闭区域 D 上连续，则在 D 上至少存在一点 $P(\xi,\eta)$，使得

$$\iint\limits_D f(x,y)\mathrm{d}\sigma=f(\xi,\eta)\sigma.\ (\sigma\text{ 为区域 }D\text{ 的面积})$$

二重积分中值定理的几何意义是：若 $f(x,y)\geqslant 0$，则二重积分 $\iint\limits_D f(x,y)\mathrm{d}\sigma$ 所表示的曲顶柱体的体积等于以 D 为底、$f(\xi,\eta)$ 为高的一个平顶柱体的体积.

三、二重积分的计算

1. 直角坐标系中二重积分的计算

在直角坐标系下用平行于 x 轴和 y 轴的直线将区域 D 分成若干个小矩形(见图 5－14)，

于是，面积元素 $d\sigma=dxdy$，二重积分为

$$\iint_D f(x,y)d\sigma=\iint_D f(x,y)dxdy.$$

定理 1：设积分区域 D(图 5—15)为

$$\begin{cases}\varphi_1(x)\leqslant y\leqslant\varphi_2(x),\\ a\leqslant x\leqslant b,\end{cases}$$

则

$$\iint_D f(x,y)dxdy=\int_a^b\left[\int_{\varphi_1(x)}^{\varphi_2(x)}f(x,y)dy\right]dx=\int_a^b dx\int_{\varphi_1(x)}^{\varphi_2(x)}f(x,y)dy.$$

上式将二重积分化为二次积分，它先对 y 积分，将 x 看做常数，其积分限为 x 的函数；然后再对 x 积分，其积分限为常数.

注：利用上式计算二重积分时，确定内积分变量 y 的上、下限的方法为：用平行于 y 轴的直线沿 y 轴正向穿越区域 D，若入口线为 $y=\varphi_1(x)$，则内下限为 $\varphi_1(x)$，若出口线为 $y=\varphi_2(x)$，则内上限为 $\varphi_2(x)$.

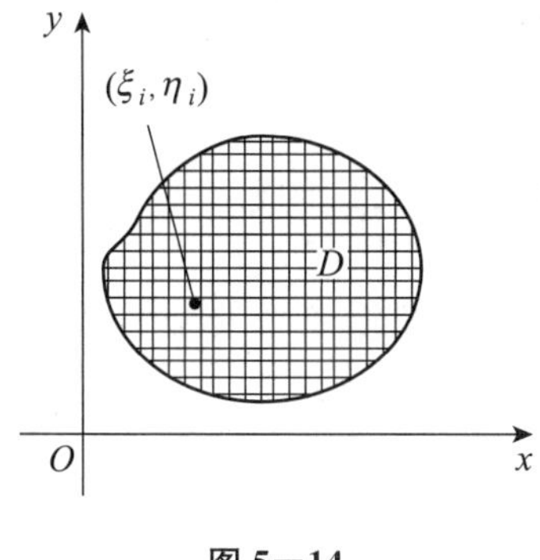

图 5—14

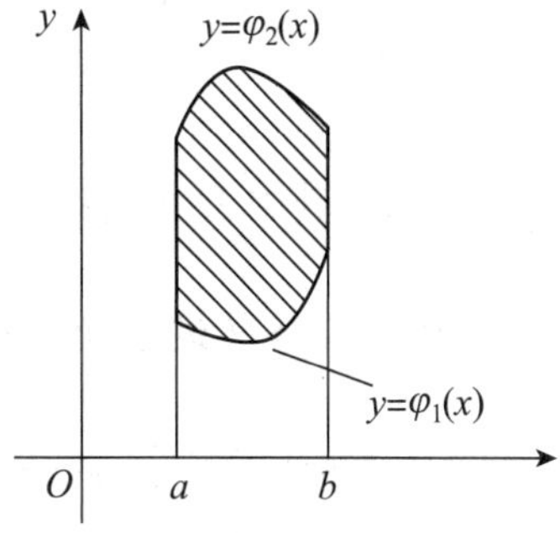

图 5—15

定理 2：设积分区域 D(图 5—16)为

$$\begin{cases}\psi_1(y)\leqslant x\leqslant\psi_2(y),\\ c\leqslant y\leqslant d,\end{cases}$$

则

$$\iint_D f(x,y)dxdy=\int_c^d\left[\int_{\psi_1(y)}^{\psi_2(y)}f(x,y)dx\right]dy=\int_c^d dy\int_{\psi_1(y)}^{\psi_2(y)}f(x,y)dx.$$

上式将二重积分化为二次积分，它先对 x 积分，将 y 看做常数，其积分限为 y 的函数；然后再对 y 积分，其积分限为常数.

将二重积分转化为二次积分，关键是看积分区域 D 的类型：

若 D 能由不等式组 $\begin{cases}\varphi_1(x)\leqslant y\leqslant\varphi_2(x)\\ a\leqslant x\leqslant b\end{cases}$ 表达，则称其为 x 型域，按照定理 1 中的公式，转化为先对 y 积分，后对 x 积分. 即

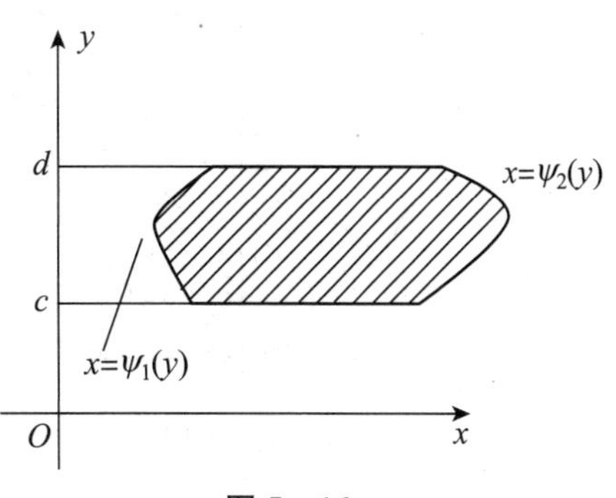

图 5—16

$$\iint_D f(x,y)\mathrm{d}x\mathrm{d}y=\int_a^b \mathrm{d}x\int_{\varphi_1(x)}^{\varphi_2(x)} f(x,y)\mathrm{d}y=\int_a^b\left[\int_{\varphi_1(x)}^{\varphi_2(x)} f(x,y)\mathrm{d}y\right]\mathrm{d}x;$$

若 D 能由不等式组 $\begin{cases}\psi_1(y)\leqslant x\leqslant\psi_2(y)\\ c\leqslant y\leqslant d\end{cases}$ 表达，则称其为 y 型域，按照定理 2 中的公式，转化为先对 x 积分，后对 y 积分. 即

$$\iint_D f(x,y)\mathrm{d}x\mathrm{d}y=\int_c^d \mathrm{d}y\int_{\psi_1(y)}^{\psi_2(y)} f(x,y)\mathrm{d}x=\int_c^d\left[\int_{\psi_1(y)}^{\psi_2(y)} f(x,y)\mathrm{d}x\right]\mathrm{d}y.$$

例 1 计算

$I=\iint_D(2y-x)\mathrm{d}\sigma$，其中 D 由抛物线 $y=x^2$ 和直线 $y=x+2$ 围成.

解 首先画出积分区域 D 的图形（如图 5—17 所示），求出抛物线 $y=x^2$ 和直线 $y=x+2$ 的交点为 $(-1,1)$ 和 $(2,4)$，其中 $\varphi_1(x)=x^2$，$\varphi_2(x)=x+2$，$a=-1$，$b=2$.

所以先对 y 积分，后对 x 积分.

$$I=\iint_D(2y-x)\mathrm{d}\sigma=\int_{-1}^2\mathrm{d}x\int_{x^2}^{x+2}(2y-x)\mathrm{d}y=\int_{-1}^2\mathrm{d}x\left[y^2-xy\right]\Big|_{x^2}^{x+2}$$

$$=\int_{-1}^2\left[(x+2)^2-x(x+2)-x^4+x^3\right]\mathrm{d}x=\frac{243}{20}.$$

例 2 计算

$I=\iint_D\frac{x^2}{y^2}\mathrm{d}x\mathrm{d}y$，其中 D 由直线 $y=2$，$y=x$ 和双曲线 $xy=1$ 围成.

解 首先画出积分区域 D 的图形（如图 5—18 所示），求得三个交点分别为 $\left(\frac{1}{2},2\right)$，$(1,1)$，$(2,2)$，其中 $\psi_1(y)=\frac{1}{y}$，$\psi_2(y)=y$，$c=1$，$d=2$.

所以先对 x 积分，后对 y 积分.

$$I=\iint_D\frac{x^2}{y^2}\mathrm{d}x\mathrm{d}y=\int_1^2\mathrm{d}y\int_{\frac{1}{y}}^{y}\frac{x^2}{y^2}\mathrm{d}x=\int_1^2\mathrm{d}y\left[\frac{x^3}{3y^2}\right]\Big|_{\frac{1}{y}}^{y}$$

$$=\int_1^2\left[\frac{y}{3}-\frac{1}{3y^5}\right]\mathrm{d}y=\left[\frac{y^2}{6}+\frac{1}{12y^4}\right]_1^2=\frac{27}{64}.$$

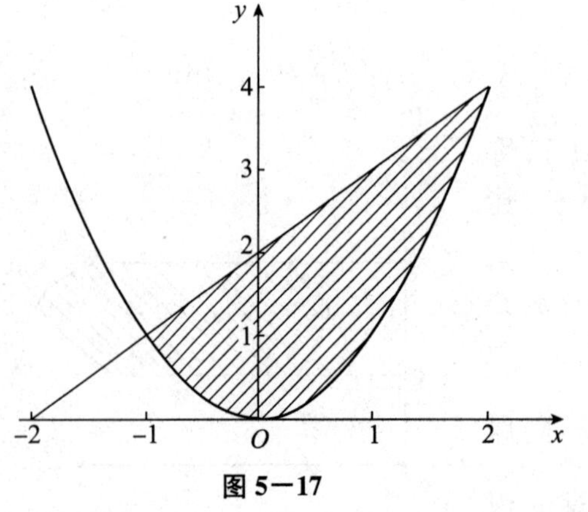

图 5—17

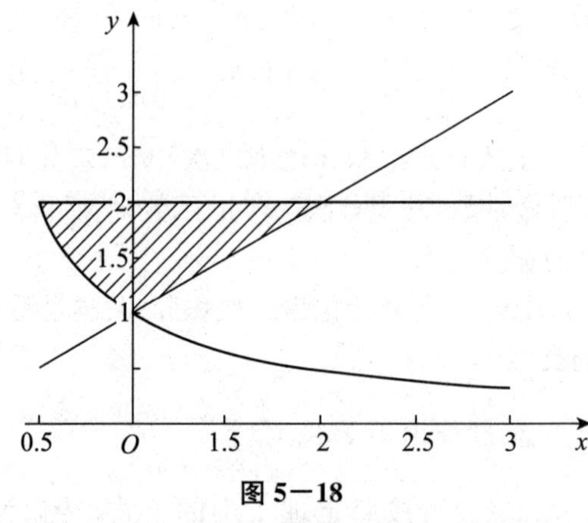

图 5—18

2. 极坐标系下二重积分的计算

某些二重积分，如积分区域为圆形、扇形、环形等类型的，在极坐标系下计算较为简便.

一般地，我们选取直角坐标系的原点为极点 O，x 轴的正向为极轴，直角坐标与极坐标转化的关系式为$\begin{cases} x=r\cos\theta, \\ y=r\sin\theta. \end{cases}$

那么如何用极坐标表示面积元素 $\mathrm{d}\sigma$ 呢？因为二重积分的值与区域 D 的划分无关，在直角坐标系中用平行于 x 轴、y 轴的直线划分区域，于是 $\mathrm{d}\sigma=\mathrm{d}x\mathrm{d}y$. 类似地，极坐标系中，用从极点出发的射线和一族以极点为圆心的同心圆，把 D 分割成若干个小区域，取其中一个小区域代表，记为 $\mathrm{d}\sigma$. 将 D 无限细分，小区域的面积近似等于边长为 $r\mathrm{d}\theta$，$\mathrm{d}r$ 的小矩形面积，因此，极坐标中的面积元素 $\mathrm{d}\sigma=r\mathrm{d}r\mathrm{d}\theta$.

于是在极坐标系下，二重积分

$$\iint_D f(x,y)\mathrm{d}\sigma=\iint_D f(r\cos\theta,r\sin\theta)r\mathrm{d}r\mathrm{d}\theta.$$

注：计算时，一般选择先积 r、后积 θ 的次序进行计算.

下面对区域 D 的两种情况进行讨论：

(1)极点在积分区域 D 之外(如图 5—19 所示).

区域 D 表示为：$\begin{cases} r_1(\theta)\leqslant r(\theta)\leqslant r_2(\theta), \\ \alpha\leqslant\theta\leqslant\beta, \end{cases}$则有

$$\begin{aligned}\iint_D f(x,y)\mathrm{d}\sigma&=\iint_D f(r\cos\theta,r\sin\theta)r\mathrm{d}r\mathrm{d}\theta\\&=\int_\alpha^\beta\mathrm{d}\theta\int_{r_1(\theta)}^{r_2(\theta)}f(r\cos\theta,r\sin\theta)r\mathrm{d}r.\end{aligned}$$

(2)极点在积分区域 D 的内部(如图 5—20 所示).

区域 D 表示为：$\begin{cases} 0\leqslant r\leqslant r(\theta), \\ 0\leqslant\theta\leqslant 2\pi, \end{cases}$则有

$$\begin{aligned}\iint_D f(x,y)\mathrm{d}\sigma&=\iint_D f(r\cos\theta,r\sin\theta)r\mathrm{d}r\mathrm{d}\theta\\&=\int_0^{2\pi}\mathrm{d}\theta\int_0^{r(\theta)}f(r\cos\theta,r\sin\theta)r\mathrm{d}r.\end{aligned}$$

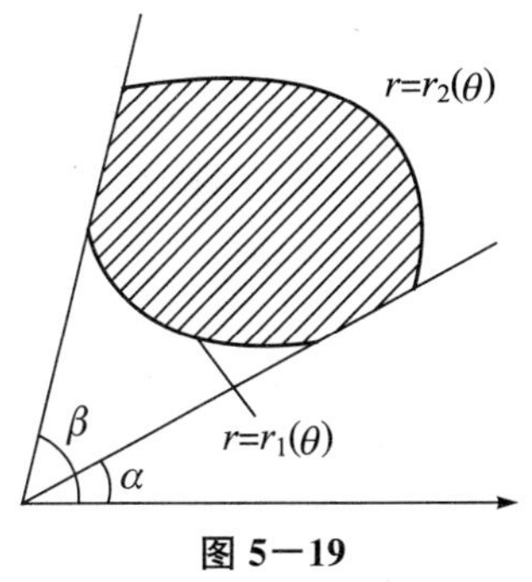

图 5—19

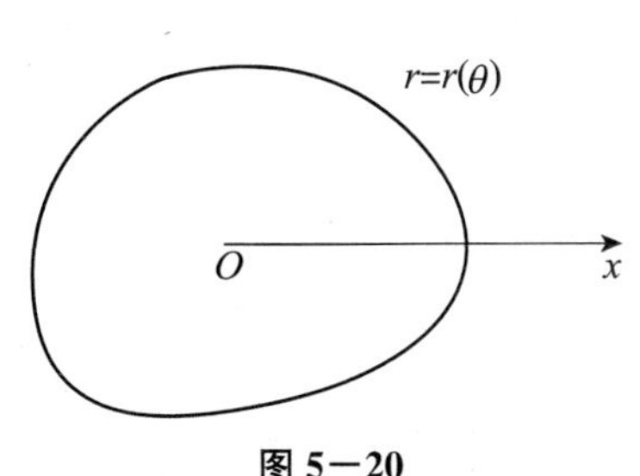

图 5—20

例 3 计算$\iint\limits_D e^{x^2+y^2}\,d\sigma$，其中 D 是圆域 $x^2+y^2=4$.

解 在极坐标系中，画出积分区域 D 的图形（图 5—21），则有

$$0\leqslant\theta\leqslant2\pi,0\leqslant r\leqslant2,$$

所以

$$\begin{aligned}\iint\limits_D e^{x^2+y^2}\,d\sigma&=\iint\limits_D e^{r^2}\cdot r\,dr\,d\theta=\int_0^{2\pi}d\theta\int_0^2 e^{r^2}r\,dr\\&=\frac{1}{2}\int_0^{2\pi}d\theta\int_0^2 e^{r^2}dr^2=\frac{1}{2}\int_0^{2\pi}e^{r^2}\Big|_0^2 d\theta\\&=\frac{1}{2}\int_0^{2\pi}(e^4-1)d\theta=\pi(e^4-1).\end{aligned}$$

例 4 计算$\iint\limits_D \sin\sqrt{x^2+y^2}\,d\sigma$，其中 D 是圆环域 $1\leqslant x^2+y^2\leqslant4$.

解 在极坐标系中，画出积分区域 D 的图形（图 5—22），则有

$$0\leqslant\theta\leqslant2\pi,1\leqslant r\leqslant2,$$

所以

$$\begin{aligned}\iint\limits_D \sin\sqrt{x^2+y^2}\,d\sigma&=\int_0^{2\pi}d\theta\int_1^2\sin r\cdot r\,dr\\&=2\pi\cdot\int_1^2 r\,d(-\cos r)\\&=2\pi(-r\cos r\big|_1^2+\sin r\big|_1^2)\\&=2\pi(\sin2-2\cos2+\cos1-\sin1).\end{aligned}$$

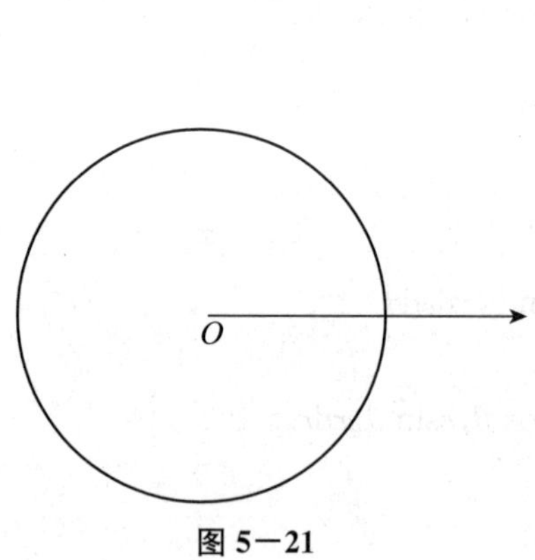

图 5—21

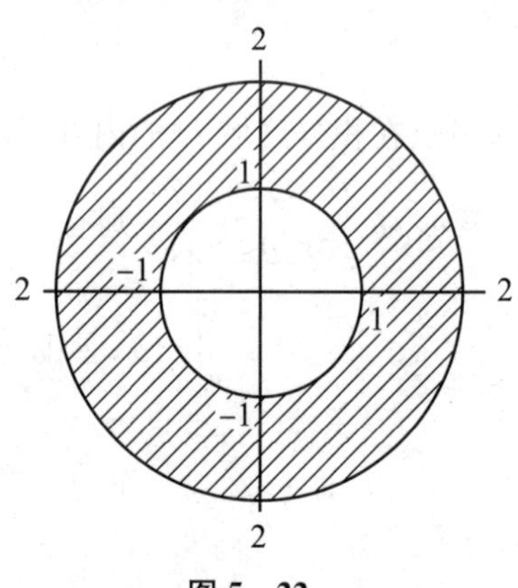

图 5—22

习题 5—2

1. 求$\iint\limits_D dx\,dy$，其中积分区域 D 分别是：

(1) $\{(x,y)\mid1\leqslant x\leqslant4,-1\leqslant y\leqslant1\}$；　　(2) $\{(x,y)\mid x^2+y^2\leqslant4\}$.

2. 利用二重积分的几何意义，求二重积分的值.

(1) $\iint\limits_D\sqrt{a^2-x^2-y^2}\,d\sigma$，其中 D: $x^2+y^2\leqslant a^2$；　　(2) $\iint\limits_D x\,d\sigma$，其中 D: $x^2+y^2\leqslant1$.

3. 根据二重积分的性质比较下列积分的大小.

(1) $\iint\limits_D (x+y)^2 \mathrm{d}\sigma$ 与 $\iint\limits_D (x+y)^3 \mathrm{d}\sigma$，其中 $D: x \geqslant 0, y \geqslant 0, x+y \leqslant 1$.

(2) $\iint\limits_D (x+y)^2 \mathrm{d}\sigma$ 与 $\iint\limits_D (x+y)^3 \mathrm{d}\sigma$，其中 $D: (x-2)^2+(y-1)^2 \leqslant 2$.

4. 利用二重积分的性质估计下列积分的值.

(1) $I=\iint\limits_D (4x^2+y^2+9)\mathrm{d}\sigma$，其中 $D: x^2+y^2 \leqslant 4$.

(2) $I=\iint\limits_D xy(x+y)\mathrm{d}\sigma$，其中 $D: 0 \leqslant x \leqslant 1, 0 \leqslant y \leqslant 1$.

(3) $I=\iint\limits_D \sin^2 x \sin^2 y \mathrm{d}\sigma$，其中 $D: 0 \leqslant x \leqslant \pi, 0 \leqslant y \leqslant \pi$.

(4) $I=\iint\limits_D (9-x^2-y^2)\mathrm{d}\sigma$，其中 $D: x^2+y^2 \leqslant 3$.

5. 计算下列二重积分.

(1) $\iint\limits_D (3x+2y)\mathrm{d}\sigma$，其中 D 是由 $x=0, y=0, x+y=2$ 所围成的区域.

(2) $\iint\limits_D \left(1-\frac{x}{3}-\frac{y}{4}\right)\mathrm{d}\sigma$，其中 D 是由 $x=-1, x=1, y=-2, y=2$ 所围成的区域.

(3) $\iint\limits_D (x^2+y^2)\mathrm{d}\sigma$，其中 D 是由 $x=1, y=0, y=x^2$ 所围成的区域.

(4) $\iint\limits_D x\sqrt{y}\,\mathrm{d}\sigma$，其中 D 是由 $y^2=x, y=x^2$ 所围成的区域.

(5) $\iint\limits_D \frac{\sin x}{x}\mathrm{d}\sigma$，其中 D 是由 $y=x, y=x^2$ 所围成的区域.

(6) $\iint\limits_D xy\,\mathrm{d}\sigma$，其中 D 是由 $y=x-2, x=y^2$ 所围成的区域.

6. 利用极坐标计算下列二重积分.

(1) $\iint\limits_D \mathrm{e}^{-x^2-y^2}\mathrm{d}\sigma$，其中 D 是圆域 $x^2+y^2=1$.

(2) $\iint\limits_D \sin\sqrt{x^2+y^2}\,\mathrm{d}\sigma$，其中 D 是圆环域 $\frac{\pi^2}{4} \leqslant x^2+y^2 \leqslant \pi^2$.

(3) $\iint\limits_D xy^2\mathrm{d}\sigma$，其中 D 是由 $x=0, y=0, y=\sqrt{1-x^2}$ 所围成的第一象限内的区域.

(4) $\iint\limits_D \sin\sqrt{x^2+y^2}\,\mathrm{d}\sigma$，其中 D 是第一象限内由 $x^2+y^2=\pi^2, x^2+y^2=4\pi^2$，及 $y=x, y=2x$ 所围成的区域.

(5) $\iint\limits_D \arctan\frac{y}{x}\mathrm{d}\sigma$，其中 D 是由 $y=x, x^2+y^2=1$ 及 x 轴所围成的区域.

(6) $\iint\limits_D \frac{1}{\sqrt{1+x^2+y^2}}\mathrm{d}\sigma$，其中 D 是由 $x^2+y^2 \leqslant 1$ 所围成的区域.

7. 选择适当的坐标系计算下列二重积分.

(1)$\iint\limits_D \sqrt{1-x^2-y^2}\,\mathrm{d}\sigma$,其中 D:$x^2+y^2\leqslant 1, x\geqslant 0, y\geqslant 0$.

(2)$\iint\limits_D y^2\,\mathrm{d}\sigma$,其中 D 是 $x=\pi, y=\dfrac{\pi}{4}, y=0, y=\cos x$ 所围成的第一象限内的区域.

(3)$\iint\limits_D \dfrac{x+y}{x^2+y^2}\mathrm{d}\sigma$,其中 D 是 $x^2+y^2\leqslant 1, x+y\geqslant 1$ 所围成的区域.

※ 第三节　应用与实践五

一、应用

例 1　【原料采购】某公司在生产中使用 A 和 B 两种进口原料,若 A 和 B 两种原料分别使用 x 单位和 y 单位可生产 U 单位的产品,这里 $U(x,y)=8xy+32x+40y-4x^2-6y^2$,并且 A 原料每单位的价值为 10 美元,B 原料每单位的价值为 4 美元,产品每单位的售价为 40 美元,求公司的最大利润 .

解　生产 $U(x,y)$ 单位的产品的总成本为 $10x+4y$,总收入为 $40U(x,y)$,
则利润函数为

$$\begin{aligned}P(x,y)&=40U(x,y)-(10x+4y)=40(8xy+32x+40y-4x^2-6y^2)-10x-4y\\&=320xy+1\,270x+1\,596x^2-240y^2,\end{aligned}$$

$$\begin{cases}\dfrac{\partial P}{\partial x}=320y+1\,270-320x=0,\\[2mm]\dfrac{\partial P}{\partial y}=320x+1\,596-480y=0.\end{cases}$$

解得驻点 $x_0=21.881\,25, y_0=17.912\,5$.

所以,$P(x,y)$ 在 (x_0,y_0) 点达到最大值,即最大利 $P(21.881\,25, 17.912\,5)\approx 28\,189$(美元).

例 2　【购物方案】小李有 200 元钱,他决定用来购买两种急需物品:计算机磁盘和录音磁带.设他购买 x 张磁盘,y 盒录音磁带的效用函数(所谓效用函数,就是描述人们同时购买两种商品各 x 单位、y 单位时满意程度的量.而当效用函数达到最大值时,达到最满意的效果.)为 $U(x,y)=\ln x+\ln y$,如果每张磁盘 8 元,每盒磁带 10 元,问他如何分配他的 200 元钱,才能达到最满意的效果?

解　这是一个条件极值问题,即求 $U(x,y)=\ln x+\ln y$ 在约束条件 $8x+10y=200$ 之下的极值点,应用拉格朗日乘数法,构造函数:$L(x,y,\lambda)=\ln x+\ln y+\lambda(8x+10y-200)$,其中 λ 为常数.则有

$$\begin{cases}L'_x=(x,y,\lambda)=\dfrac{1}{x}+8\lambda=0,\\[2mm]L'_y=(x,y,\lambda)=\dfrac{1}{y}+10\lambda=0,\\[2mm]L'_\lambda=(x,y,\lambda)=8x+10y-200=0,\end{cases}\qquad \text{解得 } x_0=12.5, y_0=10.$$

根据 x,y 的实际含义,取 $x_0=12, y_0=10$,即如果买 12 张磁盘、10 盒磁带的话,小李最满意.

例 3　【周长问题】设有断面面积为 S 的等腰梯形渠道，设两岸倾角为 x，高为 y，底边为 z，求 x、y、z 各为多少时，才能使周长最小？如图 5—23 所示.

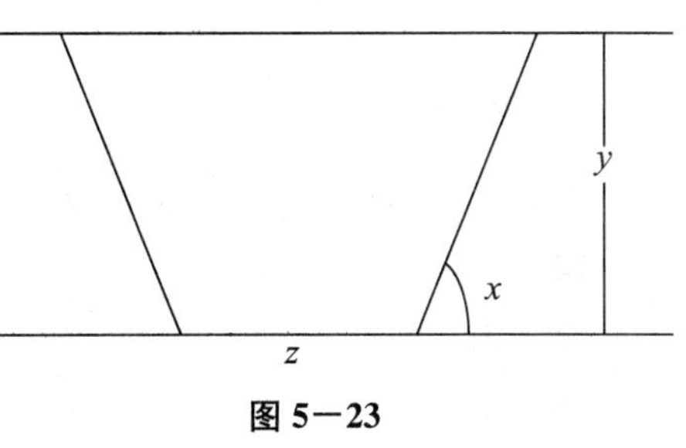

图 5—23

解　设周长为 u，则

$$u=z+\frac{2y}{\sin x},$$

$$s=(z+y\cot x)y,\quad z=\frac{s}{y}-y\cot x.$$

则 $u=\dfrac{s}{y}+\dfrac{2-\cos x}{\sin x}y\ \left(0<x<\dfrac{\pi}{2},0<y<+\infty\right)$.

$$\begin{cases}u'_x=\dfrac{1-2\cos x}{\sin^2 x}y=0,\\ u'_y=-\dfrac{s}{y^2}+\dfrac{2-\cos x}{\sin x}y=0.\end{cases}$$

求出唯一驻点 $\left(\dfrac{\pi}{3},\dfrac{\sqrt{s}}{\sqrt[4]{3}}\right)$，由题意知周长一定有最小值. 所以点 $\left(\dfrac{\pi}{3},\dfrac{\sqrt{s}}{\sqrt[4]{3}}\right)$ 处，函数 u 取最小值，即倾斜角 $x=\dfrac{\pi}{3}$，高 $y=\dfrac{\sqrt{s}}{\sqrt[4]{3}}$，底边 $z=\dfrac{2\sqrt{s}}{\sqrt[4]{3}\times\sqrt{3}}$，其周长最小.

例 4　【平面薄片的质量】设以原点为圆心、半径为 a 的平面薄片圆板的密度函数为 $\rho(x,y)=x^2+y^2$. 求薄片的质量.

解　该薄片在 xOy 面上的区域 D 在极坐标系下可表示为 $D:\begin{cases}0\leqslant\theta\leqslant 2\pi,\\ 0\leqslant r\leqslant a,\end{cases}$

则
$$M=\iint_D\rho(x,y)\mathrm{d}\sigma=\int_0^{2\pi}\mathrm{d}\theta\int_0^a r^2\cdot r\mathrm{d}r=\int_0^{2\pi}\left[\frac{1}{4}r^4\right]_0^a\mathrm{d}\theta=\frac{1}{2}\pi a^4.$$

例 5　【城市人口密度】在对人口的统计中发现，每个城市的市中心人口密度最大. 离市中心越远，人口越稀少，密度越小. 最为常见的人口密度模型 $\rho=c\mathrm{e}^{-ar^2}$（每平方公里人口数），其中 a、c 为大于 0 的常数，r 是距市中心的距离. 为了确定起见，设市中心位于坐标原点（如图 5—24 所示），城市半径 $r=5$ km. 城市的任一点 (x,y) 到原点的距离为 $r=\sqrt{x^2+y^2}$. 实际上人口密度函数 $\rho=(x,y)=c\mathrm{e}^{-ar^2}$. 已知城市中心的人口密度为 $r=0,\rho=10^5$，距离城市中心 1 km 人口密度为 $r=1,\rho=\dfrac{10^5}{\mathrm{e}}$. 试求该城市的总人口数 R.

解　先确定常数 a,c.

由 $r=0,\rho=10^5$ 和 $r=1,\rho=\dfrac{10^5}{\mathrm{e}}$. 可得到 $a=1,c=10^5$.

因此，该城市人口密度函数为

$$\rho(x,y)=10^5\mathrm{e}^{-(x^2+y^2)}.$$

因该城市是半径为 $r=5$ km 的圆形区域，

即 $D:\begin{cases}0\leqslant\theta\leqslant 2\pi,\\ 0\leqslant r\leqslant 5,\end{cases}$ 则城市人口数 R 为

$$R=\iint_D 10^5\mathrm{e}^{-(x^2+y^2)}\mathrm{d}x\mathrm{d}y=\int_0^{2\pi}\mathrm{d}\theta\int_0^a 10^5\mathrm{e}^{-r^2}\cdot r\mathrm{d}r$$

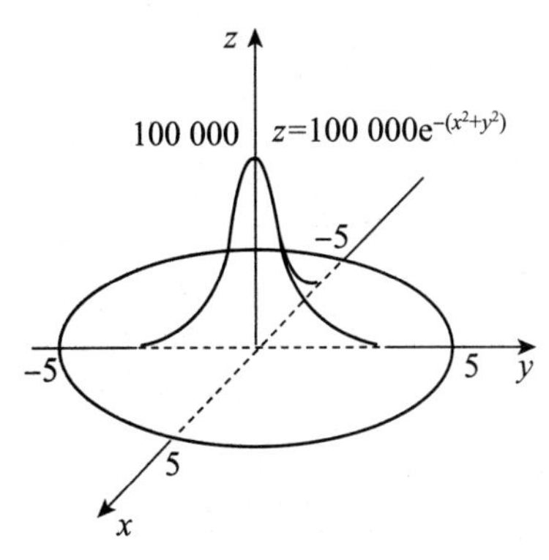

图 5—24

$$=2\pi\left(\frac{-1}{2}\right)\int_0^5 10^5 e^{-r^2} d(-r^2) = -\pi 10^5 e^{-r^2}\Big|_0^5$$

$$=-10^5\pi(e^{-25}-1)\approx 314\ 159.$$

二、实践

用 MATLAB 求解多元函数的偏导数

例 6 求 $z=x^3+3xy^2+y^3-2$ 在(1,1)处的偏导数.

解 输入:

```
>> syms x y
>> z = x^3 + 3 * x * y^2 + y^3 - 2
>> zx = diff(z,x)
zx =
3 * x^2 + 3 * y^2
```

得 $\frac{\partial z}{\partial x}=3x^2+3y^2$.

```
>> zy = diff(z,x)
zy =
6 * x * y + 3 * y^2
```

得 $\frac{\partial z}{\partial y}=6xy+3y^2$.

```
>> x = 1;y = 1;
>> zx = 3 * x^2 + 3 * y^2
>> zx
zx =
6
```

得 $\left.\frac{\partial z}{\partial x}\right|_{\substack{x=1\\y=1}}=6$.

```
>> zy = 6 * x * y + 3 * y^2
>> zy
zy =
9
```

得 $\left.\frac{\partial z}{\partial y}\right|_{\substack{x=1\\y=1}}=9$.

例 7 已知 $z=xy^2-2x^3-3x^2y^3$,求 $\frac{\partial^2 z}{\partial x^2},\frac{\partial^2 z}{\partial x\partial y},\frac{\partial^2 z}{\partial y^2}$.

解 输入:

```
>> syms x y
>> z = x * y^2 - 2 * x^3 - 3 * x^2 * y^3
>> zxx = diff(z,x,2)
zxx =
- 12 * x - 6 * y^3
```

得 $\frac{\partial^2 z}{\partial x^2}=-12x-6y^3$.

```
>> zyy = diff(z,y,2)
zyy =
2 * - 18 * x^2 * y
```

得 $\dfrac{\partial^2 z}{\partial y^2}=2x-18x^2y.$

```
>> zx = diff(z,x)
zx =
y^2 - 6 * x^2 - 6 * x * y^3
>> zxy = diff(zx,y)
zxy =
2 * y - 18 * x * y^2
```

得 $\dfrac{\partial^2 z}{\partial x\partial y}=2y-18xy^2.$

应用与实践五　习题

1. 某工厂生产 A、B 两种产品，其销售单价分别为 $p_A=12$ 元，$p_B=18$ 元. 总成本 C(单位：万元)是两种产品产量 x 和 y(单位：千件)的函数，$C(x,y)=2x^2+xy+2y^2$，问两种产品产量为多少时，可获利润最大？最大利润是多少？

2. 要用铁板做一个体积为 2 立方米的有盖长方体水箱，问当长、宽、高各取怎样的尺寸时，才能使用料最省？

3. 某化妆品公司可以通过报纸和电视台做销售化妆品的广告. 根据统计资料，销售收入 R(单位：百万元)与报纸广告费用 x_1(单位：百万元)和电视广告费 x_2(单位：百万元)之间的关系有如下的经验公式：

$$R=15+14x_1+32x_2-8x_1x_2-2x_1^2-10x_2^2.$$

(1)如果不限制广告费的支出，求最优广告策略.

(2)如果可供使用的广告费用为 150 万元，求相应的最优广告策略.

4. 一圆环薄片由半径为 4 和 8 的两个同心圆所围成，其上任一点处的面密度与该点到圆心的距离成反比. 已知在内圆周上各点处的面密度为 1，求圆球薄片的质量.

5. 设一个矩形地区的人口密度为

$$\rho(x,y)=250-(x^2+y^2)\ (\text{千人}/\text{km}^2).$$

当 $x=0$，$y=0$ 时表示地区的中心. 又设该地区南北方向离中心 12 km，东西方向离中心 9 km. 试求该地区每平方公里的平均人口.

6. 求下列函数的偏导数：

(1)$z=x^y$；　(2)$z=\ln(xy)$；　(3)$z=(1+x)^{xy}$；　(4)$z=e^{xy}\cos(xy)$.

小　结

一、主要内容

本模块主要介绍了空间直角坐标系、二元函数、二重积分的概念、极限、连续、偏导数、全微分、二元函数的极值、二重积分性质、计算方法及简单应用.

1. 空间直角坐标系

空间直角坐标系的建立，使空间中的点与三元有序数组一一对应起来，从而使空间几何图形同解析表达式联系起来.

2. 曲面的方程

了解曲面的方程的概念.

3. 二元函数的概念、极限与连续

(1)区域与邻域的概念

平面上由一条或几条曲线围成的部分平面叫做区域；以 $P_0(x_0,y_0)$ 为中心，δ 为半径的邻域是指集合 $\{(x,y)\mid(x-x_0)^2+(y-y_0)^2<\delta^2\}$.

(2)二元函数的极限

二元函数的极限比一元函数的极限要复杂得多，主要是自变量变化过程在方式上较复杂，对二元函数的极限的计算不作高要求.

(3)二元函数 $z=f(x,y)$ 在点 $P_0(x_0,y_0)$ 连续，则有

$$\lim_{\substack{x\to x_0\\ y\to y_0}} f(x,y)=f(x_0,y_0).$$

4. 偏导数

多元函数的偏导数就是将其他变量看做常数，只有一个自变量变化时函数的变化率，因此在求 $z=f(x,y)$ 对 x 的偏导数时，可将 y 看做常数，对 x 求导；在求 $z=f(x,y)$ 对 y 的偏导数时，将 x 看做常数，对 y 求导.

5. 全微分

若 $z=f(x,y)$ 在点 (x,y) 处两个偏导数连续，那么函数 $z=f(x,y)$ 的全微分为

$$\mathrm{d}z=\frac{\partial z}{\partial x}\mathrm{d}x+\frac{\partial z}{\partial y}\mathrm{d}y.$$

6. 二元函数的极值

(1)求二元函数极值的一般步骤：

第一步　求一阶偏导数 f'_x, f'_y；

第二步　令 $\begin{cases} f'_x(x,y)=0, \\ f'_y(x,y)=0, \end{cases}$ 求出驻点；

第三步　求二阶偏导数 $f''_{xx}, f''_{xy}, f''_{yy}$；

第四步　由 $\Delta=B^2-AC$ 的符号判定驻点是否为极值点，并求出极值.

(2)条件极值

用拉格朗日乘数法，求目标函数 $z=f(x,y)$ 在约束条件 $\varphi(x,y)=0$ 下的极值问题的具体步骤为：

第一步　构造拉格朗日函数

$$F(x,y,\lambda)=f(x,y)+\lambda\varphi(x,y).$$

第二步　解方程组 $\begin{cases} F'_x(x,y)=f'_x(x,y)+\lambda\varphi'_x(x,y)=0, \\ F'_y(x,y)=f'_y(x,y)+\lambda\varphi'_y(x,y)=0, \\ \varphi(x,y)=0. \end{cases}$

第三步　求得可能极值点 (x_0,y_0,z_0)，若所讨论的问题有最大(小)值，且求得的可能极值点只有一个，那么它就是所求极值点，也是取得最值的点.

7. 二重积分定义及性质

二重积分的概念和定积分的概念类似，也是从具体实例中，通过分割、近似替代、求和、取极限进行定义的. 只是在定义中由定积分$\int_a^b f(x)\mathrm{d}x$中单一的变量$\mathrm{d}x$变成了二重积分$\iint\limits_D f(x,y)\mathrm{d}\sigma$中面积元素$\mathrm{d}\sigma$. 其几何意义为区域$D$上相应的曲顶柱体体积的代数和. 其七个性质也和定积分的性质类似，学习时注意它们之间的区别和联系.

8. 二重积分的计算及应用

计算二重积分时，根据条件不同选择恰当的坐标系，将二重积分转化为两个定积分来计算. 选择直角坐标系或者极坐标系，各有优点，有些二重积分的计算，既可以选择直角坐标系又可以选择极坐标系. 一般来说，当积分区域为圆域、环域或扇形域，以及被积函数中含有$\sqrt{x^2+y^2}$或$\frac{x}{y}$项时常采用极坐标系计算，从而使计算简便. 二重积分的应用范围比较广，本书主要介绍了它在几何方面的应用(求曲顶柱体的体积)和实际中的简单应用.

二、应注意的问题

1. 多元函数在某一点连续、偏导数存在、可微、偏导数连续之间的关系：

$$\text{偏导数连续} \Rightarrow \text{可微}\begin{cases}\Rightarrow \text{偏导数存在,}\\ \Rightarrow \text{连续.}\end{cases}$$

特别地：多元函数的连续与偏导存在没有必然联系，这是与一元函数可导必连续的不同之处.

2. 多元函数的极值

讨论多元函数极值问题时，如果函数在所讨论区域内有偏导数，则极值可能在驻点处取得；如果函数在个别点的偏导数不存在，那么这些非驻点也可能是极值点.

3. 计算二重积分时要选择恰当的积分顺序，积分顺序的选择不仅要考虑被积函数，还要考虑积分区域的类型.

4. 作定积分运算，确定累次积分的上下限时，可以依口诀进行：后积先定限，限内画射线，先交下限写，后交上限见.

5. 计算二重积分时，注意利用对称性，可以减少计算量. 同时应注意到二重积分与定积分在对称性的条件上的差异.

6. 二重积分的应用中，要加深元素法的理解，不能只是记公式，要在实际中灵活应用.

复习题五

1. 填空题.

(1)函数$z=\frac{1}{\sqrt{x^2+y^2-4}}$的定义域为________. (2)$\lim\limits_{\substack{x\to\infty\\y\to\infty}}\frac{2+x^2+y^2}{x^2+y^2}=$________.

(3)已知$z=\ln\left(x+\frac{y}{2x}\right)$，则$\left.\frac{\partial z}{\partial x}\right|_{\substack{x=1\\y=0}}=$________. (4)设$z=\arctan xy, y=\mathrm{e}^x$，则$\frac{\mathrm{d}z}{\mathrm{d}x}=$________.

(5) 设D矩形闭区域：$\{(x,y)\ \ |x|\leqslant 2, |y|\leqslant 1\}$，则$\iint\limits_D \mathrm{d}x\mathrm{d}y=$________.

(6) 设D是由直线$x+y=1, x-y=1, x=0$所围成的闭区域，则$\iint\limits_D \mathrm{d}x\mathrm{d}y=$________.

(7)曲面 $z=x^2+y^2$ 与平面 $z=4$ 所围成的立体的体积用二重积分表示为________.

(8)如果一个城市的人口密度函数 $f(x,y)=\dfrac{91\ 000}{x+y}$，城市范围 $R=\{(x,y)\ 0\leqslant x\leqslant 3,0\leqslant y\leqslant 4\}$，那么城市总人口数表示为________.

2. 选择题.

(1)设 $z=\arcsin\dfrac{y}{\sqrt{x^2+y^2}}$，则 $\dfrac{\partial z}{\partial y}=$(　　).

A. $\dfrac{x}{x^2+y^2}$　　B. $-\dfrac{x}{x^2+y^2}$　　C. $\dfrac{1}{x^2+y^2}$　　D. $\dfrac{x}{x^2+y^2}$

(2)$\lim\limits_{\substack{x\to 0\\ y\to 0}}\dfrac{\sin xy}{x}=$(　　).

A. 不存在　　B. 1　　C. 0　　D. ∞

(3)函数 $z=f(x,y)$ 在点 (x_0,y_0) 存在全微分是 $f(x,y)$ 在 (x_0,y_0) 存在偏导数的(　　).

A. 充分条件　　B. 必要条件　　C. 充分必要条件　　D. 无关条件

(4)二元函数 $z=x^3-y^3+3x^2-9x+3y^2$ 的极小值点为(　　).

A. (1,0)　　B. (1,2)　　C. (−3,0)　　D. (−3,2)

(5)设 $I=\iint\limits_D\sqrt[3]{x^2+y^2-1}\,\mathrm{d}\sigma$，其中 D 是圆环 $1\leqslant x^2+y^2\leqslant 2$ 所确定的闭区域，则有(　　).

A. $I>0$　　B. $I<0$　　C. $I=0$　　D. $I\neq 0$ 但符号不能确定.

(6)若 $\iint\limits_D \mathrm{d}\sigma=1$，其中 D 是由(　　)所围成的闭区域.

A. $x+1=y,x=1,x=0,x$ 轴　　B. $|x|=1,|y|=1$

C. $2x+y=2,x$ 轴及 y 轴　　D. $|x+y|=1,|x-y|=1$

(7)设 D 是由 $|x|\leqslant 2,|y|\leqslant 1$ 所围成的闭区域，则 $\iint\limits_D x^3y^2\,\mathrm{d}\sigma=$(　　).

A. $\dfrac{19}{12}$　　B. $\dfrac{11}{12}$　　C. $\dfrac{1}{12}$　　D. 0

(8)设 D 是由 $0\leqslant x\leqslant 1,0\leqslant y\leqslant \pi$ 所确定的闭区域，则 $\iint\limits_D y\cos(xy)\,\mathrm{d}\sigma=$(　　).

A. 2　　B. 2π　　C. $\pi+1$　　D. 0

3. 求下列函数的定义域，并画出定义域的图形.

(1)$z=\sqrt{x-y}$；　　(2)$z=\dfrac{\ln(1-x^2-y^2)}{\sqrt{y-x^2}}$.

4. 求下列函数的偏导数.

(1)$z=x^3y-y^3x$；　　(2)$z=x\sin(x+y)$；

(3)$z=\mathrm{e}^{x^2+y^2}$；　　(4)$z=x^{2y}$.

5. 求下列函数的二阶偏导数.

(1)$z=x^3+2x^2y-5xy^2$；　　(2)$f(x,y)=x\mathrm{e}^{xy}$.

6. 求下列函数的全微分.

(1) $z=\ln(3x-2y)$；　　(2) $z=e^{\frac{y}{x}}$.

7. 求下列函数的极值.

(1) $z=2xy-3x^2-2y^2$；　　(2) $z=e^{2x}(x+y^2+2y)$.

8. 计算下列各式的近似值.

(1) $1.02^{2.99}$；　　(2) $\sqrt{1.02^3+1.97^3}$.

9. 计算下列二重积分.

(1) $\iint\limits_D \frac{d\sigma}{(x-y)^2}$，其中 $D:1\leqslant x\leqslant 2,3\leqslant y\leqslant 4$；

(2) $\iint\limits_D x^2 y\cos(xy^2)d\sigma$，其中 $D:0\leqslant x\leqslant \frac{\pi}{2},0\leqslant y\leqslant 2$；

(3) $\iint\limits_D \left(1-\frac{x}{4}-\frac{y}{3}\right)d\sigma$，其中 $D:|x|\leqslant 2,|y|\leqslant 1$；

(4) $\iint\limits_D x\cos(x+y)d\sigma$，其中 D 是顶点分别为 $(0,0),(\pi,0),(\pi,\pi)$ 的三角形闭区域；

(5) $\iint\limits_D x^2y^3d\sigma$，其中 $D:\{(x,y)\mid x^2+y^2\leqslant 1\}$；

(6) $\iint\limits_D \sqrt{4-x^2}\,d\sigma$，其中 $D:\{(x,y)\mid x^2+y^2\leqslant 4\}$；

(7) $\iint\limits_D (x^2+y)d\sigma$，其中 D 是由 $y=x^2,y^2=x$ 所围成的区域；

(8) $\iint\limits_D xy^2d\sigma$，其中 D 是由 $x=-1,y^2=-4x$ 所围成的闭区域.

10. 在直线 $x+y=\frac{\pi}{2}$ 位于第一象限的那部分上求一点，使该点横坐标的余弦与纵坐标的余弦的乘积最大，并求最大值.

11. 某工厂生产甲乙两种产品，日产量分别为 x 和 y（件）时，这两种产品的总成本函数是 $C(x,y)=8x^2-xy+12y^2$（单位：元），商品的限额是 $x+y=42$，求最小成本.

12. 求由 $z=x^2+y^2$ 与平面 $z=4$ 所围成的立体的体积.

数学泰斗苏步青

苏步青(1902 年 9 月—2003 年 3 月)，浙江温州平阳人，祖籍福建省泉州市，中国科学院院士，中国著名的数学家、教育家，中国微分几何学派创始人，被誉为“东方国度上灿烂的数学明星”、“东方第一几何学家”、“数学之王”。

1927 年毕业于日本东北帝国大学数学系，1931 年获该校理学博士学位，1948 年当选为中央研究院院士，1955 年被选聘为中国科学院学部委员，1959 年加入中国共产党，1978 年后任复旦大学校长、数学研究所所长，复旦大学名誉校长、教授。

从1927年起在国内外发表数学论文160余篇,出版了10多部专著,获得何梁何利基金科学与技术成就奖,多次获得国家科技进步奖,他创立了国际公认的浙江大学微分几何学学派,对"K展空间"几何学和射影曲线的研究。

苏步青主要从事微分几何学和计算几何学等方面的研究,在仿射微分几何学和射影微分几何学研究方面取得出色成果,在一般空间微分几何学、高维空间共轭理论、几何外型设计、计算机辅助几何设计等方面取得突出成就。

1928年初,苏步青在一般曲面研究中发现了四次(三阶)代数锥面,论文发表后,在日本和国际数学界产生很大反响,人称"苏锥面"。从此,苏步青一边教学,一边作研究。研究主要集中在仿射微分几何方面,先后在日本、美国、意大利的数学刊物上发表论文41篇,有人称他为"东方国度上空升起的灿烂的数学明星"。

1931年初,与陈建功先生有约在先:学成后一起到浙江大学去,花上20年时间,把浙江大学数学系办成世界第一流水准,为国家培养人才,怀着对祖国和故乡的深深怀念,终于回到阔别12年的故土,到浙江大学数学系任教,国内教学的条件很差,工资都发不出。在代理校长的帮助下,克服困难,坚持教学和科研工作。和陈建功先生开创数学讨论班,用严格的要求,培养自己的学生,即使在抗日战争期间,学校西迁贵州,被迫在山洞里还为学生举办讨论班。

1933年,晋升为教授并担任数学系主任。他和陈建功教授设计了一套现代化的教学计划,重视数学的基础训练,对学生要求严格,各门课程都有习题课,学生要上黑板算题,算不出就不得下去,称为"挂黑板"。

1937年,浙江大学的数学系在培养人才方面已显示出雄厚的实力,并开始招收研究生。苏步青和陈建功看到了数学各分支之间联系的必要,贯彻因材施教的原则,决定让两名成绩突出的学生谷超豪和张鸣镛同时参加"微分几何"和"函数论"两个讨论班,这在当时也是一个创举。

1942年11月,英国驻华科学考察团团长、剑桥大学教授李约瑟参观了浙江大学理学院数学系,连声称赞道:"你们这里是东方剑桥"。

1945年版的《射影曲线概论》一书,特别在闭拉普拉斯序列和构图(T4)方面,研究了周期为4拉普拉斯序列。这种序列在国际上被称为"苏链"。

1952年10月,他来到复旦大学数学系任教授、系主任,后任复旦大学教务长、副校长和校长。他曾任多届全国政协委员、全国人大代表,以及第七、第八届全国政协副主席和民盟中央副主席等职。

1956年,获得新中国第一次颁发的国家自然科学奖。1978年,担任复旦大学校长,为教育战线的拨乱反正做了大量的工作的同时,在教学和科研上做出了重大贡献。他在上海市数学会年会上作了题为《几何外形设计理论及应用》的大会报告,计算几何这一新的学科方向从此在国内兴起。

1982年1月,在苏步青教授领导下,成立了全国计算几何协作组,为中国计算机辅助设计和制造方面的高科技项目提供了理论和方法,并培养了一批理论和实际相结合的人才。

1989年,在他的指导和关心下,上海市工业与应用数学学会成立,1990年中国工业与应用数学学会(CSIAM)成立,他被聘为顾问。

2003年7月在澳大利亚悉尼召开的国际工业与应用数学联合会理事会年会上,通过了由中国工业与应用数学学会(CSIAM)提出的设立ICIAM苏步青奖的建议,ICIAM苏步青奖是以我国数学家命名的第一个国际性数学大奖，旨在奖励在数学领域对经济腾飞和人类发展的应用方面做出杰出贡献的个人，每四年颁发一次。首届 ICIAM 苏步青奖于 2007 年在瑞士苏黎士举行的第 6 届国际工业与应用数学大会开幕式上颁发。

苏步青从事微分几何、计算几何的研究和教学 70 余载，培养了近 100 名学生，在国内 10 多所著名高校中任正副系主任的就有 25 位，有中国科学院院士 8 名。在复旦数学研究所，苏步青更有，形成了三代四位院士共事的罕见可喜现象。

中国科学网评：苏步青将自己的毕生精力无私地奉献给了人民的教育事业，为祖国培养了一大批优秀的数学人才，包括多名中国科学院院士，不愧为一代数学宗师，深受人们、包括很多国际友人的崇敬和爱戴。

人民网评：苏步青同志是蜚声海内外的杰出数学家和具有崇高师德的教育家，他坚持科研与教学相结合，十分注重教书育人，把自己的毕生精力无私地奉献给了人民的教育事业，为祖国培养了一代又一代数学人才。

李大潜院士说，苏步青先生一生光明磊落，实事求是，谦虚谨慎，生活简朴，无愧为知识分子的楷模。胸怀大志弃浮躁，不计较个人得失，能够静下心来搞研究。

苏步青先生身上体现的科学家精神，是他在长期科学实践中积累的宝贵精神财富，尤其是胸怀祖国、服务人民的爱国精神，勇攀高峰、敢为人先的创新精神，追求真理、严谨治学的求实精神，甘为人梯、奖掖后学的育人精神。我们要一代代传承下来，大力弘扬科学家精神。

习题参考答案

习题 1—1

1. (1) $\left[-\frac{2}{3},+\infty\right)$；(2) $(-\infty,-1)\cup(-1,1)\cup(1,+\infty)$；(3) $[0,3]$；
(4) $(-\infty,1]\cup[4,+\infty)$；(5) $(-2,-1)\cup(-1,3]$；(6) $[-1,3]$.

2. 0.

3. (1)偶函数；(2) 奇函数.

4. (1) $x\in(-\infty,1)$时函数为增函数，$x\in(1,+\infty)$时函数为减函数；(2) 函数在$(-\infty,+\infty)$为减函数.

5. (1) $y=u^3, u=2x-1$；　(2) $y=2^u, u=v^3, v=\sin x$；
(3) $y=\lg u, u=\cos v, v=x^2-1$；(4) $y=\ln u, u=\ln v, v=\sqrt{x}$.

6. (1) $y=\frac{1-x}{1+x}$；　(2) $y=\frac{-dx+b}{cx-a}$.

习题 1—2

1. (1)收敛于 1；(2)收敛于 1；(3)收敛于 0；(4)收敛于 0.

2. (1)0；(2)0 ；(3)3 ；(4)不存在.

3. 0,2,不存在.

4. (1)无穷小；(2)无穷大；(3)无穷小；(4)无穷大.

5. (1)0；(2)0；(3)0；(4)0.

6. (1) $\frac{1}{2}$；(2) $\sqrt{2}a$.

7. (1) -5；(2)4；(3)4；(4) $\frac{1}{2}$；(5) $\frac{2}{11}$；(6)0；(7) $\frac{3}{5}$；(8) -2.

8. (1) $\frac{5}{2}$；(2)1；(3)1；(4)1；(5) e^{-2}；(6) e^2；(7) e^3；(8) e^{-3}；(9) e^{-1}；(10) e^{-3}.

习题 1—3

1. (1) $x=-1$；(2) $x=0$；(3) $x=0$.

2. 2.

3. (1) $\sqrt{6}$；(2)0；(3)0；(4)0.

4. 略.

5. 略.

应用与实践一　习题

1. $f(t)=\begin{cases}0.4+0.4\times\left(\frac{t}{3}\right), & t\neq 3k,\\ 0.4\times\left(\frac{t}{3}\right), & t=3k,\end{cases}\quad k=1,2,3\cdots$

2. $y=4\ 250x+40\ 000$(元);125 000 元.

3. $R(q)=20q,C(q)=2\ 000+15q,L(q)=5q-2\ 000,q=400$(件).

4. (1)$y=200+15x$;(2)40 公里.

5. (1)21 306 元;(2)20 670.9 元.

6. 5.

7. (1)会;(2)不会;33;22.

8. (1)100;(2)5.25;(3)趋近于 0.

9. (1)0;(2)$\frac{1}{2\sqrt{3}}$;(3)$\frac{1}{e^2}$;(4)e^2;(5)$\frac{1}{2}$;(6)$\frac{1}{2}$.

复习题一

1. (1)$(-\infty,1)\cup(2,+\infty)$;(2)$(-2,2)\cup(2,+\infty)$;(3)$\pi$;(4)$y=\ln u,u=v^2,v=\cos x$;(5)2;(6)3;(7)$\frac{1}{2}$;(8) 1;(9) 2 ;(10)$\frac{3}{2}$.

2. (1)B;(2)D;(3)B ;(4)C ;(5)B;(6)A;(7)D;(8)C.

3. (1)$[0,1)$;(2)$\left(-\frac{\pi}{2}+2k\pi,\frac{\pi}{2}+2k\pi\right)(k\in\mathbf{Z})$;(3)$(1,5]$;(4)$[0,1)$.

4. (1)偶函数;(2)奇函数;(3)既非奇函数也非偶函数;(4)偶函数.

5. (1)$y=\cos u,u=v^{-1},v=x+1$;(2)$y=2^u$;$u=\sin v,v=x^3$;
(3)$y=\lg v,v=\arccos\omega,\omega=x^5$;
(4)$y=\sqrt{u},u=\ln v,v=\tan\omega$;$\omega=x^2$.

6. (1)2;(2)2;(3)-2;(4)1;(5)e^2;(6)2;(7)$\sqrt{2}$;(8)-3;(9)-1;(10)e^{-2};(11)e^2;(12)1;(13)e^{-9};(14)e^4.

7. (1)$f(x)$在 $x=1$ 处连续;(2)$f(x)$在 $x=0$ 处连续.

8. $k=2$.

9. (1)$x=0$,第一类跳跃间断点;(2)$x=1$,第一类可去间断点.

10. 略.

习题 2—1

1. (1)$(\cos x)'=\lim\limits_{\Delta x\to 0}\frac{\cos(x+\Delta x)-\cos x}{\Delta x}=\lim\limits_{\Delta x\to 0}\frac{-\sin\frac{2x+\Delta x}{2}\sin\frac{\Delta x}{2}}{\frac{\Delta x}{2}}=-\sin x$;

(2)$(ax+b)'=\lim\limits_{\Delta x\to 0}\frac{[a(x+\Delta x)+b]-(ax+b)}{\Delta x}=a$.

2.（1,2），切线方程为 $2x-y=0$.

3. 切线方程为 $x-y+1=0$，法线方程为 $x+y-1=0$.

4.（1）连续不可导；（2）连续且可导. 讨论过程略.

习题 2－2

1.（1）$6x-5^x\ln 5+2e^x$；（2）$\frac{1}{\sqrt{x}}-\cos x$；（3）$e^x(\cos x-\sin x)$；（4）$2x-\frac{2}{x^2}$；

（5）$\frac{x\cos x-2\sin x}{x^3}$；（6）$\frac{-2\sin x-1}{(2+\sin x)^2}$；（7）$-\frac{2}{(1+x)^2}$；（8）$\frac{e^x}{(1+e^x)^2}$.

2.（1）$y'=27(3x+2)^8$；（2）$y'=\frac{2x}{3\sqrt[3]{(1+x^2)^2}}$；（3）$3\tan^2 x\sec^2 x$；（4）$y'=-\sin x\cdot e^{\cos x}$；

（5）$y'=\frac{1}{x^2}\cdot\sin\left(\frac{1}{x}\right)$；（6）$y'=\frac{1}{2}\sin x$；（7）$\frac{1}{\sin x}$；（8）$2x\cot x^2$.

3.（1）$y'=\frac{1-ye^{xy}}{xe^{xy}-1}$；（2）$y'=\frac{1+y}{2y-x}$；（3）$y'=-\frac{e^y}{x\cdot e^y+1}$；（4）$y'=\frac{1}{x+y-1}$；

（5）$y'=\frac{\cos y-\cos(x+y)}{\cos(x+y)+x\sin y}$；（6）$y'=\frac{(y-xy-x\ln y)y}{x(xy+x-y\ln x)}$；

（7）$y'=(\sin x)^x(\ln\sin x+x\cot x)$；（8）$y'=-\frac{2\sin 2x+ye^{xy}+\frac{y}{x}}{xe^{xy}+\ln x}$.

4.（1）$y''=6x+6$；（2）$y''=-\cos x$；（3）$y''=4e^{2x-1}$；（4）$y''=-\csc^2 x$；

（5）$y''=(2+x)e^x$；（6）$y''=6x\ln x+5x$；（7）$\frac{e^{2y}(3-y)}{(2-y)^3}$；（8）$y''=\frac{\sin(x+y)}{[\cos(x+y)-1]^3}$.

习题 2－3

1.（1）$5x$；（2）$\ln(1+x)$；（3）$2\sqrt{x}$；（4）$-\frac{1}{2}e^{-2x}$；（5）$d(xy)$；（6）$d\left(-\frac{x}{y}\right)$.

2.（1）$(2x+3^x\ln 3)dx$；（2）$\left(\frac{1}{2\sqrt{x}}-\frac{1}{x^2}\right)dx$；（3）$\frac{2}{\sin 2x}dx$；（4）$-2x\sin x^2$；

（5）$(3\sin x+x\cos x)x^2dx$；（6）$\frac{1}{(1+x)^2}dx$；（7）$2xe^{2x}(1+x)dx$；（8）$dy=\frac{\cos x-y}{e^y+x}dx$.

3.（1）0.507 6；（2）1.024 7；（3）1.043 4.

应用与实践二　习题

1. 1.2 g；2. $H=2R$；3. $i(t)=3t^2+1$，$i(3)=28$；4. $\frac{4A}{\pi R^2}$；

5.（1）x^2 * cos(x)+2 * x * sin(x)；（2）1/(x^2+1)^(1/2)－ x^2/(x^2+1)^(3/2).

复习题二

1.（1）$-f'(x_0)$；（2）$2x-y=0$；（3）$-\tan x$；（4）π^2；（5）$-\frac{y^2}{xy+1}$；（6）$\sin\left(x+\frac{n\pi}{2}\right)$；

(7) $(1-x)e^{-x}dx$.

2. (1)B;(2)C;(3)D;(4)C;(5)B;(6)D;(7)C.

3. (1) $5(x^3+x+2)^4(3x^2+1)$;(2) $\sec^4 x$;(3)0;(4) $(\sin 2x+2x\cos 2x)dx$;

(5) $\dfrac{2\ln(2-x)}{x-2}dx$;(6) $dy=\dfrac{e^y}{2-y}dx$;(7) $2e^x\cos x$;(8) $y''(0)=e^{-2}$.

4. 切线方程为 $4x-4\sqrt{2}y+4-\pi=0$， 法线方程为 $4x+2\sqrt{2}y-2-\pi=0$.

5. 不连续且不可导.

6. $\dfrac{8}{3}$ m/s.

习题 3—1

1. (1) $\dfrac{5\pm\sqrt{13}}{12}$；(2) $e-1$.

2. (1) $\xi=\dfrac{3}{2}$；(2) $\xi=\dfrac{\pi}{2}$.

3. (1)单调增加;(2)单调增加;(3)单调减少;

(4)单增区间 $(2,+\infty)$,单减区间 $(0,2)$.

4. (1)单增区间 $(1,+\infty)$,单减区间 $(-\infty,1)$;

(2)单增区间 $(-\infty,1)$、$(2,+\infty)$,单减区间 $(1,2)$;

(3)单增区间 $\left(\dfrac{1}{2},+\infty\right)$,单减区间 $\left(0,\dfrac{1}{2}\right)$;

(4)单增区间 $\left(-\infty,\dfrac{3}{4}\right)$,单减区间 $\left(\dfrac{3}{4},1\right)$;

(5)单增区间 $(-\infty,0)$,单减区间 $(0,+\infty)$;

(6)单增区间 $\left(\dfrac{1}{2},+\infty\right)$,单减区间 $\left(-\infty,\dfrac{1}{2}\right)$;

(7)单增区间 $(0,+\infty)$,单减区间 $(-\infty,0)$;

(8)单增区间 $(0,e)$,单减区间 $(e,+\infty)$.

习题 3—2

1. (1)当 $x=0$ 时,函数有极大值 0,当 $x=1$ 时,函数有极小值 -1;

(2)当 $x=-\dfrac{1}{2}$ 时,函数有极大值 $\dfrac{15}{4}$,当 $x=1$ 时,函数有极小值 -3;

(3)当 $x=2$ 时,函数有极小值 -5;

(4)当 $x=1$ 时,函数有极大值 2;

(5)当 $x=\dfrac{3}{4}$ 时,函数有极大值 $\dfrac{5}{4}$;

(6)当 $x=0$ 时,函数有极小值 0;

(7)当 $x=0$ 时,函数有极小值 $f(0)=1$;

(8)当 $x=-\dfrac{3}{2}$ 时,函数有极大值 0,当 $x=-\dfrac{1}{2}$ 时,函数有极小值 $-\dfrac{27}{2}$;

(9)当 $x=3$ 时,函数有极小值 $\dfrac{27}{4}$;

(10)无极值.

2. (1)当 $x=1$ 时，函数有极大值 8，当 $x=5$ 时，函数有极小值 -24；

(2)当 $x=\frac{1}{e}$ 时，函数有极小值 $-\frac{1}{e}$.

3. (1)当 $x=\pi$ 时，函数有极大值 $\frac{3}{2}$；

(2)当 $x=\frac{\pi}{4}$ 时，函数有极大值 $\sqrt{2}$，当 $x=\frac{5\pi}{4}$ 时，函数有极小值为 $-\sqrt{2}$.

4. $a=-2, b=-\frac{1}{2}$.

5. (1)函数的最大值为 $y(\pm 2)=13$，函数的最小值为 $y(\pm 1)=4$；

(2)函数的最大值为 $y(-1)=3$，函数的最小值为 $y(1)=1$；

(3) 函数的最大值为 $y(4)=8$，函数的最小值为 $y(0)=0$；

(4) 函数的最大值为 $y\left(-\frac{1}{2}\right)=y(1)=\frac{1}{2}$，函数的最小值为 $y(0)=0$；

(5)函数的最大值为 $y(1)=\frac{1}{2}$，函数的最小值为 $y(0)=0$；

(6)函数的最大值为 $y\left(-\frac{\pi}{2}\right)=\frac{\pi}{2}$，函数的最小值为 $y\left(\frac{\pi}{2}\right)=-\frac{\pi}{2}$.

6. 长为 100 m，宽为 50 m.

7. 底边 10 m，高 5 m，所用材料最省.

8. 学校设在离 A 点 1.2 km 处，上学路程最短.

9. 每批生产 250 台，可获最大利润 425 万元.

习题 3—3

1. (1)在 $(-\infty,+\infty)$ 内曲线是凸的； (2)在 $(0,+\infty)$ 内曲线是凹的；

(3)在 $(-\infty,+\infty)$ 内曲线是凹的； (4)在 $(-\infty,+\infty)$ 内曲线是凹的.

2. (1) $\left(-\frac{1}{2},2\right)$；(2)无拐点.

3. (1)凹区间为 $(2,+\infty)$，凸区间为 $(-\infty,2)$，拐点为 $(2,2e^{-2})$；

(2)凹区间为 $\left(-\infty,\frac{1}{2}\right)$，凸区间为 $\left(\frac{1}{2},+\infty\right)$，拐点为 $\left(\frac{1}{2},e^{\arctan\frac{1}{2}}\right)$；

(3)凹区间为 $(1,+\infty)$，凸区间为 $(0,1)$，拐点为 $(1,-7)$；

(4)凹区间为 $(-1,1)$，凸区间为 $(-\infty,-1)\cup(1,+\infty)$，拐点为 $(-1,\ln 2)$，$(1,\ln 2)$.

4. $a=-3$，拐点为 $(1,-7)$，凸区间为 $(-\infty,1)$，凹区间为 $(1,+\infty)$.

5. $a=-\frac{3}{2}, b=\frac{9}{2}$.

6. (1) $y=0$ 为水平渐近线；

(2) $y=0$ 为水平渐近线，$x=-2$ 为垂直渐近线；

(3) $y=0$ 为水平渐近线，$x=0$ 为垂直渐近线；

(4) $x=0$ 为垂直渐近线.

7. 略.

习题 3—4

1. (1)“$\frac{0}{0}$”,2； (2)“$\frac{0}{0}$”,$\frac{3}{5}$； (3)“$\frac{\infty}{\infty}$”,0.

2. (1)1；(2)1；(3)2；(4)$\frac{1}{6}$；(5)2；(6)0；(7)0；(8)2；(9)1；(10)∞；(11)$\frac{1}{2}$；(12)$\frac{1}{2}$；(13)1；(14)1.

应用与实践三　习题

1. $C(100)=2\ 200$,$\bar{C}(100)=220$,$C'(100)=9.5$.
2. $C(10)=210$,$\bar{C}(10)=21$,$C'(10)=10$.
3. (1)$R(80)=64\ 000$(元),$R'(80)=780$;(2)$x=1\ 640$;$R(1\ 640)=672\ 400$(元).
4. 45(件).
5. 当参加人数为 150 人时,旅游团的收费最高,可达 112 500 元.
6. 略.

复习题三

1. (1)1;(2)$f(x)$在$(-1,1)$内不可导;(3)0,0;(4)$(-\infty,0]$;(5)-2,4;(6)11,-14;(7)$(1,-2)$;(8)$y=0$,$x=-1$;(9)0.
2. (1)B;(2)D;(3)C;(4)A;(5)C;(6)B;(7)D;(8)B;(9)C.
3. (1)3;(2)-1;(3)1;(4)$-\frac{1}{2}$;(5)$-\frac{1}{2}$;(6)2.
4. (1)$y(1)=16\sqrt[3]{4}$为极大值,$y(5)=0$为极小值;
   (2)$y(0)=1$是最大值,$y(3)=\frac{4}{e^3}$是最小值;
   (3)在$(-\infty,+\infty)$内曲线是凹的,无拐点;
   (4)$a=-3$,$b=-9$;
   (5)当矩形的长为 8,宽为 4 时,所得立体体积最大为 256π;
   (6)每团 60 人时,旅行社可获最大利润,最大利润为 21 000 元.

习题 4—1

1. (1)$\frac{1}{4}x^4$;(2)$x^4+\sin x$;(3)$\tan x$;(4)$\arctan x$.
2. 略.
3. (1)D;(2)D;(3)B.
4. (1)$F'(x)=f(x)$;(2)$2^x\ln 2+\cos x$;(3)$\cos x+C$.
5. $f(x)=\frac{x^3}{3}+x+1$. 6. $y=x^4-x+3$. 7. $s=t^3+2$.

习题 4—2

1. (1)$5x$;(2)$2x$;(3)x^3;(4)$\sec^2 x$;(5)$-\cos x$;

(6)$\frac{1}{x}$；(7)$\sin x$；(8)e^x；(9)$\frac{1}{x}$.

2. (1)x^3+x^2+5x+C；(2)$\frac{2^x e^x}{1+\ln 2}+C$；(3)$x+2\ln|x|+3\arctan x+C$；

(4)$\tan x-x+2e^x+C$；(5)$x-\arctan x+C$；(6)$\sin x-\cos x+C$.

3. $c(x)=x^3-7x^2+100x+C$，成本函数 $c(x)=x^3-7x^2+100x+1\ 000$.

4. (1)$\frac{1}{27}(1+3x)^9+C$；(2)$-\frac{1}{2}\ln|1-2x|+C$；(3)$-\frac{1}{3}\cos 3x+C$；

(4)$-\frac{1}{3}(4-x^2)^{\frac{3}{2}}+C$；(5)$-\frac{1}{3}e^{-3x}+C$；(6)$\frac{1}{3}\ln^3 x+C$；

(7)$\sin(x^2-x+1)+C$；(8)$\frac{1}{2\cos^2 x}+C$；(9)$\frac{1}{2}\sin(x^2+1)+C$；(10)$-e^{\frac{1}{x}}+C$；

(11)$e^{\sin x}+C$；(12)$-\cos x+\frac{1}{3}\cos^3 x+C$.

5. (1)$2\sqrt{x}-\ln(1+\sqrt{x})^2+C$；(2)$\ln\frac{\sqrt{1+x}-1}{\sqrt{1+x}+1}+C$；(3)$\sqrt{4-x^2}+2\arcsin\frac{x}{2}+C$；

(4)$\ln(x+\sqrt{x^2+9})+C$.

6. (1)$\sin x-x\cos x+C$；(2)$\frac{1}{2}xe^{2x}-\frac{1}{4}e^{2x}+C$；(3)$\frac{x^3}{3}\ln x-\frac{x^3}{9}+C$；

(4)$\frac{1}{2}e^{-x}(\sin x-\cos x)+C$.

7. 略.

习题 4—3

1. (1)2，1，[1，2]，$y=\frac{1}{x^3}$；(2)$\int_{-1}^{3}(x^2+2)dx$；

(3)$\int_0^{\frac{\pi}{2}}\cos x dx-\int_{\frac{\pi}{2}}^{\pi}\cos x dx$；(4)$\int_{T_1}^{T_2}v(t)dt$.

2. (1)>0；(2)>0；(3)<0.

3. (1)3；(2)$\frac{37}{3}$；(3)5.

4. 略.

5. (1)18；(2)$-\frac{3}{2}$；(3)0；(4)$\frac{\pi}{4}$.

6. (1)$-\frac{1}{6}$；(2)1；(3)$\frac{3}{2}+\ln 2$；(4)$\frac{\pi}{6}$.

7. (1)$\frac{13}{2}$；(2)4；(3)$\frac{17}{4}$；

(4)$2\sqrt{2}$. 提示：$\sqrt{1-\cos 2x}=\sqrt{2\sin^2 x}=\sqrt{2}|\sin x|$，在区间$\left[-\frac{\pi}{2},0\right]$上，$|\sin x|=-\sin x$. 在区间$\left[0,\frac{\pi}{2}\right]$上，$|\sin x|=\sin x$.

8. (1)$\frac{1}{33}$；(2)$\frac{1}{2}\ln 2$；(3)$3(e-1)$；(4)$\frac{\pi}{8}$；(5)1；(6)$\frac{3}{2}$；

(7)$2+2\ln\frac{2}{3}$；(8)$\ln 4-1$；(9)$\frac{\pi}{6}$；(10)π.

9.(1)π；(2)$2-\ln 2$；(3)$1-\frac{2}{e}$；(4)$\frac{1+e^2}{4}$；(5)$\frac{1}{2}(e^{\frac{\pi}{2}}-1)$；(6)$e-2$；

10.(1)0；(2)0；(3)0；(4)0；(5)0；(6)6.

11.(1)1；(2)3；(3)$\frac{1}{2}$；(4)发散；(5)发散；(6)发散；(7)1；(8)π.

习题 4—4

1.(1)$10\frac{2}{3}$；(2)$\frac{1}{3}$；(3)$\frac{3}{2}-\ln 2$；(4)$\frac{1}{6}$；(5)$\frac{8}{3}$；(6)$4\frac{1}{2}$；(7)4.

2.(1)$\frac{32\pi}{5}$；(2)$\frac{\pi}{3}$；(3)8π；(4)$\frac{3\pi}{5}$.

3. $Q=\int_2^4 x'(t)\mathrm{d}t=\int_2^4(100+12t)\mathrm{d}t=[100t+6t^2]_2^4=272$.

4. $Q=\int_2^{10}(f(t)\mathrm{d}t=400$.

5. (1)$F(x)=\int f(x)\mathrm{d}x=0.2x^2-12x+80$；

(2)$L(x)=R(x)-F(x)=20x-(0.2x^2-12x+80)=32x-0.2x^2-80$；

(3)令 $L'(x)=0$，$x=80$ 所以最大利润 $L(x)=1\ 200$ 元.

应用与实践四　习题

1.(1)$v(t)=4t^3+3\cos t+2$；(2)$s(t)=t^4+3\sin t+2t+3$.

2. $y(t)=\frac{2}{3}kt^{\frac{3}{2}}$. 3. $Q(t)=-\frac{2}{\omega}\cos\omega t+\frac{2}{\omega}$. 4. $v(t)=10(1+2t)^{-1}-9.7$.

5. (1)$\frac{2(-3+x^2)}{3\sqrt{x}}+C$；(2)$\frac{1}{8}\ln(9+4x^2)+C$；

(3)$-\frac{1}{2}\ln\cos x+\frac{1}{2}\ln\sin x+\frac{1}{2}\tan x+C$；(4)$3\arctan x+\log(1+x^2)+C$.

6. (1)$\frac{5}{2}$；(2)$\frac{\sqrt{3}}{8}$；(3)1；(4)π；(5)$\frac{1}{4}(\pi+\ln 4)$；(6)$\frac{1}{a^2}$.

复习题四

1. (1)$f(x)=g(x)+C$；(2)$F'(x)\mathrm{d}x$，$f(x)+C$；(3)$\cos x+C$；

(4)$\frac{1}{3}f(3x)+C$；$\arctan f(x)+C$；$y=\frac{1}{3}f^3(x)+C$(5)$y=\frac{1}{3}x^3+\frac{7}{3}$；

(6)0，0；(7)3，1；(8)$x\sin x+\cos x+C$；(9)$1-\frac{\pi}{4}$，$\frac{1}{200}$，e^2-e；(10)2.

2. (1)A；(2)D；(3)A；(4)C；(5)D；(6)D；(7)C；(8)D；(9)A；(10)B；(11)B；(12)B；(13)A；(14)A.

3. (1)$\frac{5}{6}x^{\frac{6}{5}}+3\ln|x|+\frac{2^x}{\ln 2}+C$；(2)$x^3+\arctan x+C$；(3)$\frac{1}{2}\left(x-\frac{1}{2}\sin 2x\right)+C$；

(4) $\sin x-\frac{1}{3}\sin^3x+C$;(5) $\arctan(x+1)+C$;(6) $-\frac{3}{4}\ln|1-x^4|+C$;

(7) $\sqrt{2x}-\ln(1+\sqrt{2x})+C$;(8) $x^2\sin x+2x\cos x-2\sin x+C$;(9) $\frac{1}{8}\ln\left|\frac{4+x}{4-x}\right|+C$.

4. (1) $\frac{1}{11}$;(2) $\frac{\pi}{4}-\frac{1}{2}$;(3) $\frac{2}{3}$;(4) $\frac{1}{3}$;(5) $\frac{7}{2}$;

(6)4;(7) $\frac{\pi}{4}$;(8) $\frac{1}{2}\ln 2$;(9) $8\ln 2-5$.

5. $f(x)=x^3-3x+2$.

6. (1) $\frac{1}{8}$;(2) $\frac{1}{2}$;(3)收敛, $\frac{\pi^2}{8}$.

7. (1) $\frac{1}{3}$;(2) $\frac{9}{2}$;(3)4;(4) $\frac{9}{4}$.

8. 分析:作变速直线运动的物体所经过的路程 s,等于其速度函数 $v=v(t)$ ($v(t)\geqslant 0$)在时间区间 $[a,b]$ 上的定积分,即 $S=\int_a^b v(t)\mathrm{d}t$.

(1) 设 A 到 C 的时间为 t_1 则 $1.2t_1=24$, $t_1=20(\mathrm{s})$,则 $AC=\int_0^{20}1.2t\mathrm{d}t=0.6t^2\big|_0^{20}=240(\mathrm{m})$

(2) 设 D 到 B 的时间为 t_2 则 $24-1.2t_2=0$, $t_2=20(\mathrm{s})$,

则 $BD=\int_0^{20}(24-1.2t)\mathrm{d}t=0.6t^2\big|_0^{20}=240(\mathrm{m})$

(3) $CD=7\ 200-2\times 240=6\ 720(\mathrm{m})$,则从 C 到 D 的时间为 280(s),则所求时间为 $20+280+20=320(\mathrm{s})$

9. 位于 x 处时物体运动的速度 $\frac{\mathrm{d}x}{\mathrm{d}t}=2ct=2c\cdot\sqrt{\frac{c}{x}}=2\sqrt{cx}$,所受的阻力 $F=k4cx=4ckx$. 如图从点 x 运动到点 $x+\mathrm{d}x$ 所做的功元素 $\mathrm{d}w=4ckx\mathrm{d}x$. 物体从 0 运动到 a 时,克服力所做的功 $w=\int_b^a 4kcx\mathrm{d}x=2a^2kc$.

10. 需增加成本为 10 000.

11. $Q(t)=100t+5t^2-0.15t^2$(吨);572.8(吨).

12. $\frac{RI_m^2}{2}$.

习题 5-1

1. $(x,y,-z)$, $(-x,-y,-z)$.

2. 9.

3. (1)2;(2)2.

4. $\{(x,y)\,|\,1<x^2+y^2\leqslant 4\}$.

5. (1) $\frac{\partial z}{\partial x}=2x$, $\frac{\partial z}{\partial y}=-3$; (2) $\frac{\partial z}{\partial x}=y^x\ln y$, $\frac{\partial z}{\partial y}=xy^{x-1}$;

(3) $\frac{\partial z}{\partial x}=\frac{1}{x+y}$, $\frac{\partial z}{\partial y}=\frac{1}{x+y}$; (4) $\frac{\partial u}{\partial x}=y+z$, $\frac{\partial u}{\partial y}=x+z$, $\frac{\partial u}{\partial z}=y+x$;

(5) $\frac{\partial z}{\partial x}=\frac{1}{y}-\frac{y}{x^2}$, $\frac{\partial z}{\partial y}=-\frac{x}{y^2}+\frac{1}{x}$; (6) $\frac{\partial z}{\partial x}=\sin(x+y)+x\cos(x+y)$, $\frac{\partial z}{\partial y}=x\cos(x+y)$.

6. (1)9,13;(2)sin 1,e;(3)1.

7. (1)$z''_{xx}=12x^2e^y$,$z''_{yy}=x^4e^y$,$z''_{xy}=z''_{yx}=4x^3e^y$;

(2)$z''_{xx}=-4\cos(2x+3y)$,$z''_{yy}=-9\cos(2x+3y)$,$z''_{xy}=z''_{yx}=-6\cos(2x+3y)$.

8. (1)$\mathrm{d}z=3x^2y^4\mathrm{d}x+4x^3y^3\mathrm{d}y$;(2)$\mathrm{d}z=e^{2x}(2\sin y\mathrm{d}x+\cos y\mathrm{d}y)$;

(3)$\mathrm{d}z=ye^{xy}\mathrm{d}x+xe^{xy}\mathrm{d}y$.

9. 1.08.

10. (1)$\frac{\partial z}{\partial x}=2x$,$\frac{\partial z}{\partial y}=-2y$;

(2)$\frac{\partial z}{\partial x}=y(x+y)^{xy}\left[\frac{x}{x+y}+\ln(x+y)\right]$,$\frac{\partial z}{\partial y}=x(x+y)^{xy}\left[\frac{y}{x+y}+\ln(x+y)\right]$;

(3)$\frac{\partial z}{\partial x}=e^{xy}[y\cos(x^2+y^2)-2x\sin(x^2+y^2)]$,$\frac{\partial z}{\partial y}=e^{xy}[x\cos(x^2+y^2)-2y\sin(x^2+y^2)]$;

(4)$\frac{\partial z}{\partial x}=\sin 2(x+y)+2x$,$\frac{\partial z}{\partial y}=\sin(2(x+y))$.

11. (1)$\frac{\mathrm{d}z}{\mathrm{d}t}=2\sin 2x$;(2)$\frac{\mathrm{d}z}{\mathrm{d}t}=e^{\sin t-2t^3}(\cos t-6t^2)$.

12. (1)$\frac{\mathrm{d}y}{\mathrm{d}x}=\frac{e^y-1}{1-xe^y}$;(2)$\frac{\mathrm{d}y}{\mathrm{d}x}=-\frac{3x^2-16}{3y^2}$.

13. (1)函数在点(1,1)处有极大值 $f(1,1)=1$;

(2)函数在点(3,−2)处有极大值 $f(3,-2)=30$;

(3)函数在点(2,−2)处有极小值 $f(2,-2)=-4$.

14. 生产 2 000 件产品 A,4 000 件产品 B 时,利润最大,最大利润为 48 万元.

15. 长、宽、高均为$\frac{2}{\sqrt{3}}R$ 时体积最大.

习题 5—2

1. (1)6. (2)4π.

2. (1)$\frac{2}{3}\pi a^3$. (2)2π.

3. (1)$\iint\limits_D(x+y)^2\mathrm{d}\sigma\geqslant\iint\limits_D(x+y)^3\mathrm{d}\sigma$. (2)$\iint\limits_D(x+y)^2\mathrm{d}\sigma\leqslant\iint\limits_D(x+y)^3\mathrm{d}\sigma$.

4. (1)$36\pi\leqslant I\leqslant100\pi$. (2)$0\leqslant I\leqslant2$. (3)$0\leqslant I\leqslant\pi^3$. (4)$18\pi\leqslant I\leqslant27\pi$.

5. (1)$\frac{20}{3}$;(2)8; (3)$\frac{26}{105}$;(4)$\frac{6}{55}$;(5)$1-\sin 1$;(6)$\frac{45}{8}$.

6. (1)$\pi\left(1-\frac{1}{e}\right)$;(2)$2\pi(\pi-1)$;(3)$-3\pi\left(\arctan2-\frac{\pi}{4}\right)$;(4)$\frac{9}{4}$;(5)$\frac{\pi^2}{64}$;(6)$2(\sqrt{2}-1)\pi$.

7. (1)$\frac{\pi}{6}$;(2)$\frac{16-5\sqrt{2}}{36}$;(3)$\frac{4-\pi}{2}$.

应用与实践五　习题

1. 生产 2 000 件产品 A,4 000 件产品 B 时,利润最大,最大利润为 48 万元.

2. 水箱的长为$\sqrt[3]{2}$米,宽$\sqrt[3]{2}$米,高$\sqrt[3]{2}$米时,做水箱所用的材料最省.

3.(1)函数在(0.75,1.25)处取得最大值，即最优广告策略为报纸广告费为75万元，电视广告费为125万元.

(2)点(0,1.5)是最大值点，根据问题的实际意义将广告费全部用于电视广告，可使净收入最大.

4.32π.

5.175千人/km^2.

复习题五

1.(1)$D=\{(x,y)\mid x^2+y^2>4\}$；(2)1；(3)1；(4)$\dfrac{e^x(1+x)}{1+x^2e^{2x}}$；(5)8；(6)1；

(7)$\iint\limits_{x^2+y^2\leqslant 4}(4-y^2-x^2)\mathrm{d}x\mathrm{d}y$；(8)$\iint\limits_R\dfrac{91\,000}{x+y}\mathrm{d}x\mathrm{d}y$.

2.(1)D；(2)C；(3)A；(4)A；(5)A；(6)C；(7)D；(8)A.

3.(1)$\{(x,y)\mid x\geqslant y\}$；(2)$\{(x,y)\mid x^2+y^2<1,y>x^2\}$.

4.(1)$\dfrac{\partial z}{\partial x}=3x^2y-y^3$，$\dfrac{\partial z}{\partial y}=x^3-3y^2x$；

(2)$\dfrac{\partial z}{\partial x}=\sin(x+y)+x\cos(x+y)$，$\dfrac{\partial z}{\partial y}=x\cos(x+y)$；

(3)$\dfrac{\partial z}{\partial x}=2xe^{x^2+y^2}$，$\dfrac{\partial z}{\partial y}=2ye^{x^2+y^2}$；(4)$\dfrac{\partial z}{\partial x}=2yx^{2y-1}$，$\dfrac{\partial z}{\partial y}=2x^{2y}\ln x$.

5.(1)$\dfrac{\partial^2 z}{\partial x^2}=6x+4y$，$\dfrac{\partial^2 z}{\partial x\partial y}=\dfrac{\partial^2 z}{\partial y\partial x}=4x-10y$，$\dfrac{\partial^2 z}{\partial y^2}=-10x$；

(2)$f''_{xx}(x,y)=2ye^{xy}+xy^2e^{xy}$；$f''_{yy}(x,y)=x^3e^{xy}$；$f''_{xy}(x,y)=f''_{yx}(x,y)=2xe^{xy}+x^2ye^{xy}$.

6.(1)$\mathrm{d}z=\dfrac{1}{3x-2y}(3\mathrm{d}x-2\mathrm{d}y)$；(2)$\mathrm{d}z=e^{\frac{y}{x}}\left(-\dfrac{y}{x^2}\mathrm{d}x+\dfrac{1}{x}\mathrm{d}y\right)$；

7.(1)极大值$z(0,0)=0$；(2)极小值$z\left(\dfrac{1}{2},-1\right)=-\dfrac{1}{2}e$.

8.(1)1.06；(2)2.95.

9.(1)$\ln\dfrac{4}{3}$；(2)$-\dfrac{\pi}{16}$；(3)8；(4)$-\dfrac{3\pi}{2}$；(5)0；(6)$\dfrac{64}{3}$；(7)$\dfrac{33}{140}$；(8)$-\dfrac{32}{21}$.

10. 最大值$F\left(\dfrac{\pi}{4},\dfrac{\pi}{4}\right)=\dfrac{1}{2}$.

11.$x=25$，$y=17$时有最小成本为$C(25,17)=8\,043$元.

12.8π.

附录　常用积分简表

(一)含有 $ax+b$ 的积分($a\neq 0$)

1. $\int \frac{\mathrm{d}x}{ax+b}=\frac{1}{a}\ln|ax+b|+C$

2. $\int (ax+b)^{\mu}\mathrm{d}x=\frac{1}{a(\mu+a)}(ax+b)^{\mu+1}+C \quad (\mu\neq -1)$

3. $\int \frac{x}{ax+b}\mathrm{d}x=\frac{1}{a^2}(ax+b-b\ln|ax+b|)+C$

4. $\int \frac{x^2}{ax+b}\mathrm{d}x=\frac{1}{a^3}\left[\frac{1}{2}(ax+b)^2-2b(ax+b)+b^2\ln|ax+b|\right]+C$

5. $\int \frac{\mathrm{d}x}{x(ax+b)}=-\frac{1}{b}\ln\left|\frac{ax+b}{x}\right|+C$

(二) 含有 $\sqrt{ax+b}$ 的积分

6. $\int \sqrt{ax+b}\,\mathrm{d}x=\frac{2}{3a}\sqrt{(ax+b)^3}+C$

7. $\int \sqrt{ax+b}\,\mathrm{d}x=\frac{2}{15a^2}(3ax-2b)\sqrt{(ax+b)^3}+C$

(三) 含有 $x^2\pm a^2$ 的积分

8. $\int \frac{\mathrm{d}x}{(x^2+a^2)^n}=\frac{x}{2(n-1)a^2(x^2+a^2)^{n-1}}+\frac{2n-3}{2(n-1)a^2}\int \frac{\mathrm{d}x}{(x^2+a^2)^{n-1}}$

9. $\int \frac{\mathrm{d}x}{x^2-a^2}=\frac{1}{2a}\ln\left|\frac{x-a}{x+a}\right|+C$

(四) 含有 $ax^2+b(a>0)$ 的积分

10. $\int \frac{\mathrm{d}x}{ax^2+b}=\begin{cases}\frac{1}{\sqrt{ab}}\arctan\sqrt{\frac{a}{b}}x+C & (b>0)\\ \frac{1}{2\sqrt{-ab}}\ln\left|\frac{\sqrt{a}x-\sqrt{-b}}{\sqrt{a}x+\sqrt{-b}}\right|+C & (b)>0\end{cases}$

11. $\int \frac{x}{ax^2+b}\mathrm{d}x=\frac{1}{2a}\ln|ax^2+b|+C$

(五) 含有 $ax^2+bx+c(a>0)$ 的积分

12. $\int \frac{\mathrm{d}x}{ax^2+bx+c}=\begin{cases}\frac{2}{\sqrt{4ac-b^2}}\arctan\frac{2ax+b}{4ac-b^2}+C & (b^2<4ac)\\ \frac{1}{\sqrt{b^2-4ac}}\ln\left|\frac{2ax+b-\sqrt{b^2-4ac}}{2ax+b+\sqrt{b^2-4ac}}\right|+C & (b^2>4ac)\end{cases}$

13. $\int \frac{x}{ax^2+bx+c}\mathrm{d}x=\frac{1}{2a}\ln|ax^2+bx+c|\frac{b}{2a}\int \frac{\mathrm{d}x}{ax^2+bx+c}$

（六）含有$\sqrt{x^2+a^2}\,(a>0)$的积分

14. $\int \frac{\mathrm{d}x}{\sqrt{x^2+a^2}} = \operatorname{arcsh}\frac{x}{a} + C_1 = \ln(x+\sqrt{x^2+a^2}) + C$

15. $\int \frac{\mathrm{d}x}{\sqrt{(x^2+a^2)^3}} = \frac{x}{a^2\sqrt{x^2+a^2}} + C$

16. $\int \frac{x^2}{\sqrt{(x^2+a^2)}}\mathrm{d}x = \frac{x}{2}\sqrt{x^2+a^2} - \frac{a^2}{2}\ln(x+\sqrt{x^2+a^2}) + C$

17. $\int \frac{x^2}{\sqrt{(x^2+a^2)^3}}\mathrm{d}x = -\frac{x}{\sqrt{x^2+a^2}} + \ln(x+\sqrt{x^2+a^2}) + C$

（七）含有$\sqrt{x^2-a^2}\,(a>0)$的积分

18. $\int \frac{\mathrm{d}x}{\sqrt{x^2-a^2}} = \frac{x}{|x|}\operatorname{arcch}\frac{|x|}{a} + C_1 = \ln|x+\sqrt{x^2-a^2}| + C$

19. $\int \frac{\mathrm{d}x}{\sqrt{(x^2-a^2)^3}} = -\frac{x}{a^2\sqrt{x^2-a^2}} + C$

20. $\int \frac{x}{\sqrt{x^2-a^2}}\mathrm{d}x = \sqrt{x^2-a^2} + C$

21. $\int \frac{x}{\sqrt{(x^2-a^2)^3}}\mathrm{d}x = -\frac{1}{\sqrt{x^2-a^2}} + C$

（八）含有$\sqrt{a^2-x^2}\,(a>0)$的积分

22. $\int \frac{\mathrm{d}x}{\sqrt{a^2-x^2}} = \arcsin\frac{x}{a} + C$

23. $\int \frac{\mathrm{d}x}{\sqrt{(a^2-x^2)^3}} = \frac{x}{a^2\sqrt{a^2-x^2}} + C$

24. $\int \frac{x}{\sqrt{a^2-x^2}}\mathrm{d}x = -\sqrt{a^2-x^2} + C$

25. $\int \sqrt{a^2-x^2}\,\mathrm{d}x = \frac{x}{2}\sqrt{a^2-x^2} + \frac{a^2}{2}\arcsin\frac{x}{a} + C$

参 考 文 献

[1] 同济大学应用数学系. 微积分[M]. 北京:高等教育出版社,2002.
[2] 杜吉佩. 应用数学基础[M]. 北京:高等教育出版社,2004.
[3] 周金玉. 应用数学[M]. 北京:北京理工大学出版社,2008.
[4] 李志煦,展明慈. 经济数学基础[M]. 北京:北京理工大学出版社,2003.
[5] 首南祺. 应用高等数学[M]. 北京:北京理工大学出版社,2007.
[6] 胡农. 高等数学[M]. 北京:高等教育出版社,2007.
[7] 阎章杭,李月清. 高等应用数学[M]. 北京:化学出版社,2009.
[8] CEAC 信息化培训认证管理办公室. 计算机数学基础[M]. 北京:高等教育出版社,2007.
[9] 盛祥耀. 高等数学辅导[M]. 北京:高等教育出版社,2003.
[10] 同济大学 天津大学 浙江大学 重庆大学. 高等数学[M]. 第四版. 北京:高等教育出版社,2013.
[11] 节存来,马凤敏,等. 经济应用数学[M]. 北京:高等教育出版社,2012.
[12] 侯风波. 经济数学基础[M]. 北京:高等教育出版社,2012.
[13] 骈俊生. 高等数学[M]. 北京:高等教育出版社,2012.
[14] 白克志,等. 经济应用数学基础及数学文化[M]. 北京:人民邮电出版社,2013.
[15] 姜启源,等. 数学模型[M]. 北京:高等教育出版社,2010.
[16] 张杰,等. 运筹学模型与实验[M]. 北京:中国电力出版社,2011.
[17] 戎笑,等. 高职数学建模竞赛培训教程[M]. 北京:清华大学出版社,2010.
[18] 张国勇. 高职应用数学[M]. 北京:高等教育出版社,2012.

参考文献